普通高等学校"十二五"规划教材

建 筑 材 料

主　编　高恒聚

副主编　温学春

U0318891

西安电子科技大学出版社

内 容 简 介

　　本书依据《建筑工程技术专业、工程造价专业人才培养方案》编写而成。全书共 11 个项目，主要内容包括绪论、建筑材料的基本性质、气硬性胶凝材料、水泥、混凝土、建筑砂浆、砌体材料、建筑金属材料、木材、防水材料、建筑功能材料、建筑材料试验。每个项目后都有能力训练题来帮助学生巩固学习效果。

　　本书可作为本科院校及高等职业院校建筑工程技术专业和工程造价专业的教材使用，也可作为建筑类其他专业的教材及工程技术人员的参考书。

图书在版编目 (CIP) 数据

建筑材料/高恒聚主编. —西安：西安电子科技大学出版社，2012.8
普通高等学校"十二五"规划教材
ISBN 978–7–5606–2838–7

Ⅰ. ① 建…　Ⅱ. ① 高…　Ⅲ. ① 建筑材料—高等学校—教材　Ⅳ. ① TU5

中国版本图书馆 CIP 数据核字(2012)第 135050 号

策　　划　云立实
责任编辑　任倍萱　云立实
出版发行　西安电子科技大学出版社(西安市太白南路 2 号)
电　　话　(029)88242885　88201467　　邮　　编　710071
网　　址　www.xduph.com　　　　　　电子邮箱　xdupfxb001@163.com
经　　销　新华书店
印刷单位　高陵县印刷厂
版　　次　2012 年 8 月第 1 版　　2012 年 8 月第 1 次印刷
开　　本　787 毫米×1092 毫米　1/16　印　张　18
字　　数　424 千字
印　　数　1～3000 册
定　　价　31.00 元

ISBN 978–7–5606–2838–7/TU · 0007

XDUP 3130001–1
如有印装问题可调换
本社图书封面为激光防伪覆膜，谨防盗版。

前　言

　　本书是普通高等学校"十一五"规划教材(土建类专业)。根据土建类专业教学指导委员会对建筑工程技术、工程造价等专业有关于建筑材料课程的教学内容、教学方法、教学手段等方面的要求，我们结合近年来在课程建设方面取得的经验，编写了本书。

　　本书着重拓宽学生在建筑材料方面的知识，加强学生对材料的使用性能及特点的理解与掌握，并使学生掌握必要的测试技能。本书内容具有明显的职业导向性、技能主导性和内容适用性。

　　本书的主要特点如下：

　　(1) 把职业能力培养作为目标，以项目为驱动，以任务为导向，由浅入深、循序渐进，以提高学生学习兴趣为突破口，整合课程内容，同时优选出3～4个典型案例进行具体介绍。本书所选项目中讲述的建筑材料既有工程和市场上常见的材料，又有新型的、先进的材料，从而使教学内容的可行性与前瞻性有机结合，进而可提高学生的学习兴趣，更有助于教师实施教学，同时还可满足建筑工程项目体系更新，以及实现专业技术知识体系对接行业的需求。

　　(2) 以最新国家标准、规范为指导性文件。最近几年许多建设工程行业标准已被修订，有的已经实施或即将实施。本书依据我国现行的标准、规范编写，理论联系实际，简单实用。

　　(3) 加强对建材质量性能检测试验能力的培养，提高学生技术应用能力和综合运用所学理论知识解决实际问题的能力。为方便教学及扩大知识面，每个项目后均有创新与拓展内容。

　　(4) 本书的编写人员都有着多年的教学与实践经验，在编写本书的过程中，他们始终抱着求实的作风、严谨的态度和探索的精神，对书中的每一个工程实例、细节进行精心设计，力争做到准确、通俗和实用，以尽量完美的内容和形式奉献于读者。

　　本书由石家庄铁道大学四方学院高恒聚任主编，南车石家庄车辆有限公司温学春任副主编，参加本书编写的还有石家庄铁道大学四方学院的张丽娟、崔会芝、魏子明，石家庄铁路职业技术学院的许成文，河北化工医药职业技术学院的张静，石家庄市恒发天福建材有限公司董辉、张影，河北众诚房地产开发集团有限公司的韩杏军、张增金，冀中能源股份有限公司水泥厂的孔德伟。本书中大量最新的国家标准和规范以及图片整理工作由魏素霞、戴侃来完成。本书的出版得到了西安电子科技大学出版社云立实等老师的帮助，在此表示衷心的感谢。

　　由于建筑材料发展得很快，新材料、新工艺层出不穷，各行业的技术标准不统一，加之我们的水平有限，编写时间仓促，书中难免存在不妥之处，恳请读者及同行专家给予指正并提出宝贵意见。

编　者
2012 年 3 月

目　录

绪　论

0.1　建筑材料的发展历程

建筑材料是随着人类的进化而发展的，它和人类文明有着十分密切的关系，在人类历史发展的各个阶段，建筑材料都是显示各阶段文明程度的主要标志之一。建筑材料的发展是一个悠久而又缓慢的过程。原始人类为了躲避雨雪、雷电和野兽等的侵害，最初是居住在洞穴中的，这种洞穴，就是天然的建筑物。为了适应自身的生存和发展，人类从天然洞穴之中走出来，开始利用土、石、草、木、竹等天然材料来建造房屋。图 0-1 就是利用天然材料建造的房屋，图 0-2 是采用黏土砖建造的房屋。

图 0-1　传统的吊脚楼　　　　　　　图 0-2　采用黏土砖建造的房屋

建筑材料的发展标志着人类文明的进步。人类的历史也是按制造生产工具所用材料的种类进行划分的，由史前的石器时代，经过青铜器时代、铁器时代，发展到今天的人工合成材料时代。

建筑材料是随着社会生产力和科学技术水平的发展而发展的，根据建筑物所用的结构材料，可将建筑材料的发展大致分为以下三个阶段：

(1) 天然材料。天然材料是指取之于自然界，并只对其进行了物理加工的材料，如天然石材、木材、黏土、茅草等。早在原始社会时期，人们为了抵御雨雪风寒和防止野兽的侵袭，便居于天然山洞或树巢中；进入石器、铁器时代后，人们开始利用简单的工具砍伐树木和菅草，搭建简单的房屋，开凿石材建造房屋及纪念性构筑物；进入青铜器时代后，便开始出现木结构建筑。

(2) 烧土制品。到了人类能够用黏土烧制砖、瓦，用石灰岩烧制石灰之后，土木工程材料才由天然材料进入了人工生产阶段。在封建社会，虽然我国古代建筑有"秦砖汉瓦"、描金漆绘装饰艺术、造型优美的石塔和石拱桥的辉煌，但实际上在这一时期，生产力发展是停滞不前的，所使用的结构材料不过砖、石和木材而已。

(3) 钢筋混凝土。到了 18、19 世纪，随着资本主义的兴起，以及对大跨度厂房、高层建筑和桥梁等土木工程建设的需要，致使旧有材料在性能上已满足不了新的建设要求，因此建筑材料在其他有关科学技术的配合下，进入了一个新的发展阶段，相继出现了钢材、水泥、混凝土、钢筋混凝土和预应力钢筋混凝土及其他材料。1889 年巴黎世博会展示的埃菲尔铁塔，成为当时席卷世界的工业革命的象征，如图0-3 所示。

图 0-3　埃菲尔铁塔

近几十年来，随着科学技术的进步和土木工程发展的需要，一大批新型建筑材料应运而生，逐渐出现了塑料、涂料、新型建筑陶瓷与玻璃、新型复合材料(纤维增强材料、夹层材料等)，但当代主要的结构材料仍为钢筋混凝土。随着社会的进步以及为满足环境保护和节能降耗的需要，对建筑材料也提出了更高、更多的要求。因而，今后一段时间内，建筑材料将向以下几个方向发展：

(1) 轻质高强。由于钢筋混凝土结构材料自重大(每立方米重约 2500 kg)，因而限制了建筑物向高层、大跨度方向的进一步发展。如果能够减轻材料自重，则可很大程度地提高经济效益。目前，世界各国都在大力发展高强混凝土、加气混凝土、轻骨料混凝土、空心砖、石膏板等材料，以适应土木工程发展的需要。

(2) 节约能源。建筑材料的生产能耗和建筑物使用能耗约占国家总能耗的 20%～35%，研制和生产低能耗的新型节能建筑材料是构建节约型社会的需要。

(3) 利用废渣。充分利用工业废渣、生活废渣、建筑垃圾生产建筑材料，将各种废渣尽可能资源化，以保护环境、节约自然资源，使人类社会可持续发展。

(4) 智能化。所谓智能化材料，是指材料本身具有自我诊断和预告破坏、自我修复的功能，以及可重复利用性。建筑材料向智能化方向发展，是人类社会向智能化社会发展过程中降低成本的需要。

(5) 多功能化。利用复合技术生产多功能材料、特殊性能材料及高性能材料，对提高建筑物的使用功能、经济性及加快施工速度等具有十分重要的作用。

(6) 绿色化。绿色产品的设计是以改善生产环境、提高生活质量为宗旨的。绿色产品具有多功能，不仅无损而且有益于人的健康；产品可循环或回收再利用，或形成无污染环境的废弃物。因此，生产材料所用的原料尽可能少用天然资源，大量使用尾矿、废渣、垃圾、废液等废弃物；采用低能耗制造工艺和对环境无污染的生产技术；在产品配制和生产过程中，不使用对人体和环境有害的污染物质。

0.2　建筑材料在建筑工程中的地位

建筑材料是建筑工程的物质基础，建筑材料和建筑设计、建筑结构、建筑经济及建筑施工等一样，是建筑工程学科的一部分，而且是极为重要的部分。一个优秀的建筑师总是把建筑艺术和以最佳方式选用的建筑材料融合在一起的。结构工程师只有很好地了解了建筑材料的性能后，才能根据力学计算，准确地确定建筑构件的尺寸和创造出先进的结构形式。建筑经济学家为了降低造价、节省投资，在基本建设中，首先要考虑的是节约和合理地使用建筑材料。而建筑施工和安装的全过程，实质上是按设计要求把建筑材料逐步变成建筑物的过程。它涉及材料的选用、运输、储存以及加工等诸方面。总之，从事建筑工程的技术人员都必须了解和掌握建筑材料的有关技术知识，而且使所用的材料都能最大限度地发挥其效能，并合理、经济地满足建筑工程上的各种要求。

从根本上说，建筑材料是一切建筑的物质基础，建筑材料的质量直接关系到建筑工程的质量，材料决定了建筑和施工方法。新材料的出现，可以促使建筑形式的变化以及结构设计和施工技术的革新。土木工程中许多技术问题的突破，往往依赖于工程材料问题的解决。例如黏土砖的出现，产生了砖木结构的建筑；水泥和钢筋的出现，产生了钢筋混凝土结构的建筑；轻质高强材料的出现，推动了现代建筑向高层和大跨度方向发展。图 0-4 所示的我国国家体育场所用材料是具有自主知识产权的国产 Q460 钢材，它撑起了"鸟巢"的铁骨钢筋。轻质材料和保温材料的出现对减轻建筑物的自重、提高建筑物的抗震能力、改善工作与居住环境条件等起到了十分有益的作用，并推动了节能建

图 0-4　国家体育场

筑的发展。新型装饰材料的出现使得建筑物的造型及建筑物的内外装饰焕然一新，生气勃勃。总之，新材料的出现远比通过结构设计与计算和采用先进施工技术对土木工程的影响大，土木工程归根到底是围绕着建筑材料来开展的生产活动，建筑材料是土木工程的基础和核心。

[工程实例分析 0-1]

建筑材料的质量直接关系到建筑工程的质量

现象　1998 年，长江流域发生了千年一遇的洪水。九江大堤决口，原因是防洪大堤的防渗墙原本应采用水泥浆，结果用泥浆所替代。朱镕基怒斥其为"豆腐渣工程"。

重庆綦江垮桥事故。虹桥是连接綦江新、旧城区的一座中承式拱形桥，1999 年 1 月 4 日 18 时 52 分，横跨重庆綦江县新旧城区的虹桥随着一声巨响，整个桥身在没有任何先兆的情况下突然垮塌。一刹那，桥身及拱架摔为四节拍向水面。据不完全统计，这次人行桥梁垮塌事故至少造成 24 人死亡，11 名武警士兵和部分群众下落不明，14 人受伤。此事故与领导受贿，企业生产、销售不符合安全标准的产品有关，相关责任人受到了严惩。

广东某跨海桥，其桥面原来使用的钢纤维混凝土，在使用了一年以后出现了许多裂纹，后来要铲去重新铺沥青混凝土，从而大大增加了工程的造价。

原因分析　通过对工程事故的分析发现，工程质量与建筑材料有关的比例是相当高的，事故产生的原因主要是以次充好，偷工减料，选择、使用材料不当等。

0.3　建筑材料的分类

0.3.1　建筑材料的定义及基本要求

1. 建筑材料的定义

建筑材料的定义有广义与狭义两种。

广义的建筑材料是指建造建筑物和构筑物的所有材料，包括使用的各种原材料、半成品、成品等的总称，如黏土、铁矿石、石灰石、生石膏等。

狭义的建筑材料是指直接构成建筑物和构筑物实体的材料，如混凝土、水泥、石灰、钢筋、黏土砖、玻璃等。

2. 建筑材料的基本要求

建筑材料必须同时满足以下两个基本要求：

(1) 满足建筑物本身的技术性能要求，保证能正常使用。

(2) 在使用过程中，能抵御周围环境的影响与有害介质的侵蚀，保证建筑物的合理使用寿命，同时也不能对周围环境产生危害。

0.3.2　建筑材料的分类

可从不同角度对建筑材料进行分类。

(1) 按建筑材料在建筑物中所处的部位进行分类，可将其分为基础、主体、屋面、地面等材料。

(2) 按建筑材料使用功能进行分类，可将其分为结构(梁、板、柱、墙体)材料、围护材料、保温隔热材料、防水材料、装饰装修材料、吸声隔音材料等。

(3) 按建筑材料的化学成分和组成特点进行分类，可将其分为无机材料、有机材料和由这两类材料复合而成的复合材料，如表 0-1 所示。

表 0-1　建筑材料的分类

无机材料	金属材料	黑色金属：铁、非合金钢、合金钢
		有色金属：铝、锌、铜及其合金
	非金属材料	石材(天然石材、人造石材)
		烧结制品(烧结砖、陶瓷面砖)
		熔融制品(玻璃、岩棉、矿棉)
		胶凝材料(石灰、石膏、水玻璃、水泥)
		混凝土、砂浆
		硅酸盐制品(砌块、蒸养砖、碳化板)
有机材料	植物材料	木材、竹材及制品
	高分子材料	沥青、塑料、涂料、合成橡胶、胶黏剂
复合材料	金属非金属复合材料	钢纤维混凝土、铝塑板、涂塑钢板
	无机有机复合材料	沥青混凝土、塑料颗粒保温砂浆、聚合物混凝土

0.4　建筑材料的技术标准

建筑材料的技术标准是生产、流通和使用单位检验、确定产品质量是否合格的技术文件。建筑材料相关的国家标准和部门行业标准都是全国通用标准，属国家指令性技术文件，均必须严格遵照执行，尤其是强制性标准。国家标准有四大类：国家标准(GB)、行业标准(JGJ)、地方标准(DB)和企业标准(QB)。

各级标准都有各自的部门代号，例如：G 表示国家标准；GBJ 表示建筑工程国家标准；JGJ 表示建工行业建设标准；JC 表示国家建材局标准；YB 表示冶金部标准；ZB 表示国家级专业标准等。各个国家均有自己的国家标准，例如"ASTM"代表美国国家标准、"JIS"代表日本国家标准、"BS"代表英国标准、"DIN"代表德国标准等。另外，在世界范围内统一执行的标准称国际标准，其代号为"ISO"。标准的表示方法，系由标准名称、部门代号、编号和批准年份等组成。

(1) 国家标准中，GB 表示国家强制性标准，全国必须执行。执行国标产品的技术指标都不得低于标准中规定的要求。GB/T 表示国家推荐性标准。例如，《混凝土质量控制标准》GB50164—2011，标准的部门代号为 GB，编号为 50164，批准年份为 2011 年。

(2) 行业(部)标准，如建设部标准《普通混凝土配合比设计规程》JGJ55—2011，标准的部门代号为 JGJ，编号为 55，批准年份为 2011 年。

(3) 地方标准的代号为 DB，企业标准的代号为 QB。

0.5　本课程的性质、任务和要求

"建筑材料"是土建类专业的一门专业基础课。

本课程的任务是使学生具有建筑材料的基本知识，在进行建筑工程设计、施工和工程监理时能正确认识和利用建筑材料的物理、化学和力学性能，并掌握各类建筑材料所具有的使用功能，为以后相关课程的学习打下基础。

学习本课程的基本要求是：

(1) 熟练掌握建筑工程中常用的建筑材料的品种、规格、性能以及其合理利用；

(2) 了解材料在储运、验收中的基本原则；

(3) 掌握常用建筑材料的主要物理、化学和力学性能，材料的组成与性能的相互关系；

(4) 了解主要建筑材料的组成和生产过程，并对材料性质的形成因素有必要的理解；

(5) 了解管理材料、节约材料、改善性能及防护处理的原则；

(6) 熟悉常用材料的实验原理、实验方法，并初步具有材料实验的基本测量技能，有处理分析实验数据的能力，为以后开发、研制新材料打下基础；

(7) 了解各类建筑材料的发展。

项目一 建筑材料的基本性质

教学要求

了解：材料与热有关的概念和表达方法；材料耐久性的基本概念。

掌握：材料的基本性质，能初步根据材料的性能选用合适的材料。

重点：材料的基本物理、力学、化学性质和有关参数及计算公式。

难点：材料孔隙和孔隙特征对材料性能的影响。

【走进历史】

万里长城与赵州桥

万里长城跨越崇山峻岭，是我国古代劳动人民的杰作，也是建筑史上的丰碑。赵州桥是世界上现存年代最久、单孔跨度最大、保存最完整的一座敞肩型石拱桥，被世人公认为"天下第一桥"，并被美国土木工程学会遴选为国际土木工程历史古迹之一。

万里长城所用建筑材料有土、石、木料、砖、石灰。关外有关、城外有城，其材料运输量之浩大、工程之艰巨世所罕见。万里长城中居庸关、八达岭一段，采用砖石结构。墙身用条石砌筑，中间填充碎石黄土，顶部再用三四层砖铺砌，以石灰作砖缝材料，坚固耐用。平原黄土地区缺乏石料，则用泥土垒筑长城，将泥土夯打结实，并以锥刺夯打土检查是否合格。在西北玉门关一带，既无石料又无黄土，以当地芦苇或柳条与砂石间隔铺筑，共铺20层。赵州桥所使用的石材为当地的青白色石灰岩，石质的抗压强度非常高。

万里长城和赵州桥因地制宜地使用建筑材料，展现了我国劳动人民的勤劳、智慧和创造力。

任务一 材料的物理性质

建筑材料是建筑工程的物质基础，材料的性质与质量很大程度上决定了工程的性能与质量。在工程实践中，选择、使用、分析和评价材料，通常是以其性质为基本依据的。

由于建筑材料要承受的作用各不相同，因而要求建筑材料具有相应的不同性质。如用于建筑结构的材料要受到各种外力的作用，因此选用的材料应具有所需要的力学性能；又如，根据建筑物不同部位的使用要求，有些材料应具有防水、绝热、吸声等性能；再如，对于某些工业建筑，要求材料具有耐热、耐腐蚀等性能。此外，对于长期暴露在大气中的材料，要求能经受因风吹、日晒、雨淋、冰冻而引起的温度变化、湿度变化以及反复冻融等破坏作用。为了保证建筑物的耐久性，要求在工程设计与施工中正确地选择和合理地使用材料，因此，必须熟悉和掌握各种材料的基本性质。

建筑材料的性质包括基本性质和特殊性质两大部分。建筑材料的基本性质是指建筑工程中通常必须考虑的最基本的、共有的性质；建筑材料的特殊性质则是指材料本身不同于别的材料的性质，是材料具体使用特点的体现。

1.1.1 密度、表观密度和堆积密度

1. 密度

密度是指材料在绝对密实状态下单位体积的质量，可按下式计算：

$$\rho = \frac{m}{V}$$

式中：ρ 为材料的密度(g/cm^3)；m 为材料的质量(干燥至恒重)(g)；V 为材料在绝对密实状态下的体积(cm^3)。

除了钢材、玻璃等少数材料外，绝大多数材料内部都有一些孔隙。在测定有孔隙材料(如砖、石等)的密度时，应先把材料磨成细粉，待干燥后，再用李氏瓶测定其绝对密实体积。材料磨得越细，测得的密实体积数值就越精确。

另外，工程上还经常使用相对密度。它用材料的质量与同体积水(4℃)的质量的比值表示，无单位，其值与材料密度相同。

2. 表观密度(体积密度)

表观密度是指材料在自然状态下单位体积(包括材料实体及其开口孔隙、闭口孔隙)的质量，俗称容重。表观密度可按下式计算：

$$\rho_0 = \frac{m}{V_0}$$

式中：ρ_0 为材料的表观密度(kg/m^3 或 g/cm^3)；m 为材料的质量(kg 或 g)；V_0 为材料在自然状态下的体积(m^3 或 cm^3)，包括材料实体及其开口孔隙、闭口孔隙，见图 1-1。

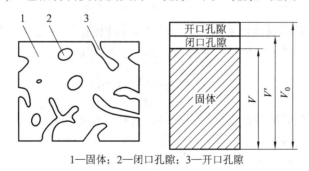

1—固体；2—闭口孔隙；3—开口孔隙

图 1-1 自然状态下体积示意图

对于规则形状材料的体积，我们可使用量具测量，如加气混凝土砌块的体积是逐块量取长、宽、高三个方向的轴线尺寸，并计算其体积的。对于不规则形状材料的体积，可通过使用排液法或封蜡排液法来测量。

毛体积密度是指单位体积(含材料的实体矿物成分及其闭口孔隙、开口孔隙等颗粒表面轮廓线所包围的毛体积)物质颗粒的干质量。因其质量是指试件烘干后的质量，故也称干体

积密度。

3. 堆积密度

堆积密度是指单位体积(含物质颗粒固体及其闭口、开口孔隙体积及颗粒间空隙体积)物质颗粒的质量，有干堆积密度及湿堆积密度之分。堆积密度可按下式计算：

$$\rho_0' = \frac{m}{V_0'}$$

式中：ρ_0' 为堆积密度(kg/m^3)，m 为材料的质量(kg)，V_0' 为材料的堆积体积(m^3)。

材料的堆积体积包括材料绝对体积、内部所有孔体积和颗粒间的空隙体积。材料的堆积密度反映散粒构造材料堆积的紧密程度及材料可能的堆放空间。常用建筑材料的密度、表观密度及堆积密度见表 1-1。

表 1-1　常用建筑材料的密度、表观密度及堆积密度

材料名称	密度/(g/cm³)	表观密度/(kg/m³)	堆积密度/(kg/m³)
钢材	7.8～7.9	7850	—
花岗岩	2.7～3.0	2500～2900	—
石灰岩	2.6～2.8	1800～2600	1400～1700(碎石)
砂	2.5～2.6	—	1500～1700
黏土	2.5～2.7	—	1600～1800
水泥	2.8～3.1	—	1200～1300
烧结普通砖	2.6～2.7	1600～1900	—
烧结空心砖	2.5～2.7	1000～1480	—
红松木	1.55～1.60	400～600	—

1.1.2　材料的密实度与孔隙率

1. 密实度

材料的密实度是指固体物质部分的体积占总体积的比例，说明材料体积内被固体物质所充填的程度，即反映了材料的致密程度。密实度可用如下公式表示：

$$D = \frac{V}{V_0} = \frac{\rho_0}{\rho} \times 100\%$$

含有孔隙的固体材料的密实度均小于 1，材料的很多性能(强度、吸水性、耐久性、导热性等)均与密实度有关。

2. 孔隙率

孔隙率是指材料内部孔隙体积占自然状态下总体积的百分率。孔隙率可用如下公式表示：

$$P = \frac{V_0 - V}{V_0} \times 100\% = \left(1 - \frac{\rho_0}{\rho}\right) \times 100\%$$

孔隙率一般通过试验所确定的材料密度和体积密度而求得。

材料的孔隙率与密实度的关系为

$$P + D = 1$$

材料的孔隙率与密实度是相互关联的性质,材料孔隙率的大小可直接反映材料的密实程度,孔隙率越大,密实度越小。

孔隙按构造可分为开口孔隙和封闭孔隙两种。材料孔隙率的大小、孔隙特征对材料的许多性质会产生一定影响,如材料的孔隙率较小,且连通孔较少,则材料的吸水性较小、强度较高、抗冻性和抗渗性较好。工程中对需要保温隔热的建筑物或部位,要求其所用材料的孔隙率要较大。相反,对要求高强或不透水的建筑物或部位,则其所用的材料孔隙率应很小。

[工程实例分析 1-1]

孔隙对材料性质的影响

现象　某工程顶层欲加保温层,图 1-2 所示分别为两种材料的剖面。请问选择何种材料合适?

(a)　　　　　　　　　　　　　　　　　(b)

图 1-2　不同材料的孔隙图

(a) 多孔结构(A);　(b) 密实结构(B)

原因分析　保温层的目的是减少外界温度变化对住户的影响。材料保温性能的主要描述指标为导热系数和热容量,其中导热系数越小越好。观察两种材料的剖面,可见材料 A 为多孔结构,材料 B 为密实结构。多孔材料的导热系数较小,故适于作保温层材料。

1.1.3　材料的填充率与空隙率

1. 填充率

填充率是指散粒材料在其堆积体积中,颗粒体积占其堆积体积的比例,用 D' 表示,可按下式计算:

$$D' = \frac{V_0}{V_0'} \times 100\% = \frac{\rho_0'}{\rho_0} \times 100\%$$

2. 空隙率

空隙率是指散粒材料(如砂、石等)在其堆积体积中,颗粒之间的空隙体积占材料堆积体积的百分率,可用公式表示如下:

$$P' = \frac{V_0' - V_0}{V_0'} \times 100\% = \left(1 - \frac{V_0}{V_0'}\right) \times 100\% = \left(1 - \frac{\rho_0'}{\rho_0}\right)$$

式中： ρ_0 为颗粒状材料的表观密度(kg/m³)， ρ_0' 为颗粒状材料的堆积密度(kg/m³)。

散粒材料的空隙率与填充率的关系为

$$P' + D' = 1$$

空隙率与填充率也是相互关联的两个性质，空隙率的大小可直接反映散粒材料的颗粒之间相互填充的程度。散粒状材料，其空隙率越大，填充率越小。在配制混凝土时，砂、石的空隙率是作为控制集料级配与计算混凝土砂率的重要依据。

1.1.4 材料与水有关的性质

1. 亲水性与憎水性

材料与水接触时，根据材料是否能被水润湿，可将其分为亲水性和憎水性两类。亲水性是指材料表面能被水润湿的性质，憎水性是指材料表面不能被水润湿的性质。

当材料与水在空气中接触时，将出现如图1-3所示的两种情况。在材料、水、空气三相交点处，沿水滴的表面作切线，切线与水和材料接触面所成的夹角称为润湿角(用 θ 表示)。 θ 越小，表明材料越易被水润湿。一般认为，当 $\theta \leq 90°$ 时，材料表面易吸附水分，能被水润湿，材料表现出亲水性；当 $\theta > 90°$ 时，则材料表面不易吸附水分，不能被水润湿，材料表现出憎水性。

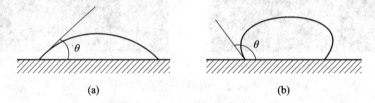

(a)   (b)

图 1-3 材料的润湿示意图

(a) 亲水性材料； (b) 憎水性材料

亲水性材料易被水润湿，且水能通过毛细管作用而被吸入材料内部。憎水性材料则能阻止水分渗入毛细管中，从而降低材料的吸水性。建筑材料大多数为亲水性材料，如水泥、混凝土、砂、石、砖、木材等；只有少数材料为憎水性材料，如沥青、石蜡、某些塑料等。建筑工程中憎水性材料常被用作防水材料，或作为亲水性材料的覆面层，以提高其防水、防潮性能。

2. 吸水性

材料在水中吸收水分的性质称为吸水性。吸水性的大小用吸水率表示，吸水率有两种表示方法：质量吸水率和体积吸水率。

(1) 质量吸水率。材料在吸水饱和时，所吸收水分的质量占材料干质量的百分率，可用公式表示如下：

$$W_质 = \frac{m_湿 - m_干}{m_干} \times 100\%$$

式中，$W_质$为材料的质量吸水率(%)，$m_湿$为材料在饱和水状态下的质量(g)，$m_干$为材料在干燥状态下的质量(g)。

(2) 体积吸水率。材料在吸水饱和时，所吸收水分的体积占干燥材料总体积的百分率，可用如下公式表示：

$$W_体 = \frac{V_水}{V_0} \times 100\% = \frac{m_湿 - m_干}{V_0} \cdot \frac{1}{\rho_水} \times 100\%$$

式中，$W_体$为材料的体积吸水率(%)，V_0为干燥材料的总体积(cm^3)，$\rho_水$为水的密度(g/cm^3)。

常用建筑材料的吸水率一般用质量吸水率表示。对于某些轻质材料，如加气混凝土、木材等，由于其质量吸水率往往超过100%，因此一般采用体积吸水率表示。

材料所吸收的水分是通过开口孔隙吸入的，故开口孔隙率愈大，材料的吸水量愈多。材料的吸水性与材料的孔隙率及孔隙特征有关。对于细微连通的孔隙，孔隙率愈大，吸水率愈大。封闭的孔隙内水分不易进去，而开口大孔虽然水分易进入，但不易存留，只能润湿孔壁，所以吸水率仍然较小。

各种材料的吸水率差异很大，如花岗岩的吸水率只有0.5%～0.7%，混凝土的吸水率为2%～3%，烧结普通砖的吸水率为8%～20%，木材的吸水率可超过100%。

若吸水率偏大这对材料是不利的，它使材料的强度下降、体积膨胀、保温性能降低、抗冻性变差等。

3. 吸湿性

材料在潮湿空气中吸收水分的性质称为吸湿性。吸湿性的大小用含水率表示，可用如下公式表示：

$$W_含 = \frac{m_含 - m_干}{m_干} \times 100\%$$

式中，$W_含$为材料的含水率(%)，$m_含$为材料在吸湿状态下的质量(g)，$m_干$为材料在干燥状态下的质量(g)。

材料的含水率随空气的温度、湿度的变化而改变。材料既能在空气中吸收水分，又能向外界释放水分，当材料中的水分与空气的湿度达到平衡时的含水率就称为平衡含水率。一般情况下，材料的含水率多指平衡含水率。当材料内部孔隙吸水达到饱和时，此时材料的含水率等于吸水率。材料吸水后，会导致自重增加、保温隔热性能降低、强度和耐久性产生不同程度的下降。材料干湿交替还会引起其形状尺寸的改变而影响使用。

材料的吸湿性在工程中有较大的影响。例如木材，由于吸水或蒸发水分，往往容易造成翘曲、开裂等缺陷。石灰、石膏、水泥等由于吸湿性强，则容易造成材料失效。保温材料吸水后，其保温性能会大幅度下降。

4. 耐水性

材料长期在饱和水作用下不被破坏，强度也不显著降低的性质称为耐水性。材料的耐水性用软化系数表示，可用如下公式表示：

$$K_{软} = \frac{f_{饱}}{f_{干}}$$

式中，$K_{软}$ 为材料的软化系数，$f_{饱}$ 为材料在饱和水状态下的抗压强度(MPa)，$f_{干}$ 为材料在干燥状态下的抗压强度(MPa)。

软化系数的大小反映材料在浸水饱和后强度降低的程度。材料被水浸湿后，强度一般会有所下降，软化系数会在 0～1 之间。软化系数越小，说明材料吸水饱和后的强度降低越多，其耐水性越差。工程中将 $K_{软} > 0.85$ 的材料称为耐水性材料。对于经常位于水中或潮湿环境中的重要结构的材料，必须选用 $K_{软} > 0.85$ 的耐水性材料；对于用于受潮较轻或次要结构的材料，其软化系数不宜小于 0.75。

5. 抗渗性

材料抵抗压力水渗透的性质称为抗渗性。材料的抗渗性通常采用渗透系数表示。渗透系数是指一定厚度的材料，在一定水压作用下、单位时间内透过单位面积的水量，可用如下公式表示：

$$K = \frac{Qd}{hAt}$$

式中，K 为材料的渗透系数(cm/h)，W 为透过材料试件的水量(cm^3)，d 为材料试件的厚度(cm)，A 为透水面积(cm^2)，t 为透水时间(h)，h 为静水压力水头(cm)。

渗透系数反映了材料抵抗压力水渗透的能力，渗透系数越大，说明材料的抗渗性越差。

对于混凝土和砂浆，其抗渗性常采用抗渗等级表示。抗渗等级是以规定的试件，采用标准的试验方法测定试件所能承受的最大水压力来确定的，用"P_n"表示，如 P_6 表示材料能承受 0.6 MPa 的水压而不渗水。

材料抗渗性的大小与其孔隙率和孔隙特征有关。若材料中存在连通的孔隙，且孔隙率较大，水分容易渗入，则这种材料的抗渗性较差。孔隙率小的材料具有较好的抗渗性。由于水分不能渗入封闭孔隙，因此对于孔隙率虽然较大，但以封闭孔隙为主的材料，其抗渗性也较好。对于地下建筑、压力管道、水工构筑物等工程部位，因经常受到压力水的作用，一定要选择具有良好抗渗性的材料；而作为防水材料，则要求其具有更高的抗渗性。

6. 抗冻性

材料在饱和水状态下，能经受多次冻融循环作用而不被破坏，且强度也不显著降低的性质，称为材料的抗冻性。材料的抗冻性用抗冻等级表示。抗冻等级是以规定的试件，在吸水饱和状态下，经冻融循环作用，测得其强度和质量降低不超过规定值，并无明显损害和剥落时所能经受的最大冻融循环次数来确定的，以"D_n"表示，其中，n 为最大冻融循环次数。

材料因经受冻融循环作用而被破坏，主要是由于材料内部孔隙中的水结冰所致。水结冰时体积要增大，若材料内部孔隙充满了水，则结冰产生的膨胀会对孔隙壁产生很大的应力，当此应力超过材料的抗拉强度时，孔壁将产生局部开裂；随着冻融循环次数的增加，材料逐渐被破坏。

材料抗冻性的好坏取决于材料的孔隙率、孔隙的特征、吸水饱和程度和自身的抗拉强度。若材料的强度高、变形能力和软化系数大，则抗冻性较高。一般认为，软化系数小于

0.80 的材料，其抗冻性较差。在寒冷地区及寒冷环境中的建筑物或构筑物，必须考虑所选择材料的抗冻性。

1.1.5 材料与热有关的性质

为保证建筑物具有良好的室内小气候，并且降低建筑物的使用能耗，必须要求材料具有良好的热工性质。通常考虑的热工性质有导热性和热容量。

1. 导热性

当材料两侧存在温差时，热量将从温度高的一侧通过材料传递到温度低的一侧，将这种传导热量的能力称为材料的导热性。材料导热性的大小用导热系数表示。导热系数是指厚度为 1 m 的材料，当两侧温差为 1 K 时，在 1 s 时间内通过 1 m^2 面积的热量，可用如下公式表示：

$$\lambda = \frac{Qd}{(T_2 - T_1)^{At}}$$

式中，λ 为材料的导热系数(W/(m·K))，Q 为传递的热量(J)，d 为材料的厚度(m)，A 为材料的传热面积(m^2)，t 为传热时间(s)，T_2-T_1 为材料两侧的温差(K)。

材料的导热性与孔隙率大小、孔隙特征等因素有关。孔隙率较大的材料，内部空气较多，由于密闭空气的导热系数很小(λ=0.023 W/(m·K))，其导热性较差。但如果孔隙粗大，空气会形成对流，材料的导热性反而会增大。材料受潮以后，水分进入孔隙，水的导热系数比空气的导热系数高很多(λ=0.58 W/(m·K))，从而使材料的导热性大大增加；材料若受冻，水结成冰，冰的导热系数是水的导热系数的 4 倍，为 2.3 W/(m·K)，材料的导热性将进一步增加。

建筑物要求具有良好的保温隔热性能。保温隔热性和导热性都是指材料传递热量的能力，在工程中常把 $1/\lambda$ 称为材料的热阻，用 R 表示。材料的导热系数越小，其热阻越大，则材料的导热性能越差，其保温隔热性能越好。

2. 热容量

材料容纳热量的能力称为热容量，其大小用比热表示。比热是指单位质量的材料，在温度每升高或降低 1 K 时所吸收或放出的热量，可用如下公式表示：

$$C = \frac{Q}{m(T_2 - T_1)}$$

式中，c 为材料的比热(J/(kg·K))，Q 为材料吸收或放出的热量(J)，m 为材料的质量(kg)；T_2-T_1 为材料加热或冷却前后的温差(K)。

比热的大小直接反映出材料吸热或放热能力的大小。比热大的材料，能在热流变动或采暖设备供热不均匀时缓和室内的温度波动。不同的材料其比热不同，即使是同种材料，由于物态不同，其比热也不同。

任务二　材料的力学性质

材料的力学性质是指材料在外力作用下抵抗破坏和变形能力的性质，它是在选用建筑材料时首要考虑的基本性质。

1.2.1 材料的强度

材料在荷载(外力)作用下抵抗破坏的能力称为材料的强度。

当材料受到外力作用时，其内部就产生应力，荷载增加，所产生的应力也相应增大，直至材料内部质点间结合力不足以抵抗所作用的外力时，材料即发生破坏。材料被破坏时，达到应力极限，这个极限应力值就是材料的强度，又称极限强度。

强度的大小直接反映材料承受荷载能力的大小。根据外力作用方式的不同，材料强度有抗拉、抗压、抗剪和抗弯(抗折)强度等，其示意图如图1-4所示。

材料的抗拉、抗压和抗剪强度的计算式为

$$f = \frac{F}{A}$$

式中，f 为材料的抗压、抗拉、抗剪强度(MPa)，F 为材料承受的最大荷载(N)，A 为材料的受力面积(mm^2)。

材料的抗弯强度与试件受力情况、截面形状以及支承条件有关。通常是将矩形截面的条形试件放在两个支点上，中间作用一集中荷载。

材料抗弯强度的计算式为

$$f = \frac{3FL}{2bh^2}$$

式中，f 为材料的抗弯(折)强度(MPa)，F 为材料承受的最大荷载(N)，L 为材料的长度(mm)，b 为材料受力截面的宽度(mm)，h 为材料受力截面的高度(mm)。

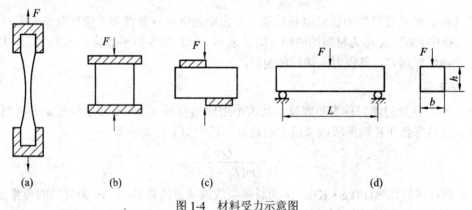

图 1-4 材料受力示意图

(a) 拉力；(b) 压力；(c) 剪切；(d) 弯曲

试验测定的强度值除受材料本身的组成、结构、孔隙率大小等内在因素的影响外，还与试验条件，如试件形状、尺寸、表面状态、含水率、环境温度及试验时加荷速度等有密切关系。为了使测定的强度值准确且具有可比性，必须按规定的标准试验方法测定材料的强度。

材料的强度等级是按照材料的主要强度指标划分的级别。掌握材料的强度等级，对合理选择材料、控制工程质量是十分重要的。

建筑材料常按其强度值的大小划分为若干个等级。烧结普通砖按抗压强度分为以下六个等级：Mu30、Mu25、Mu20、Mu15、Mu10、Mu7.5；硅酸盐水泥按抗压和抗折强度分为以下 6 个等级：42.5、52.5、62.5、42.5R、52.5R、62.5R；普通混凝土按其抗压强度分为以下 14 个等级：C15、C20、C25、C30、C35、C40、C45、C50、C55、C60、C65、C70、C75、C80 等；碳素结构钢按其抗拉强度分为 5 个等级，如 Q235，等等。

可采用比强度对不同材料的强度进行比较。比强度是指材料的强度与其体积密度之比。它是衡量材料轻质高强的一个主要指标。以钢材、木材和混凝土为例，其强度比较见表 1-2 所示。

表 1-2　钢材、木材和混凝土的强度比较

材　料	体积密度/(kg/m³)	抗压强度 f_c/MPa	比强度 f_c/ρ_0
低碳钢	7860	415	0.053
松木	500	34.3(顺纹)	0.069
普通混凝土	2400	29.4	0.012

由表 1-2 中的数值可见，松木的比强度最大，是轻质高强材料；混凝土的比强度最小，是质量大而强度较低的材料。普通混凝土是表观密度大而比强度相对较低的材料，所以努力促进普通混凝土向轻质、高强发展是一项十分重要的工作。

[工程实例分析 1-2]

现象　某高校学生在测试混凝土等材料的强度时可观察到，同一组的三个试件，三个学生分别操作，旋转送油阀快的学生测得的数据比旋转送油阀慢的学生测得的数据大，如图 1-5 所示。

原因分析　材料的强度除与其组成结构有关外，还与其测试条件有关，包括加荷速度、温度、试件大小和形状等。因为旋转送油阀快，加荷速度就快，所测值偏高。当加荷速度较快时，荷载的增长速度大于材料的变形速度，则测出的数值就会偏高。为此，在材料的强度测试中，一般都规定其加荷速度范围。

图 1-5　混凝土强度测试

1.2.2　材料的弹性与塑性

材料在外力作用下产生变形，当外力取消后，能够完全恢复原来形状的性质称为弹性，这种变形称为弹性变形，其值的大小与外力成正比；不能自动恢复原来形状的性质称为塑性，这种不能恢复的变形称为塑性变形，塑性变形属永久性变形。

完全弹性材料是没有的。一些材料在受力不大时只产生弹性变形，而当外力达到一定限度后，即可产生塑性变形，如低碳钢。很多材料在受力时，弹性变形和塑性变形会同时

产生，如普通混凝土。

1.2.3 材料的脆性与韧性

当材料所受外力达到一定限度时，材料发生突然破坏，且破坏时无明显塑性变形，这种性质称为脆性。具有脆性的材料称为脆性材料。脆性材料的抗压强度远大于其抗拉强度，因此其抵抗冲击荷载或震动作用的能力很差。在工程中使用时，应注意发挥这类材料的特性。建筑材料中大部分无机非金属材料均为脆性材料，如混凝土、玻璃、天然岩石、砖瓦、陶瓷等。

材料在冲击荷载或震动荷载作用下，能吸收较大的能量，同时产生较大的变形而不被破坏的性质称为韧性。材料的韧性用冲击韧性指标表示。低碳钢、木材等属于韧性材料。

在建筑工程中，对于要求承受冲击荷载和有抗震要求的结构，如吊车梁、桥梁、路面等所用材料，均应具有较高的韧性。

1.2.4 材料的硬度和耐磨性

硬度是材料表面能抵抗其他较硬物体压入或刻划的能力。不同材料的硬度测定方法不同，通常采用的方法有刻划法和压入法。刻划法常用于测定天然矿物的硬度。矿物硬度分为 10 级(莫氏硬度)，其递增的顺序如下：滑石 1、石膏 2、方解石 3、萤石 4、磷灰石 5、正长石 6、石英 7、黄玉 8、刚玉 9、金刚石 10。钢材、木材及混凝土等的硬度常用钢球压入法测定(布氏硬度 HB)。材料的硬度愈大，其耐磨性愈好，但不易加工。工程中有时也可用硬度来间接推算材料的强度。

耐磨性是材料表面抵抗磨损的能力。材料的耐磨性与材料的组成成分、结构、强度、硬度等因素有关。一般地，材料的强度愈高、密实硬度愈大，则其耐磨性也愈好。工程中，用作踏步、台阶、地面、路面等部位的材料，应具有较高的耐磨性。

任务三　材料的耐久性

材料在使用过程中能长久保持其原有性质的能力称为耐久性。

材料在使用过程中，除受到各种外力作用外，还长期受到周围环境因素和各种自然因素的破坏作用。这些破坏作用主要有以下几个方面。

(1) 物理作用：主要是指环境温度、湿度的交替变化，即冷热、干湿、冻融等循环作用。材料经受这些作用后，将发生膨胀、收缩或产生应力，长期的反复作用，将使材料逐渐被破坏。

(2) 化学作用：主要是指材料受到酸、碱、盐等物质的水溶液或其他有害气体的侵蚀作用，以及日光、紫外线等对材料的作用。

(3) 生物作用：包括菌类、昆虫等的侵害作用，导致材料发生腐朽、虫蛀等而被破坏。

(4) 机械作用：包括荷载的持续作用，交变荷载对材料引起的疲劳、冲击、磨损等。

耐久性是对材料综合性质的一种评述，它包括如抗冻性、抗渗性、抗风化性、抗老化性、耐化学腐蚀性等内容。对材料耐久性进行可靠的判断，需要很长的时间，一般采用快速检验法。这种方法模拟实际使用条件，将材料在试验室进行有关的快速试验，根据实验结果对材料的耐久性作出判定。在试验室进行快速试验的项目主要有冻融循环、干湿循环、碳化等。

　　提高材料的耐久性，对节约建筑材料、保证建筑物长期正常使用、减少维修费用、延长建筑物使用寿命等，均具有十分重要的意义。如图 1-6 所示，现代工程中，对耐久性的要求愈来愈高，提出耐久性指标的工程设计也愈来愈多。因此，对材料的质量评定也应逐渐由强度指标发展为耐久性指标。未来工程设计中将用耐久性设计取代目前按强度进行的设计。

(a)　　　　　　　　　　　　　　　　(b)

图 1-6　受到破坏的建筑物

(a) 石家庄某立交桥承台的破坏；(b) 混凝土中钢筋的锈蚀

[工程实例分析 1-3]

　　现象　1996 年石家庄市西部山区发生历史上罕见的洪水。洪水退后，许多砖房倒塌，其砌筑用的砖多为未烧透的多孔红砖，如图 1-7 所示。

　　原因分析　这些红砖没有烧透，砖内开口孔隙率大，吸水率高。吸水后，红砖强度下降，特别是当有水进入砖内时，未烧透的黏土遇水分散，强度下降更大，不能承受房屋的重量，从而导致房屋倒塌。

图 1-7　未烧透的多孔红砖

【创新与拓展】

“绿色奥运”与“绿色建材”

　　2008 年的北京奥运，“绿色奥运”、“绿色建材”等理念深入人心。以鸟巢、水立方等场馆项目为例，在这些奥运场馆的建设中，低碱水泥、生态水泥、新型防水材料、轻质石膏板、防火涂料等几十种产品在奥运场馆中得到了广泛的应用。鸟巢、水立方等场馆项目首次使用了生态水泥，这是全国首条消纳工业废料的生态水泥示范线；奥运工程使用的抗菌型纳米涂料，灭菌率达 98% 以上，挥发物含量仅为 0.6，是国家强制性标准的三百分之一，达到国际领先水平。“鸟巢”中使用的钢材就是我国领先技术的展现。由于“鸟巢”结构设计奇特新颖，钢结构最大跨度达到 343 m，如果使用普通钢材，厚度至少要达到 220 mm，钢材重量将超过 8 万吨。而且钢板太厚，焊接起来更难。从 2004 年 9 月开始，武钢科研人员就开始着手研制，并专门为用在建筑结构上的 110 mm Q460 厚钢板加强了抗震性能和可焊性，得出了适当的合金元素配比，实现了 110 mm 厚建筑用 Q460 钢板的突破性国产化。这种特种钢材集刚强、柔韧于一体，从而保证了"鸟巢"在承受最大 460 MPa 的外力后，依然可以恢复到原有形状，也就是说能抵抗当年唐山大地震那样的地震波。如此稳固的建筑，在中国乃至整个亚洲都是绝无仅有的。

　　绿色建筑材料不仅仅在北京奥运会上被充分使用，在我们身边也有很多这样的例子。但是，我国建材工业仍然是一个环境污染严重、对生态破坏较大的行业。因此，我们应努力发展绿色建材、生态建材、环保建材，从根本上改变长期以来我国建材工业存在的高投入、高污染、低效益的粗放式生产方式，选择资源节约型、污染最低型、质量效益型、科技先导型的发展方式，将建材工业的发展与保护生态环境、污染治理有机地结合起来。绿色建材是 21 世纪我国建材工业发展的必由之路，我们要以战略的眼光、时代的紧迫感和历史责任感，加快绿色建材工业的发展，用健康、安全、舒适、美观的绿色建筑物，造福于社会，造福于人民。人类只有一个"地球村"，生命也只有一次，拥有一个生态平衡的"绿色"地球，是人类共同的愿望。

　　绿色已成为人类环保愿望的标志。"绿色建材"也成了一个发展趋势。你的家乡的土木工程建筑材料有哪些是属于"绿色建材"？有哪些不属于"绿色建材"？请思考、讨论。

能力训练题

一、名词解释

材料的空隙率　堆积密度　材料的强度　材料的耐久性　比强度

二、填空题

1. 材料内部的孔隙分为_____孔和_____孔。一般情况下，材料的孔隙率越大，且连通孔隙越多的材料，其强度越_____，吸水性、吸湿性越_____，导热性越_____，保温隔热性能越_____。

2. 材料的吸湿性是指材料在_____的性质。

3. 材料的抗冻性以材料在吸水饱和状态下所能抵抗的_____来表示。

4. 水可以在材料表面展开，即材料表面可以被水浸润，这种性质称为_____。

三、选择题

1. 孔隙率增大，材料的_____降低。

A. 密度　　　　B. 表观密度　　　　C. 憎水性　　　　D. 抗冻性

2. 材料在水中吸收水分的性质称为_____。

A. 吸水性　　　　B. 吸湿性　　　　C. 耐水性　　　　D. 渗透性

3. 含水率为 10% 的湿砂 220 g，其中水的质量为_____。

A. 19.8 g　　　　B. 22 g　　　　C. 20 g　　　　D. 20.2 g

4. 材料的孔隙率增大时，其性质保持不变的是_____。

A. 表观密度　　　　B. 堆积密度　　　　C. 密度　　　　D. 强度

四、判断题

1. 某些材料虽然在受力初期表现为弹性，但是当受力达到一定程度后表现出塑性特征，这类材料称为塑性材料。

2. 材料吸水饱和状态时水占的体积可视为开口孔隙体积。

3. 在空气中吸收水分的性质称为材料的吸水性。

4. 材料的软化系数愈大，材料的耐水性愈好。

5. 材料的渗透系数愈大，其抗渗性能愈好。

五、简答题

1. 生产材料时，在组成一定的情况下，可采取什么措施来提高材料的强度和耐久性？

2. 决定材料耐腐蚀性的内在因素是什么？

3. 新建的房屋保暖性差，到冬季更甚，这是为什么？

六、计算题

1. 某岩石在气干、绝干、水饱和状态下测得的抗压强度分别为 172 MPa、178 MPa、168 MPa。该岩石可否用于水下工程？

2. 收到含水率为 5%的砂子 500 吨，实为干砂多少吨？若需干砂 500 吨，应进含水率 5%的砂子多少吨？

项目二　气硬性胶凝材料

教学要求

了解： 胶凝材料的概念和分类，石膏、石灰的原料及品种，石灰、石膏、水玻璃的生产工艺及对性能的影响。

掌握： 气硬性胶凝材料的概念，石灰的熟化、陈伏及硬化过程，水玻璃的性质和应用。

重点： 建筑石膏、石灰的组成、性质与应用。

难点： 石膏、石灰和水玻璃的应用，建筑石膏硬化过程的物理、化学变化。

【走进历史】

从《石灰吟》和金字塔看胶凝材料

石灰是一种古老的建筑材料，由于其原料分布广、生产工艺简单、成本低、使用方便，因此被广泛用于建筑工程。例如：组成最为经典、古老的复合胶凝材料(石灰＋糯米汁＋桐油)被广泛用于万里长城、明城墙、苏州古盘门和古埃及金字塔等世界文化遗产。

石 灰 吟
——于谦[明代]

千锤万凿出深山，烈火焚烧若等闲；粉身碎骨浑不怕，要留清白在人间。

这是一首托物言志诗。作者以石灰作比喻，表达自己为国尽忠、不怕牺牲的意愿和坚守高洁情操的决心。但是这四句诗也表明了石灰的物理、化学变化过程。

千锤万凿出深山：石灰石，物理变化，因为是直接开采出来的；

烈火焚烧若等闲：碳酸钙，石灰石的主要成分，在烈火下可分解：$CaCO_3 \rightarrow CaO + CO_2 \uparrow$；

粉身碎骨浑不怕：生石灰，为 $CaCO_3$ 受热分解的产物 CaO，表明它受热不分解；

要留清白在人间：熟石灰，表明它是粉刷墙壁用的物质；生石灰遇水潮解，立即形成熟石灰[消石灰 $Ca(OH)_2$]，熟石灰溶于水后可调浆，在空气中易硬化，用于粉刷。

古埃及人发现尼罗河流域盛产的石膏可以制作成很好的黏结材料。他们发现，把开采出来的石膏碾碎磨细，再加上少量黏土一起煅烧，就会使石膏失去一部分结晶水而成为熟料。熟料加水，调成糊状，过不了多久又会重新变硬，而且石膏糊黏性甚好。由此埃及人发明了与水泥相似的石膏黏结剂，还用它创造了世界建筑史上的奇迹——金字塔。

到目前为止，埃及尚存的金字塔有近 80 座左右，其中规模最大的一座距今已有 4500 多年的历史，可见该石膏复合胶凝材料具有良好的耐久性。

任务一 石 灰

在建筑工程中，把经过一系列的物理、化学作用后，能将浆体变成坚硬的固体，并能将散粒材料(如砂、石等)或块状材料(如砖、石块等)胶结成一个整体的物质，称为胶凝材料。胶凝材料品种繁多，按其化学组成可分为有机胶凝材料(亦称矿物胶凝材料，如沥青、树脂等)和无机胶凝材料(如石灰、水泥等)。

无机胶凝材料按硬化条件又可分为水硬性胶凝材料和气硬性胶凝材料两类。所谓气硬性胶凝材料，是指只能在空气中硬化并保持或继续提高其强度的胶凝材料，如石灰、石膏、水玻璃等。气硬性胶凝材料一般只适合用于地上或干燥环境，不宜用于潮湿环境，更不可用于水中。水硬性胶凝材料是指不仅能在空气中硬化，而且能更好地在水中硬化并保持或继续提高其强度的胶凝材料，如水泥。水硬性胶凝材料既适用于地上，也适用于地下或水中。

石灰是建筑工程中使用较早的矿物胶凝材料之一。由于其原料来源广泛，生产工艺简单，成本低廉，具有其特定的工程性能，因此至今仍广泛应用于建筑工程中。

2.1.1 石灰的生产

1. 原料

生产石灰的原料有两种：一是天然原料，凡是以碳酸钙为主要成分的天然岩石，如石灰岩、白奎、白云质石灰岩、贝壳等，都可用来生产石灰；一是化工副产品，如电石渣(是碳化钙制取乙炔时产生的，其主要成分是氢氧化钙)。主要原料是天然的石灰岩。

2. 生产过程

将主要成分为碳酸钙和碳酸镁的岩石经高温煅烧(加热至900℃以上)，逸出CO_2气体，得到的白色或灰白色的块状材料即为生石灰，其主要化学成分为氧化钙和氧化镁。

$$CaCO_3 \xrightarrow{(900\sim1100)℃} CaO + CO_2 \uparrow$$

在上述反应过程中，$CaCO_3$、CaO、CO_2的质量比为100∶56∶44，即质量减少44%，而在正常煅烧过程中，体积只减少约15%，所以生石灰具有多孔结构。在石灰的生产过程中，对质量有影响的因素有煅烧的温度和时间、石灰岩中碳酸镁的含量及黏土杂质含量。

碳酸钙在900℃时开始分解，但分解速度较慢，所以，煅烧温度宜控制在1000℃～1100℃左右。温度较低、煅烧时间不足、石灰岩原料尺寸过大、装料过多等因素，会产生欠火石灰。欠火石灰中$CaCO_3$尚未完全分解，未分解的$CaCO_3$没有活性，从而降低了石灰的有效成分含量；温度过高或煅烧时间过长，则会产生过火石灰。因为随煅烧温度的提高和时间的延长，已分解的CaO体积收缩，毛体积密度增大，质地致密，熟化速度慢。若原料中含有较多的SiO_2和Al_2O_3等黏土杂质，则会在表面形成熔融的玻璃物质，从而使石灰与水反应的速度变得更慢(需数天或数月)。过火石灰如用于工程上，其细小颗粒会在已经硬化的浆体中吸收水分，发生水化反应而使体积膨胀，引起局部鼓泡或脱落，影响工程质量。

在石灰的原料中，除碳酸钙外，常含有碳酸镁，煅烧过程中碳酸镁分解出氧化镁，存在于石灰中。

$$MgCO_3 \xrightarrow{700℃} MgO + CO_2 \uparrow$$

根据石灰中氧化镁含量的多少,可将石灰分为钙质石灰、镁质石灰。镁质石灰熟化较慢,但硬化后强度稍高。用于建筑工程中的多为钙质石灰。

根据成品加工方法的不同,可有以下五种成品石灰:

(1) 块状生石灰:由石灰石锻烧成的白色疏松结构的块状物,主要成分为 CaO。

(2) 磨细生石灰:由块状生石灰磨细而成,水化时间短,直接加水即可,可以提高工效,但成本较高,不易储存。

(3) 消石灰粉:是将生石灰用适量的水经消化和干燥而成的粉末,主要成分为 $Ca(OH)_2$,也称为熟石灰。

(4) 石灰膏:将消石灰用水(用水量约为生石灰体积的 3~4 倍)消化而成的具有一定稠度的膏状物,主要成分为 $Ca(OH)_2$ 和水。

(5) 石灰乳:是将消石灰用过量水消化而成的一种乳状液体,主要成分为 $Ca(OH)_2$ 和水,常用于粉刷墙面。

2.1.2　石灰的熟化

生石灰加水生成氢氧化钙的过程称为石灰的熟化或消解过程,其反应式如下:

$$CaO + H_2O \rightarrow Ca(OH)_2 + 64.88J$$

生石灰熟化的方法有淋灰法和化灰法,如图 2-1 所示。

(1) 淋灰法:生石灰中均匀加入 70% 左右的水(理论值为 31.2%)便可得到颗粒细小、分散的熟石灰粉。工地上调制熟石灰粉时,每堆放半米高的生石灰块,先淋 60%~80% 的水后,再堆放、再淋,使之成粉且不结块为止。

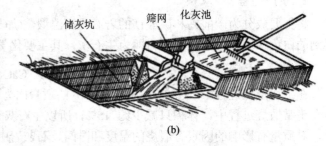

(a)　　　　　　　　　　　　　　　　　(b)

储灰坑　　筛网　　化灰池

图 2-1　生石灰熟化方法

(a) 淋灰法;(b) 化灰法

(2) 化灰法:生石灰中加入适量的水(约为块灰质量的 2.5~3 倍),得到石灰乳浆体,石灰乳沉淀后除去表层多余水分后得到石灰膏。

生石灰的熟化过程有两个显著的特点:一是体积膨胀大(约 1~2.5 倍);二是放热量大,放热速度快。煅烧良好、氧化钙含量高、杂质含量小的生石灰,其熟化速度快,放热量和体积增大也多。此外,熟化速度还取决于熟化池中的温度,温度高,熟化速度快。

在生石灰的煅烧过程中产生过火石灰是难免的。由于过火石灰的表面包覆着一层玻璃状釉状物,熟化很慢,通常在石灰浆硬化后才开始水化,水化时体积膨胀引起石灰硬化体隆起、鼓包和开裂。为消除过火石灰的危害,石灰膏使用前应在化灰池中存放 2 周以上,目的是使过火石灰充分熟化，这个过程称为陈伏。陈伏期间，石灰膏表面应保留一层水，或用其他材料覆盖，避免石灰膏与空气接触而导致碳化。一般情况下，1 kg 的生石灰约可化成 1.5 L～3 L 的石灰膏。石灰膏可用来拌制砌筑砂浆、抹面砂浆，也可以掺入较多的水制成石灰乳液用于粉刷。

磨细生石灰粉不需要陈伏。因为过火石灰被磨细，表面积增大，水化速度加快，几乎可同步熟化，同时将局部大膨胀变成了均匀分布的微小膨胀，从而消除了大的局部膨胀应力。

2.1.3　石灰的硬化

石灰的硬化包含干燥、结晶和碳酸化三个交错进行的过程。

1. 干燥硬化

石灰浆体中形成有大量彼此相通的孔隙网，孔隙内自由水产生的毛细管压力使石灰粒子紧密连接，从而获得强度。干燥硬化的强度值不高，遇水后水灰强度丧失。

2. 结晶硬化

石灰膏中的游离水分一部分蒸发掉，另一部分被砌体吸收。由于饱和溶液中水分的减少，微溶于水的氢氧化钙以胶体析出，随着时间的增长，胶体逐渐变浓，部分氢氧化钙结晶，这样，晶体胶体逐渐结合成固体。同样，膏体遇水会引起强度降低。

3. 碳酸化硬化

石灰膏体表面的氢氧化钙与空气中的二氧化碳作用，反应生成碳酸钙，不溶于水的碳酸钙由于水分的蒸发而逐渐结晶。反应式如下：

$$Ca(OH)_2 + CO_2 + nH_2O \rightarrow CaCO_3 + (n+1)H_2O$$

碳化作用实际是二氧化碳与水形成碳酸，然后与氢氧化钙反应生成碳酸钙。所以这个作用不能在没有水分的状态下进行。

上述硬化过程是同时进行的。在内部，对强度增长起主导作用的是结晶硬化。干燥硬化也起到一定的辐助作用。碳化硬化进行得非常慢且会放出较多的水，不利于干燥和结晶硬化。由于石灰具有这种硬化机理，故它不宜用于长期处于潮湿或反复受潮的地方。掺入填充材料，如掺入砂子配成石灰砂浆，则可减少收缩并加速硬化；加入纤维材料或纸筋配成石灰麻刀灰或石灰纸筋灰可避免出现收缩裂缝。

例：在维修古建筑时，发现古建筑中的石灰砂浆坚硬、强度较高，有人认为是古代生产的石灰质量优于现代石灰，此观点对否？为什么？

这种观点是不对的，因为碳化作用只限于表层，在长时间内碳化过程充分，厚度增加，故强度高。

2.1.4　石灰的分类

1. 根据成品加工方法不同分

根据成品加工方法不同，石灰可分为以下几种：

(1) 块状生石灰：原料经煅烧而得到的块状白色原成品(主要成分为 CaO)。

(2) 生石灰粉：以块状生石灰为原料，经研磨制得的生石灰粉(主要成分为 CaO)。

(3) 消石灰粉：以生石灰为原料，经水化和加工制得的消石灰粉(主要成分为 $Ca(OH)_2$)。

2. 按化学成分(MgO 含量)分

根据石灰中 MgO 的含量,可将其分为钙质石灰与镁质石灰,见表 2-1。

表 2-1　MgO 含量

种　类	钙质	镁质	种　类	钙质	镁　质
生石灰	≤5%	>5%	消石灰粉	≤4%	4%～24%
生石灰粉			白云石消石灰粉		24%～30%

3. 按熟化速度分

熟化速度是指石灰从加水开始到达到最高温度所经过的时间,按其长短可将石灰分为以下几种:

(1) 快熟石灰:熟化速度在 10 min 以内。

(2) 中熟石灰:熟化速度在 10 min～30 min。

(3) 慢熟石灰:熟化速度在 30 min 以上。

熟化速度不同,所采用的熟化方法也不同,如快熟石灰应先在池中注好水,然后慢慢加入生石灰,以免池中温度过高,既影响熟化石灰的质量,又易对施工人员造成伤害。慢熟石灰则应先加生石灰,再慢慢向池中注水,以保持池中有较高的温度,从而保证石灰的熟化速度。

2.1.5　石灰的技术性能及标准

建筑生石灰根据有效氧化钙和有效氧化镁的含量、二氧化碳含量、未消化残渣含量以及产浆量可划分为优等品、一等品和合格品。各等级的技术要求见表 2-2。

表 2-2　建筑生石灰的技术指标(JC/T479—1992)

项　　目	钙质生石灰粉			镁质生石灰粉		
	优等品	一等品	合格品	优等品	一等品	合格品
CaO+MgO含量 / (%),≥	90	85	80	85	80	75
未消化残渣含量(5 mm圆孔筛筛余) / (%),≤	5	10	15	5	10	15
CO_2含量 / (%),≤	5	7	9	6	8	10
产浆量/(L/kg),≥	2.8	2.3	2.0	2.8	2.3	2.0

建筑生石灰粉根据有效氧化钙和有效氧化镁含量、二氧化碳含量及细度的不同可划分为优等品、一等品和合格品。各等级的技术要求见表 2-3。

表 2-3　建筑生石灰粉的技术指标(JC/T480—1992)

项　　目		钙质生石灰粉			镁质生石灰粉		
		优等品	一等品	合格品	优等品	一等品	合格品
CaO+MgO含量 / (%),≥		85	80	75	80	75	70
CO_2含量 / (%),≤		7	9	11	8	10	12
细度	0.9 mm筛筛余 / (%),≤	0.2	0.5	1.5	0.2	0.5	1.5
	0.125 mm筛筛余 / (%),≤	7.0	12.0	18.0	7.0	12.0	18.0

建筑消石灰粉根据有效氧化钙和有效氧化镁含量、游离水量、体积安定性及细度的不

同可划分为优等品、一等品和合格品。各等级的技术要求见表2-4。

表2-4　建筑消石灰粉的技术指标(JC/T 481—1992)

项　目		钙质生石灰粉			镁质生石灰粉			白云石消石灰粉		
		优等品	一等品	合格品	优等品	一等品	合格品	优等品	一等品	合格品
CaO+MgO含量/(%)，≥		70	65	60	65	60	55	65	60	55
游离水/%		0.4～2								
体积安定性		合格		—	合格		—	合格		—
细度	0.9 mm筛筛余/(%)，≤	0	0	0.5	0	0	0.5	0	0	0.5
	0.125 mm筛筛余/(%)，≤	3	10	15	3	10	15	3	10	15

2.1.6　石灰的性能

石灰与其他胶凝材料相比具有以下特性。

1. 保水性、可塑性好

生石灰熟化为石灰浆时，能自动形成颗粒极细、呈胶体分散状态的氢氧化钙，由于其表面吸附了一层较厚的水膜，因此保水性能好，且水膜层也大大降低了颗粒间的摩擦力。因此，用石灰膏制成的石灰砂浆具有良好的保水性和可塑性。在水泥砂浆中掺入石灰膏，可使砂浆的保水性和可塑性显著提高。

2. 硬化慢、强度低

石灰浆体硬化过程的特点之一就是硬化速度慢。原因是空气中的二氧化碳浓度低，且碳化是由表及里，在表面形成较致密的壳，使外部的二氧化碳较难进入其内部，同时内部的水分也不易蒸发，所以硬化缓慢，硬化后的强度也不高。如1∶3石灰砂浆28天的抗压强度通常只有0.2 MPa～0.5 MPa。

3. 体积收缩大

体积收缩大是石灰在硬化过程中的另一特点，其原因一方面是由于蒸发大量的游离水而引起显著的收缩；另一方面碳化也会产生收缩。所以石灰除调成石灰乳液作薄层涂刷外，不宜单独使用，常掺入砂、纸筋等以减少收缩、限制裂缝的扩展。

4. 耐水性差

石灰浆体在硬化过程中的较长时间内，主要成分仍是氢氧化钙(表层是碳酸钙)，由于氢氧化钙易溶于水，所以石灰的耐水性较差。硬化中的石灰若长期受到水的作用，会导致强度降低，甚至会溃散。

5. 吸湿性强

生石灰极易吸收空气中的水分熟化成熟石灰粉，所以应在密闭条件下存放生石灰，并应防潮、防水。

2.1.7　石灰的应用

石灰的应用主要体现在以下一些方面。

1. 拌制灰浆、砂浆

石灰膏中掺入适量的砂和水，即可配制成灰砂浆，可以应用于内墙、顶棚的抹灰层，也可以用于要求不高的砌筑工程。在水泥砂浆中掺入适量石膏后，即制得工程上应用量很大的混合砂浆，石灰膏能够提高砂浆的保水性、可塑性、保证施工质量还能节约水泥。

2. 拌制灰土、三合土

可利用石灰与黏性土拌制成灰土；利用石灰、黏土与砂石或碎砖、炉渣等填料可拌制成三合土或碎砖三合土；利用石灰与粉煤灰、黏性土可拌制成粉煤灰石灰土；利用石灰与粉煤灰、砂、碎石可拌制成粉煤灰碎石土；等等。这些灰土和三合土大量应用于建筑物基础、地面、道路等的垫层，及地基的换土处理等。为方便石灰与黏土等的拌和，宜用磨细的生石灰或消石灰粉。磨细的生石灰还可使灰土和三合土具有较高的紧密度、强度及耐水性。

3. 制成建筑生石灰粉

将生石灰磨成细粉，即为建筑生石灰粉。建筑生石灰粉加入适量的水拌成的石灰浆可以直接使用，主要是因为粉状石灰熟化速度较快，熟化放出的热促使硬化进一步加快。硬化后的强度要比石灰膏硬化后的强度高。

4. 制作碳化石灰板材

碳化石灰板是将磨细的生石灰掺 30%～40% 的短玻璃纤维或轻质骨料加水搅拌，振动成形后，再利用石灰窑的废气碳化(12～24)小时而成的一种轻质板材。它能锯、能钉，适宜用作非承重内隔墙板、天花板等。

5. 生产硅酸盐制品

将磨细的生石灰或消石灰粉与天然砂或粒化高炉矿渣、炉渣、粉煤灰等硅质材料配合均匀，加水搅拌，再经陈伏(使生石灰充分熟化)、加压成形和压蒸处理即可制成蒸压灰砂砖。灰砂砖呈灰白色，如果在其中掺入耐碱颜料，则可制成各种颜色的砂砖。它的尺寸与普通黏土砖相同，也可制成其他形状的砌块，主要用作墙体材料。

2.1.8　石灰的验收、储运及保管

生石灰储存时间不宜过长，一般不超过一个月，要做到"随到随化"。

建筑生石灰粉、建筑消石灰粉一般采用袋装，可以采用符合标准规定的牛皮纸袋、复合纸袋或塑料编织袋包装，袋上应标明厂名、产品名称、商标、净重、批量编号。运输、储存时不得受潮和混入杂物。

石灰在保管时应分类、分等级存放在干燥的仓库内，不宜长期储存，运输过程中要采取防水措施。由于生石灰遇水发生反应并释放出大量的热，因此生石灰不宜与易燃、易爆物品共存、共运，以免酿成火灾。

存放石灰时，可通过将其制成石灰膏密封或在上面覆盖砂土等方式来与空气隔绝，以防止硬化。

建筑生石灰粉有每袋净重 40 kg、50 kg 两种，每袋重量偏差值不大于 1 kg；建筑消石灰粉有每袋净重 20 kg、40 kg 两种，每袋重量偏差值分别不大于 0.5 kg、1 kg。

[工程实例分析 2-1]

石灰抹面裂纹的比较和分析

现象 请观察图 2-2(a)和(b)所示的两种已经硬化的石灰砂浆产生的裂纹有何差别，试分析上述裂纹产生的原因。

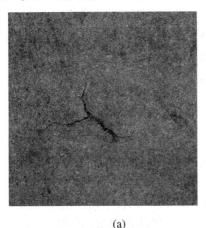 

(a)   (b)

图 2-2 抹面裂纹

(a) 放射性裂纹；(b) 干缩性裂纹

原因分析 在煅烧过程中，如果煅烧时间过长或温度过高，将生成颜色较深、块体致密的"过火石灰"。过火石灰水化极慢，当石灰变硬后才开始熟化，产生体积膨胀，引起已变硬石灰体的隆起鼓包和开裂。为了消除过火石灰的危害，在保持石灰膏表面有水的情况下，应将其在储存池中放置一周以上，这一过程称为陈伏。陈伏期间，石灰浆表面应保持一层水，隔绝空气，防止 $Ca(OH)_2$ 与 CO_2 发生碳化反应。

石灰砂浆(a)为凸出放射性裂纹，这是由于石灰浆的陈伏时间不足，致使其中部分过火石灰在石灰砂浆制作过程中尚未水化，导致其在硬化的石灰砂浆中继续水化成 $Ca(OH)_2$，产生体积膨胀，从而形成膨胀性裂纹。

石灰砂浆(b)为网状干缩性裂纹，是因石灰砂浆在硬化过程中干燥收缩所致。尤其是水灰比过大，石灰过多时，易产生此类裂纹。

[工程实例分析 2-2]

石灰的选用

现象 某工地急需配制石灰砂浆。当时有消石灰粉、生石灰粉及生石灰材料可供选用。因生石灰价格相对较便宜，于是选用了它，并马上加水配置石灰膏，再配置石灰砂浆。使用数日后，石灰砂浆出现众多凸出的膨胀性裂缝。

原因分析 该石灰的陈伏时间不够。数日后部分过火石灰在已硬化的石灰砂浆中熟化，体积膨胀，以致产生膨胀性裂纹。

因工期紧，若无现成合格的石灰膏，可选用消石灰粉。消石灰粉在磨细过程中，把过火石灰磨成细粉，易于克服过火石灰在熟化时造成的体积安定性不良的危害。

任务二　石　膏

石膏是一种重要的非金属矿产资源，它在自然界中的蕴藏量十分丰富，用途广泛。石膏在建筑工程中的应用也有较长的历史。由于其具有轻质、隔热、吸声、耐火、色白且质地细腻等一系列优良性能，加之我国石膏矿藏储量居世界首位，所以石膏的应用前景十分广阔。

石膏的主要化学成分是硫酸钙，它在自然界中以两种稳定形态存在于石膏矿石中：一种是天然无水石膏($CaSO_4$)，也称生石膏、硬石膏；另一种是天然二水石膏($CaSO_4 \cdot 2H_2O$)，也称软石膏。天然无水石膏只能用于生产石膏水泥，而天然二水石膏可制造各种性质的石膏。

2.2.1　建筑石膏的生产

将天然二水石膏(或主要成分为二水石膏的化工石膏)加热，由于加热方式和温度不同，可生产不同性质的石膏品种：温度为 65℃～75℃ 时，开始脱水，至 107℃～170℃ 时，脱去部分结晶水，得到 β 型半水石膏($\beta CaSO_4 \cdot 0.5H_2O$)，即建筑石膏；当加热温度为 170℃～200℃ 时，石膏继续脱水，成为可溶性硬石膏，与水调和后仍能很快凝结硬化；当加热温度升高到 200℃～250℃ 时，石膏中残留很少的水，凝结硬化非常缓慢；当加热温度高于 400℃ 时，石膏完全失去水分，成为不溶性硬石膏，失去凝结硬化能力，成为死烧石膏；当温度高于 800℃ 时，部分石膏分解出的氧化钙起催化作用，所得产品又重新具有凝结硬化性能。当温度高于 1600℃ 时，$CaSO_4$ 全部分解为石灰。

建筑石膏(β 型半水石膏)呈白色粉末状，密度为 2.60 g/cm³～2.75 g/cm³，堆积密度为 800 kg/m³～1000 kg/m³。β 型半水石膏中杂质少、色白，可作为模型石膏，用于建筑装饰及陶瓷的制坯工艺。

若将二水石膏置于蒸压釜中，在 0.13 MPa 的水蒸气中(124℃)脱水，得到的是晶粒较 β 型半水石膏粗大、使用时拌和用水量少的半水石膏，称为 α 型半水石膏。将此熟石膏磨细得到的白色粉末称为高强石膏。由于高强石膏拌和用水量少(石膏用量的 35%～45%)，硬化后有较高的密实度，因此强度较高，7 天可达 15 MPa～40 MPa。

2.2.2　建筑石膏的凝结与硬化

建筑石膏遇水将重新水化成二水石膏，反应式为

$$CaSO_4 \cdot 0.5H_2O + 1.5 H_2O \rightarrow CaSO_4 \cdot 2H_2O$$

建筑石膏与适量的水混合成可塑的浆体，但很快就失去塑性、产生强度，并发展成为坚硬的固体。石膏的凝结硬化是一个连续的溶解、水化、胶化、结晶的过程，如图 2-3 所示。

半水石膏极易溶于水，加水后会很快达到饱和而分解出溶解度较低的二水石膏胶体。由于二水石膏的析出，溶液中的半水石膏则转变为非饱和状态，这样，又有新的半水石膏溶解，接着继续重复水化、胶化的过程，随着析出的二水石膏胶体晶体的不断增多，彼此

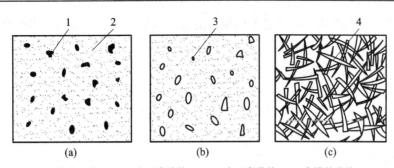

1—半水石膏；2—二水石膏胶粒；3—二水石膏晶体；4—交错的晶体

图 2-3 建筑石膏凝结硬化示意图

(a) 胶化；(b) 结晶开始；(c) 结晶长大与交错

互相联结，使石膏具有了强度。同时，随着溶液中的游离水分不断蒸发减少，结晶体之间的摩擦力、粘结力逐渐增大，石膏强度也随之增加，直至完全干燥，强度则停止发展，最后成为坚硬的固体。

浆体的凝结硬化是一个连续进行的过程。从加水开始拌和到浆体开始失去可塑性的过程称为浆体的初凝，对应的这段时间称为初凝时间；从加水开始拌和到浆体完全失去可塑性，并开始产生强度的过程称为浆体的终凝，对应的时间称为浆体的终凝时间。建筑石膏凝结硬化较快，一般初凝时间不早于 6 min，终凝时间不迟于 30 min。

2.2.3 建筑石膏的技术性能

根据规定，建筑石膏按其凝结时间、细度、强度指标分为三级，即优等品、一等品、合格品。各项技术指标见表 2-5。

表 2-5 建筑石膏的技术指标(GB 9776—88)

指　　　标		优等品	一等品	合格品
细度/(%)(孔径0.2 mm筛的筛余量≤)		5.0	10.0	15.0
抗折强度/MPa(烘干至质量恒定后≥)		2.5	2.1	1.8
抗压强度/MPa(烘干至质量恒定后≥)		4.9	3.9	2.9
凝结时间/min	初凝不早于	6		
	终凝不迟于	30		

注：指标中有一项不符合者，应予降级或报废。

2.2.4 建筑石膏的特点

建筑石膏具有以下特点。

1. 孔隙率大、强度较低

为使石膏具有必要的可塑性，通常实际加水量比理论需水量要多得多(加水量为石膏用量的 60%～80%，而理论用水量只为石膏用量的 18.6%)，硬化后由于多余水分的蒸发，内部的孔隙率很大，因而强度较低。

2. 硬化后体积微膨胀

石膏在凝结过程中体积会产生微膨胀，其膨胀率约为 1%。这一特性使石膏制品在硬化过程中不会产生裂缝，造型棱角清晰饱满，适宜浇铸模型、制作建筑艺术配件及建筑装饰件等。

3. 防火性好、耐火性差

由于硬化的石膏中结晶水含量较多，遇火时，这些结晶水因吸收热量而蒸发，从而形成蒸汽幕，阻止火势蔓延，同时表面生成的无水物为良好的绝缘体，也起到防火作用。但二水石膏脱水后强度下降，故耐火性差。

4. 凝结硬化快

建筑石膏在 10 min 内可初凝，至 30 min 即可终凝。因初凝时间较短，为满足施工要求，常掺入缓凝剂，以延长凝结时间。可掺入石膏用量 0.1%～0.2% 的动物胶，或掺入 1% 的亚硫酸盐酒精废液，也可以掺入硼砂或柠檬酸。掺缓凝剂后，石膏制品的强度会有所下降。若需加速凝固则可掺入少量磨细的未经煅烧的石膏。

5. 保温性和吸声性好

建筑石膏孔隙率大，且孔隙多呈微细的毛细孔，所以导热系数小，保温、隔热性能好。同时，大量开口的毛细孔隙对吸声有一定的作用，因此建筑石膏具有良好的吸声性能。

6. 具有一定的调温、调湿性

由于建筑石膏热容量大，且因多孔而产生的呼吸功能使吸湿性增强，因而可起到调节室内温度、湿度的作用，创造舒适的工作和生活环境。

7. 耐水性差

由于硬化后建筑石膏的孔隙率较大，二水石膏又微溶于水，具有很强的吸湿性和吸水性，如果处在潮湿环境中，晶体间的黏结力削弱，强度显著降低，遇水则晶体溶解而引起破坏，所以石膏及其制品的耐水性较差，不能用于潮湿环境中，但经过加工处理后可做成耐水纸面石膏板。

8. 装饰性强

石膏呈白色，可以装饰干燥环境的室内墙面或顶棚，但如果受潮后颜色会变黄。

2.2.5　建筑石膏的应用

建筑石膏的应用主要体现在以下一些方面。

1. 室内抹灰及粉刷

建筑石膏常被用于室内抹灰和粉刷。建筑石膏加砂、缓凝剂和水拌和成石膏砂浆，用于室内抹灰，其表面光滑、细腻、洁白、美观。石膏砂浆也可作为腻子用作油漆等的打底层。建筑石膏加缓凝剂和水拌和成石膏浆体，可作为室内粉刷的涂料。

2. 建筑装饰制品

建筑石膏具有凝结快、体积稳定、装饰性强、不老化、无污染等特点，常用于制造建筑雕塑、建筑装饰制品。

3. 石膏板

石膏板具有质轻、保温、防火、吸声、能调节室内温度和湿度及制作方便等性能，应用较为广泛。常见的石膏板有普通纸面石膏板、装饰石膏板、石膏空心条板、吸声用穿孔石膏板、耐水纸面石膏板、耐火纸面石膏板、石膏蔗渣板等。此外，各种新型的石膏板材仍在不断出现。

2.2.6 石膏的验收与储运

建筑石膏一般采用袋装，可用具有防潮及不易破损的纸袋或其他复合袋包装；包装袋上应清楚标明产品标记、制造厂名、生产批号和出厂日期、质量等级、商标、防潮标志；运输、储存时不得受潮和混入杂物，不同等级的应分别储运，不得混杂；石膏的储存期为三个月(自生产日起算)。超过三个月的石膏应重新进行质量检验，以确定等级。

2.2.7 石膏制品的发展

石膏制品具有绿色环保、防火、防潮、阻燃、轻质高强、易加工、可塑性好、装饰性强等特点，使得石膏及其制品备受青睐，具有广阔的发展空间。且前石膏制品的发展趋势有：用于生产石膏砌块、石膏条板等新型墙体材料；石膏装饰材料，如各种高强、防潮、防火又具有环保功能的石膏装饰板、石膏线条、灯盘、门柱、门窗拱眉等装饰制品及具有吸音、防辐射、防火功能的石膏装饰板；具有轻质高强、耐水、保温的石膏复合墙体，如轻钢龙骨纸面石膏板夹岩棉复合墙体、纤维石膏板或石膏刨花板等与龙骨的复合墙体、加气(或发泡)石膏保温板或砌块复合墙体、石膏与聚苯泡沫板、稻草板等复合的大板，这些石膏复合墙体正逐渐取代传统的墙体材料。

[工程实例分析 2-3]

现象 某工人将建筑石膏粉拌水为一桶石膏浆，用于在光滑的天花板上直接粘贴，石膏饰条前后半小时完工。几天后最后粘贴的两条石膏饰条突然坠落，请分析原因。

原因分析 其原因有两个方面，可有针对性地解决。

建筑石膏拌水后一般于数分钟至半小时左右凝结，后来粘贴石膏饰条的石膏浆已初凝，黏结性能差。可掺入缓凝剂，延长凝结时间；或者分多次配置石膏浆，即配即用。

在光滑的天花板上直接贴石膏条，粘贴难以牢固，宜对表面予以打刮，以利于粘贴。或者在粘贴的石膏浆中掺入部分黏贴性强的粘结剂。

[工程实例分析 2-4]

现象 上海某新村四幢六层楼 1989 年 9～11 月进行内外墙粉刷，1990 年 4 月交付甲方使用。此后陆续发现内外墙粉刷层发生爆裂。至 5 月份阴雨天，爆裂点迅速增多，破坏范围上万平方米。爆裂源为微黄色粉粒或粉料。该内外墙粉刷用的"水灰"，系宝山某厂自办的"三产"性质的部门供应，该部门由个人承包。

经了解，粉刷过程已发现"水灰"中有一些粗颗粒。对采集的微黄色爆裂物作 X 射线衍射分析，证实除含石英、长石、CaO、$Ca(OH)_2$、$CaCO_3$ 外，还含有较多的 MgO、$Mg(OH)_2$ 以及少量白云石。

原因分析 该"水灰"含有相当数量的粗颗粒，相当部分为 CaO 与 MgO，这些未充分消解的 CaO 和 MgO 在潮湿的环境下缓慢水化，分别生成 $Ca(OH)_2$ 和 $Mg(OH)_2$，固相体积膨胀约 2 倍，从而产生爆裂破坏。还需说明的是，MgO 的水化速度更慢，更易造成危害。

使用劣质建材，就是给工程埋下定时炸弹，危害人民利益。

任务三　水　玻　璃

水玻璃俗称"泡花碱"，是由碱金属氧化物和二氧化硅结合而成的能溶于水的一种金属硅酸盐物质。根据碱金属氧化物种类的不同，水玻璃分为硅酸钠水玻璃和硅酸钾水玻璃，工程中以硅酸钠水玻璃($Na_2O \cdot nSiO_2$)最为常用。

2.3.1　水玻璃的生产

硅酸钠水玻璃的主要原料是石英砂、纯碱。将原料磨细，按比例配合，在玻璃熔炉内熔融而生成硅酸钠，冷却后得固态水玻璃，然后在水中加热溶解而成液体水玻璃，其反应式为

$$nSiO_2 + Na_2CO_3 \xrightarrow{1300℃ \sim 1400℃} Na_2O \cdot nSiO_2 + CO_2 \uparrow$$

式中，n 为水玻璃模数，即二氧化硅与氧化钠的摩尔数比，其值的大小决定水玻璃的性质。n 值越大，水玻璃的黏度越大，黏结能力愈强，愈易分解、硬化，但也愈难溶解，体积收缩也愈大。建筑工程中常用水玻璃的 n 值一般在 2.5～2.8 之间。

水玻璃的生产除上述介绍的干法外还有湿法。湿法是将石英砂和苛性钠溶液在压蒸锅内用蒸气加热，并加以搅拌，便直接反应生成液体水玻璃。

液体水玻璃常因含杂质而呈青灰色、绿色或微黄色，以无色透明的液体水玻璃为最好。液体水玻璃可以与水按任意比例混合。使用时仍可加水稀释。在液体水玻璃中加入尿素，在不改变其黏度的情况下可提高黏结力。

2.3.2　水玻璃的硬化

水玻璃在空气中与二氧化碳作用，析出二氧化硅凝胶，凝胶因干燥而逐渐硬化，其反应式为

$$Na_2O \cdot nSiO_2 + CO_2 + mH_2O \rightarrow nSiO_2 \cdot mH_2O + Na_2CO_3$$

上述硬化过程很慢，为加速硬化，可掺入适量的固化剂，如氟硅酸钠(Na_2SiF_6)或氯化钙($CaCl_2$)，其反应如下：

$$Na_2O \cdot nSiO_2 + Na_2SiF_6 + mH_2O \rightarrow (2n+1)SiO_2 \cdot mH_2O + 6NaF$$

氟硅酸钠的适宜掺量为水玻璃重量的 12%～15%。如果用量太少，不但水玻璃的硬化速度缓慢，强度降低，而且未经反应的水玻璃易溶于水，因而耐水性差。但如果用量过多，又会引起凝结过速，使施工困难，而且渗透性大，强度也低。加入氟硅酸钠后，水玻璃的初凝时间可缩短到 30 min～60 min，终凝时间可缩短到 240 min～360 min，7 天基本达到最高强度。

2.3.3　水玻璃的性质

1. 粘结强度较高

水玻璃有良好的粘结能力，硬化时析出的硅酸凝胶呈空间网络结构，具有较高的胶凝能力，因而粘结强度高。此外，硅酸凝胶还有堵塞毛细孔隙而防止水渗透的作用。

2. 耐热性好

水玻璃不会燃烧，虽然在高温下硅酸凝胶干燥得更加强烈，但强度并不会降低，甚至有所增加，故水玻璃常用于配置耐热混凝土、耐热砂浆、耐热胶泥等。

3. 耐酸性强

水玻璃能经受除氢氟酸、过热(300℃以上)磷酸、高级脂肪酸或油酸以外的几乎所有的无机酸和有机酸的作用，常用于配制水玻璃耐酸混凝土、耐酸砂浆、耐酸胶泥等。

4. 耐碱性、耐水性较差

水玻璃在加入氟硅酸钠后仍不能完全硬化，仍有一定量的水玻璃。由于水玻璃可溶于碱，且溶于水，硬化后的产物 Na_2CO_3 及 NaF 均可溶于水，因此水玻璃硬化后不耐碱、不耐水。为提高耐水性，可采用中等浓度的酸对已硬化的水玻璃进行酸洗处理。

2.3.4　水玻璃的应用

水玻璃的应用主要体现在以下一些方面。

1. 配制快凝防水剂

以水玻璃为基料，加入两种、三种或四种矾可配制成二矾、三矾或四矾快凝防水剂。这种防水剂凝结迅速，凝结时间一般不超过 1 min，工程上利用它的速凝作用和粘附性，掺入水泥浆、砂浆或混凝土中，作修补、堵漏、抢修、表面处理用。因为凝结迅速，所以快凝防水剂不宜配制水泥防水砂浆，而用作屋面或地面的刚性防水层。

2. 配制耐热砂浆、耐热混凝土或耐酸砂浆、耐酸混凝土

这种材料是以水玻璃为胶凝材料，氟硅酸钠作促凝剂，耐热或耐酸粗细骨料按一定比例配制而成的。水玻璃耐热混凝土的极限使用温度在 1200℃ 以下。水玻璃耐酸混凝土一般用于储酸槽、酸洗槽、耐酸地坪及耐酸器材等。

3. 涂刷建筑材料表面

涂刷建筑材料表面，可提高材料的抗渗和抗风化能力。

用浸渍法处理多孔材料时，可使其密实度和强度提高，对黏土砖、硅酸盐制品、水泥混凝土等均有良好的效果。但不能用水玻璃来涂刷或浸渍石膏制品，因为硅酸钠与硫酸钙会发生化学反应生成硫酸钠，在制品孔隙中结晶，使体积显著膨胀，从而导致制品的破坏。用液体水玻璃涂刷或浸渍含有石灰的材料，如水泥混凝土和硅酸盐制品等时，水玻璃与石灰之间起反应生成的硅酸钙胶体填实制品孔隙，使制品的密实度有所提高。

4. 加固地基，提高地基的承载力和不透水性

将液体水玻璃和氯化钙溶液轮流交替压入地基，反应生成的硅酸凝胶将土壤颗粒包裹并使其空隙填实。硅酸胶体为一种吸水膨胀的冻状凝胶，因吸收地下水而经常处于膨胀状态，可阻止水分的渗透而使土壤固结。

另外，水玻璃还可用作多种建筑涂料的原料。将液体水玻璃与耐火填料等调成糊状的防火漆，涂于木材表面，可抵抗瞬间火焰。

[工程实例分析 2-5]

水玻璃与铝合金窗表面的斑迹

现象　在有些建筑物的室内墙面装修过程中可以观察到，使用以水玻璃为成膜物质的腻子作为底层涂料，施工过程中往往会散落到铝合金窗上，造成了铝合金窗外表形成有损美观的斑迹。

原因分析　一方面铝合金制品不耐酸碱，而另一方面水玻璃呈强碱性。当含碱涂料与铝合金接触时，引起铝合金窗表面发生腐蚀反应：

$$Al_2O_3 + 2NaOH = 2NaAlO_2 + H_2O$$

$$2Al + 2H_2O + 2NaOH = 2NaAlO_2 + 3H_2 \uparrow$$

从而使铝合金表面锈蚀而形成斑迹。

【创新与拓展】

新型无机胶凝材料——土聚水泥

土聚水泥是一种新型胶凝材料，在物理化学性能方面具有硅酸盐水泥无法比拟的优点，某些力学性能与陶瓷相当，其耐腐蚀、耐高温等性能更超过金属和有机高分子材料，但能耗只及它们的几十甚至上百分之一。它以含高岭石的黏土为原料，经较低温度煅烧，转变为无定形结构的变高岭石，而具有较高的火山灰活性。经碱性激活剂及促进剂的作用，硅铝氧化物经历了一个由解聚到再聚合的过程，形成类似地壳中一些天然矿物的铝硅酸盐网络状结构。一般条件下，土聚水泥聚合反应后生成无定形的硅铝酸盐化合物；在较高温度下，可生成类沸石型的微晶体结构，如方纳石、方沸石等，形成独特的笼形结构。

土聚水泥的主要力学性能指标优于玻璃和水泥，可与陶瓷、钢等金属材料相媲美，且具有较强的耐磨性能和良好的耐久性，其耐火、耐热性能优于传统水泥，隔热效果好。它还可与集料界面结合紧密，不会出现硅酸盐水泥与集料之间的高含量 $Ca(OH)_2$ 等粗大结晶的过渡区，体积稳定性好，化学收缩小，水化热低，生成能耗低。特别是土聚水泥能有效固定几乎所有的有毒离子，有利于处理和利用各种工业废弃物。目前，国外土聚水泥制备工艺手段日趋进步，土聚水泥的性能大幅度提高，在汽车及航空工业、非铁铸造、土木工程、有毒废料及放射性废料处理等许多领域具有广阔的发展前景。

能力训练题

一、填空题

1. 生石灰的成分是_____，熟石灰的成分是_____，熟石灰主要有_____、_____两种形式。

2. 石灰熟化的特点是_____、_____、_____，工程中熟化方法有_____和_____两种。

3. 常见的两种煅烧质量差的石灰是_____和_____，熟化过程中陈伏的目的是_____，一般陈伏时间为_____。

4. 建筑消石灰按 MgO 的含量可分为_____、_____、_____。

5. 混合砂浆中掺入石灰膏主要是利用石灰膏的_____性质。

6. 石灰凝结硬化速度_____，硬化后强度_____，体积_____。

7. 石灰硬化时易开裂，不能单独作制品，常加入_____、_____来提高抗裂性。

8. 利用石灰膏制成的_____和_____砂浆，用于砌筑、抹面工程。

9. 石灰砂浆的耐水性_____，灰土的耐水性_____。

10. 建筑石膏为白色粉末，其主要成分是_____，加水形成石膏浆，经注模成型、干燥制得石膏产品，石膏产品的成分是_____。

11. 石膏的凝结时间为_____，常掺入_____延长凝结时间。

12. 石膏硬化时体积_____，硬化速度_____，硬化后石膏的孔隙率_____，表观密度_____，保温性_____，吸声性_____，吸湿性_____，耐水性_____，抗冻性_____，防火性_____，耐火性_____。

13. 石灰、石膏在储存、运输过程中必须_____、_____，石膏的储存期一般为_____月。

二、选择题

1. 石灰粉刷的墙面出现起泡现象，是由_____引起的。
   A. 欠火石灰　　　B. 过火石灰　　　C. 石膏　　　D. 含泥量

2. 建筑石灰分为钙质石灰和镁质石灰，是根据_____成分含量划分的。
   A. 氧化钙　　　B. 氧化镁　　　C. 氢氧化钙　　　D. 碳酸钙

3. 罩面用的石灰浆不得单独使用，应掺入砂子、麻刀和纸筋等以_____。
   A. 易于施工　　　B. 增加美观　　　C. 减少收缩　　　D. 增加厚度

4. 欠火石灰会降低石灰的_____。
   A. 强度　　　B. 产浆率　　　C. 废品率　　　D. 硬度

5. 石灰的耐水性差，灰土、三合土_____用于经常与水接触的部位。
   A. 易于施工　　　B. 不能　　　C. 说不清　　　D. 视具体情况而定

6. 石灰淋灰时，应考虑在储灰池保持_____天以上的陈伏期。
   A. 7　　　B. 14　　　C. 20　　　D. 28

7. 石灰的存放期通常不超过_____月。
   A. 1个　　　B. 2个　　　C. 3个　　　D. 6个

8. 石膏制品表面光滑细腻，主要原因是_____。
   A. 施工工艺好　　　　　　B. 表面修补加工
   C. 掺纤维等材料　　　　　D. 硬化后体积略膨胀性

9. 建筑石膏的存放期规定为_____月。
   A. 1　　　B. 2　　　C. 3　　　D. 6

10. 一般用来作干燥剂使用的是_____。
    A. 生石灰　　　B. 熟石灰　　　C. 生石膏　　　D. 熟石膏

三、问答题

1. 欠火石灰和过火石灰有何危害？如何消除？

2. 石灰、石膏作为气硬性胶凝材料，二者的技术性质有何区别，有什么共同点？

3. 石灰硬化后不耐水，为什么制成灰土、三合土可以用于路基、地基等潮湿的部位？

4. 为什么说石膏是一种较好的室内装饰材料？为什么不适用于室外？

5. 为什么石膏适合模型、塑像的制作？

四、案例分析题

1. 某住宅楼的内墙使用石灰砂浆抹面，交付使用后在墙面个别部位发现了鼓包、麻点等缺陷。试分析上述现象产生的原因，如何防治。

2. 某住户喜爱石膏制品，用普通石膏浮雕板作室内装饰，使用一段时间后，客厅、卧室效果相当好，但厨房、厕所、浴室的石膏制品出现发霉变形。请分析原因，提出改善措施。

项目三　水　泥

教学要求

了解：水泥的生产原料、生产过程及它们对水泥性能的影响，水泥的凝结硬化过程及机理。

掌握：水泥的种类，硅酸盐水泥熟料的矿物组成、特点、技术性质及标准要求。会根据工程特点正确选用水泥。掌握常用水泥的检验、验收和储存要求。

重点：不同工程对水泥的选用。

难点：水灰比对水泥性能的影响。

【走进历史】

水泥的发明

18 世纪中叶，世界上第一个工业国——英国在迅速崛起，海上交通也格外繁忙。1774 年，工程师斯密顿奉命在英吉利海峡筑起一座灯塔，为过往这里的船只导航引路。

这可难住了斯密顿。在水下用石灰砂浆砌砖？灰浆一见水就成了稀汤。用石头沉入海中？哪能经得起海浪的冲击？经过无数次的试验，最后，他用石灰石、黏土、砂子和铁渣等经过煅烧、粉碎并用水调和后，注入水中，这种混合料在水中不但没有被冲稀，反而越来越牢固。这样，他终于在英吉利海峡筑起了第一个航标灯塔。

后来，英国一位叫亚斯普丁的石匠，又摸索出石灰石、黏土、铁渣等原料的最合适比例，进一步完善了生产这种混合料的方法。1824 年，亚斯普丁的这一项发明取得了专利。由于这种胶质材料硬化后的颜色和强度，同波特兰地方出产的石材十分相近，故他取名为"波特兰水泥"。从此，这种人造的、奇特的石头的名称——"水泥"便沿用下来。

任务一　硅酸盐水泥

水泥是一种粉末状无机胶凝材料，加水拌和成塑性浆体后经物理化学作用可变成坚硬的石状体，并能将砂、石等材料胶结为整体，水泥属于水硬性胶凝材料，是建筑工程中最为重要的建筑材料之一，工程中主要用于配制混凝土、砂浆和灌浆材料。

水泥的品种非常多，按其组成成分，可分为硅酸盐系列、铝酸盐系列、硫酸盐系列、铁铝酸盐系列、氟铝酸盐系列等；按其用途和特性，又可分为通用水泥、专用水泥和特性水泥。

通用水泥是指土木工程中大量使用的一般用途的水泥，如硅酸盐水泥、普通硅酸盐水泥、矿渣硅酸盐水泥、火山灰硅酸盐水泥、粉煤灰硅酸盐水泥、复合硅酸盐水泥；专用水泥是指有专门用途的水泥，如砌筑水泥、油井水泥、大坝水泥、道路水泥等；特性水泥是指某种特性比较突出的水泥，多用于有特殊要求的工程，主要品种有快硬硅酸盐水泥、抗硫酸盐水泥、快凝硅酸盐水泥、膨胀水泥、白色硅酸盐水泥等。

水泥品种虽然很多，但硅酸盐系列水泥是产量最大、应用范围最广的，占我国水泥产量的90%左右，因此，本章对硅酸盐系列水泥作重点介绍，对其他水泥只作一般性介绍。

3.1.1 硅酸盐水泥的生产及矿物组成

1. 硅酸盐水泥的定义

按国家标准 GB 175—2007《通用硅酸盐水泥》规定，凡由硅酸盐水泥熟料、0～5%石灰石或粒化高炉矿渣、适量石膏磨细制成的水硬性胶凝材料，称为硅酸盐水泥(即国外通称的波特兰水泥)。根据是否掺入混合材料，可将硅酸盐水泥分两种类型：不掺加混合材料的水泥称为Ⅰ型硅酸盐水泥，代号 P.Ⅰ；在硅酸盐水泥粉磨时掺加不超过水泥质量5%石灰石或粒化高炉矿渣混合材料的称Ⅱ型硅酸盐水泥，代号 P.Ⅱ。

硅酸盐水泥是硅酸盐水泥系列的基本品种，其他品种的硅酸盐水泥都是在硅酸盐水泥熟料的基础上，掺入一定量的混合材料制得的，因此要掌握硅酸盐系列水泥的性能，首先要了解和掌握硅酸盐水泥的特性。

2. 硅酸盐水泥的原料及生产工艺

生产硅酸盐水泥的原料主要有石灰质原料、黏土质原料两大类，此外再配以辅助的铁质和硅质校正原料。其中石灰质原料主要提供 CaO，它可采用石灰石、石灰质凝灰岩等；黏土质原料主要提供 SiO_2、Al_2O_3 及少量的 Fe_2O_3，它可采用黏土、黏土质页岩、黄土等；铁质校正原料主要补充 Fe_2O_3，可采用铁矿粉、黄铁矿渣等；硅质校正原料主要补充 SiO_2，它可采用砂岩、粉砂岩等。

硅酸盐水泥生产过程是将原料按一定比例混合磨细，先制得具有适当化学成分的生料，再将生料在水泥窑(回转窑或立窑)中经过 1400℃～1450℃的高温煅烧至部分熔融，冷却后而得硅酸盐水泥熟料，最后再加适量石膏(不超过水泥质量5%的石灰石或粒化矿渣)共同磨细至一定细度即得 P.Ⅰ(P.Ⅱ)型硅酸盐水泥。水泥的生产过程可概括为"两磨一烧"，其生产工艺流程如图 3-1 和图 3-2 所示。

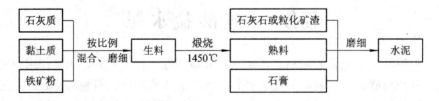

图 3-1　硅酸盐水泥生产工艺流程

硅酸盐水泥的生产有三大主要环节，即生料制备、熟料烧成和水泥制成，这三大环节的主要设备是生料粉磨机、水泥熟料煅烧窑和水泥粉磨机，水泥生产工艺按生料制备时加水制成料浆的称为湿法生产，干磨成粉料的称为干法生产；由于生料煅烧成熟料是水泥生产的关键环节，因此，水泥的生产工艺也常以煅烧窑的类型来划分。生料在煅烧过程中要经过干燥、预热、分解、烧成和冷却五个环节，通过一系列物理、化学变化，生成水泥矿物，形成水泥熟料，为使生料能充分反应，窑内烧成温度要达到1450℃。

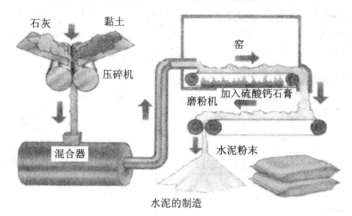

图 3-2　硅酸盐水泥生产过程

目前，我国水泥熟料的煅烧主要有以悬浮预热和窑外分解技术为核心的新型干法生成工艺、回转窑生产工艺和立窑生产工艺等几种。由于新型干法生产工艺具有规模大、质量好、消耗低、效率高的特点，已经成为发展方向和主流，而传统的回转窑和立窑生产工艺由于技术落后、消耗高、效率低正逐渐被淘汰。

硅酸盐水泥生产中，须加入适量石膏和混合材料。加入石膏的作用是调节水泥的凝结时间，以满足使用的要求；加入混合材料则是为了改善其品种和性能，扩大其使用范围。

3. 硅酸盐水泥熟料矿物组成及特性

由水泥原料经配比后煅烧得到的块状料即为水泥熟料，是水泥的主要组成部分。水泥熟料的组成成分可分为化学成分和矿物成分两类。

生料开始加热时，自由水分逐渐蒸发而干燥，当温度上升到 500℃～800℃时，首先是有机物被烧尽，其次是黏土分解形成无定型的 SiO_2 及 Al_2O_3，当温度到达 800℃～1000℃时，石灰石进行分解形成 CaO，并开始与黏土中的 SiO_2、Al_2O_3 及 Fe_2O_3 发生固相反应，随温度的升高，固相反应加速，并逐渐生成 $2CaO \cdot SiO_2$、$3CaO \cdot Al_2O_3$ 及 $4CaO \cdot Al_2O_3 \cdot Fe_2O_3$。当温度达到 1300℃时，固相反应结束。这时在物料中仍剩余一部分 CaO 未与其他氧化物化合。当温度从 1300℃升至 1450℃再降到 1300℃，这是烧成阶段，这时的 $3CaO \cdot Al_2O_3$ 及 $4CaO \cdot Al_2O_3 \cdot Fe_2O_3$ 烧至部分熔融状态，出现液相，把剩余的 CaO 及部分 $2CaO \cdot SiO_2$ 溶解于其中，在此液相中，$2CaO \cdot SiO_2$ 吸收 CaO 形成 $3CaO \cdot SiO_2$。此烧成阶段至关重要，需达到较高的温度并要保持一定的时间，否则，水泥熟料中 $3CaO \cdot SiO_2$ 含量低，游离 CaO 含量高，对水泥的性能有较大的影响。

硅酸盐水泥熟料矿物成分及含量如下：

硅酸三钙 $3CaO \cdot SiO_2$，简写 C_3S，含量 37%～60%；

硅酸二钙 $2CaO \cdot SiO_2$，简写 C_2S，含量 15%～37%；

铝酸三钙 $3CaO \cdot Al_2O_3$，简写 C_3A，含量 7%～15%；

铁铝酸四钙 $4CaO \cdot Al_2O_3 \cdot Fe_2O_3$，简写 C_4AF，含量 10%～18%。

在以上的矿物组成中，硅酸三钙和硅酸二钙的总含量大约占 75%以上，而铝酸三钙和铁铝酸四钙的总含量仅占 25%左右，硅酸盐占绝大部分，故名硅酸盐水泥。除上述主要熟料矿物成分外，水泥中还有少量的游离氧化钙、游离氧化镁，其含量过高，会引起水泥体积安定性不良。水泥中还含有少量的碱(Na_2O、K_2O)，碱含量高的水泥如果遇到活性骨料，易产生碱—骨料膨胀反应。所以水泥中游离氧化钙、游离氧化镁和碱的含量应加以限制。

　　水泥具有许多优良的建筑技术性能，这些性能取决于水泥熟料的矿物成分及其含量。各种矿物单独与水作用时，表现出不同的性能，详见表 3-1。

表 3-1　硅酸盐水泥熟料矿物特性

矿物名称	密度/(g/cm³)	水化反应速率	水化放热量	强度	耐腐蚀性
$3CaO \cdot SiO_2$	3.25	快	大	高	差
$2CaO \cdot SiO_2$	3.28	慢	小	早期低后期高	好
$3CaO \cdot Al_2O_3$	3.04	最快	最大	低	最差
$4CaO \cdot Al_2O_3 \cdot Fe_2O_3$	3.77	快	中	低	中

　　各熟料矿物的强度增长情况如图 3-3 所示。水化热的释放情况如图 3-4 所示。

　　由表 3-1 及图 3-3、图 3-4 可知，不同熟料矿物单独与水作用的特性是不同的。

　　(1) 硅酸三钙的水化速度较快，早期强度高，其 28 天的强度可达一年强度的 70%～80%；水化热较大，且主要是早期放出，其含量也最高，是决定水泥性质的主要矿物。

　　(2) 硅酸二钙的水化速度最慢，水化热最小，且主要是后期放出，是保证水泥后期强度的主要矿物，且耐化学侵蚀性好。

　　(3) 铝酸三钙的凝结硬化速度最快(故需掺入适量石膏作缓凝剂)，也是水化热最大的矿物；其强度值最低，但形成最快，3 天的强度几乎接近最终强度，但其耐化学侵蚀性最差，且硬化时体积收缩最大。

　　(4) 铁铝酸四钙的水化速度也较快，仅次于铝酸三钙，其水化热中等，且有利于提高水泥抗拉(折)强度。

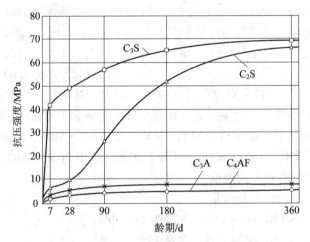

图 3-3　不同熟料矿物的强度增长曲线图

　　水泥是几种熟料矿物的混合物，当改变矿物成分间的比例时，水泥性质即发生相应的变化，于是可制成不同性能的水泥。如增加 C_3S 含量，可制成高强、早强水泥(我国水泥标准规定的 R 型水泥)。若增加 C_2S 含量而减少 C_3S 含量,水泥的强度发展慢,早期强度低,但后期强度高,其更大的优势是水化热降低。若提高 C_4AF 的含量,可制得抗折强度较高的道路水泥。

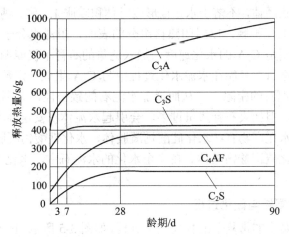

图 3-4 不同熟料矿物的水化热释放曲线图

3.1.2 硅酸盐水泥的凝结硬化

水泥加水拌和后,最初形成具有可塑性的水泥浆体,随着水化反应的进行,水泥浆体逐渐变稠失去可塑性,但尚不具有强度,这一过程称为水泥的"凝结"。随后凝结了的水泥浆体开始产生强度,并逐渐发展成为坚硬的水泥石,这一过程称为水泥的"硬化"。 凝结和硬化是人为划分的。实际上它是一个连续、复杂的物理化学变化过程。凝结过程较短,一般几个小时即可完成,硬化过程是一个长期的过程,在一定温度和湿度下,可持续几年。在几十年龄期的水泥制品中,仍有未水化的水泥颗粒。

1. 水泥的水化反应

水泥加水后,其熟料矿物很快与水发生水化反应,生成水化产物,并放出一定的热量,其反应式如下:

$$2(3CaO \cdot SiO_2) + 6H_2O \rightarrow 3CaO \cdot 2SiO_2 \cdot 3H_2O + 3Ca(OH)_2$$

　　硅酸三钙　　　　水化硅酸钙(凝胶体)　　氢氧化钙(晶体)

$$2(2CaO \cdot SiO_2) + 4H_2O \rightarrow 3CaO \cdot 2SiO_2 \cdot 3H_2O + Ca(OH)_2$$

　　硅酸二钙　　　　水化硅酸钙(凝胶体)　　氢氧化钙(晶体)

$$3CaO \cdot Al_2O_3 + 6H_2O \rightarrow 3CaO \cdot Al_2O_3 \cdot 6H_2O$$

　　铝酸三钙　　　水化铝酸钙(晶体)

$$4CaO \cdot Al_2O_3 \cdot Fe_2O_3 + 7H_2O \rightarrow 3CaO \cdot Al_2O_3 \cdot 6H_2O + CaO \cdot Fe_2O_3 \cdot H_2O$$

　　铁铝酸四钙　　　　水化铝酸钙(晶体)　　水化铁酸钙(凝胶体)

在四种熟料矿物中,C_3A 的水化速度最快,若不加以抑制,水泥会因凝结过快而影响正常使用。为了调节水泥凝结时间,在水泥中加入适量石膏并共同粉磨。石膏起缓凝作用,其机理:熟料与石膏一起迅速溶解于水,并开始水化,形成石膏、石灰饱和溶液,而熟料中水化最快的 C_3A 的水化产物 $3CaO \cdot Al_2O_3 \cdot 6H_2O$ 在石膏、石灰的饱和溶液中生成高硫型水化硫铝酸钙，又称钙矾石，其反应式如下：

$$3CaO \cdot Al_2O_3 \cdot 6H_2O + 3(CaSO_4 \cdot 2H_2O) + 19H_2O \longrightarrow 3CaO \cdot Al_2O_3 \cdot 3CaSO_4 \cdot 31H_2O$$

　　水化铝酸钙　　　　　　石膏　　　　　　　　　　　水化硫铝酸钙(钙矾石晶体)

　　钙矾石是一种针状晶体，不溶于水，且形成时体积膨胀 1.5 倍。钙矾石在水泥熟料颗粒表面形成一层较致密的保护膜，以封闭熟料组分的表面，阻滞水分子及离子的扩散，从而延缓了熟料颗粒，特别是 C_3A 的水化速度。加入适量的石膏不仅能调节凝结时间达到标准所规定的要求，而且适量石膏能在水泥水化过程中与 C_3A 生成一定数量的水化硫铝酸钙晶体，交错地填充于水泥石的空隙中，从而增加水泥石的致密性，有利于提高水泥强度，尤其是早期强度的发挥。但如果石膏掺量过多，会引起水泥体积安定性不良。

　　硅酸盐水泥主要水化产物有：水化硅酸钙凝胶体、水化铁酸钙凝胶体，氢氧化钙晶体、水化铝酸钙晶体和水化硫铝酸钙晶体。在完全水化的水泥石中，水化硅酸钙约占 50%，氢氧化钙约占 25%。

2. 硅酸盐水泥的凝结与硬化过程

　　水泥的凝结硬化是个非常复杂的物理化学过程，如图 3-5 所示，它可分为以下几个阶段。

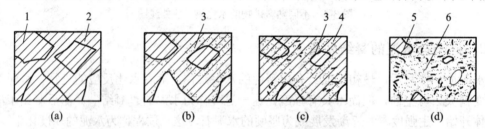

1—水泥颗粒；2—水分；3—凝胶；4—晶体；5—水泥颗粒的未水化内核；6—毛细孔

图 3-5　水泥的凝结硬化过程示意图

(a) 分散在水中未水化的水泥颗粒；(b) 在水泥颗粒表面形成水化层；

(c) 膜层长大并互相连接(凝结)；(d) 水化物进一步发展，填充毛细孔(硬化)

　　水泥加水后，首先是最表层的水泥与水发生水化反应，生成水化产物，组成水泥—水—水化产物混合体系。反应初期，水化速度很快，不断形成新的水化产物扩散到水中，使混合体系很快成为水化产物的饱和溶液。此后，水泥继续水化所生成的产物不再溶解，而是以分散状态的颗粒析出，附在水泥粒子表面，形成凝胶膜包裹层，使水泥在一段时间内反应缓慢，水泥浆的可塑性基本上保持不变。

　　由于水化产物不断增加，凝胶膜逐渐增厚而破裂并继续扩展，水泥粒子又在一段时间内加速水化，这一过程可重复多次。由水化产物组成的水泥凝胶在水泥颗粒之间形成了网状结构。水泥浆逐渐变稠，并失去塑性而出现凝结现象。此后，由于水泥水化反应的继续进行，水泥凝胶不断扩展而填充颗粒之间的孔隙，使毛细孔愈来愈少，水泥石就具有愈来愈高的强度和胶结能力。

　　综上所述，水泥的凝结硬化是一个由表及里、由快到慢的过程。较粗颗粒的内部很难完全水化。因此，硬化后的水泥石是由水泥水化产物凝胶体(内含凝胶孔)及结晶体、未完全水化的水泥颗粒、毛细孔(含毛细孔水)等组成的不匀质结构体。

3. 影响硅酸盐水泥凝结、硬化的主要因素

水泥的凝结硬化过程也就是水泥强度发展的过程，受到许多因素的影响，硬化过程有内部的和外界的，其主要影响因素分析如下：

(1) 熟料矿物组成的影响。矿物组成是影响水泥凝结硬化的主要内因，如前所述，不同的熟料矿物成分单独与水作用时，水化反应的速度、强度发展的规律、水化放热是不同的，因此改变水泥的矿物组成，其凝结硬化将产生明显的变化。

(2) 石膏掺入量的影响。石膏掺入水泥中的目的是为了延缓水泥的凝结、硬化速度，调节水泥的凝结时间。需要注意石膏的掺入量，掺入量过少，不足以抑制 C_3A 的水化速度；过多，其本身会生成一种促凝物质，反而使水泥发生快凝；如果石膏掺入量超过规定的限量，会在水泥硬化过程中仍有一部分石膏与 C_3A 及 C_4AF 的水化产物 $3CaO \cdot Al_2O_3 \cdot 6H_2O$ 继续反应生成水化硫铝酸钙针状晶体，体积膨胀，使水泥石强度降低，严重时还会导致水泥体积安定性不良。适宜的石膏掺入量主要取决于水泥中 C_3A 的含量和石膏的品种及质量，同时与水泥细度及熟料中 SO_3 的含量有关，一般生产水泥时石膏掺入量占水泥质量的 3%～5%，具体掺入量应通过试验确定。

(3) 水泥细度的影响。水泥颗粒的粗细程度直接影响水泥的水化、凝结硬化、强度、干缩及水化热等。水泥的颗粒粒径一般在 7 μm～200 μm 之间，颗粒越细，与水接触的比表面积越大，水化速度较快且较充分，水泥的早期强度和后期强度都很高。但水泥颗粒过细，在生产过程中消耗的能量则会越多，机械损耗也越大，生产成本增加，且由于水泥颗粒越细，需水性越大，在硬化时收缩也增大，因而水泥的细度应适中。

(4) 水灰比的影响。拌和水泥浆时，水与水泥的质量比称为水灰比。从理论上讲，水泥完全水化所需的水灰比约为 0.22。但拌含水泥浆时，为使浆体具有一定的塑性和流动性，所加入的水量通常要大大超过水泥充分水化时所需用水量，多余的水在硬化的水泥石内形成毛细孔。因此拌和水越多，硬化水泥石中的毛细孔就越多，当水灰比为 0.4 时，完全水化后水泥石的总孔隙率为 29.6%，而水灰比为 0.7 时，水泥石的孔隙率高达 50.3%。水泥石的强度随其孔隙的增加而降低。因此，在不影响施工的条件下，水灰比小，则水泥浆稠，易于形成胶体网状结构，水泥的凝结硬化速度快，同时水泥石整体结构内毛细孔少，强度也高。

(5) 环境温度、湿度的影响。温度对水泥的水化、凝结和硬化影响很大，提高温度，可加速水泥的水化速度，有利于水泥早期强度的形成。就硅酸盐水泥而言，提高温度可加速其水化，使早期强度能较快发展，但对后期强度可能会产生一定的影响(因而，硅酸盐水泥不适宜用于蒸汽养护、压蒸养护的混凝土工程)。而在较低温度下进行水化，虽然凝结硬化慢，但水化产物较致密，可获得较高的最终强度。但当温度低于 0℃时，水化反应基本停止，因此冬期施工时，需采用保温措施，以保证水泥正常凝结和强度正常发展。温度低于 0℃时，强度不但不增长，而且还会因水的结冰而导致水泥石被冻坏。

湿度是保证水泥水化的一个必备条件，水泥的凝结硬化实质是水泥的水化过程。因此，在干燥环境中，水化浆体中的水分蒸发，导致水泥不能充分水化，同时硬化也将停止，并会因干缩而产生裂缝。

在工程中，保持环境的温、湿度，使水泥石强度不断增长的措施称为养护，水泥混凝土在浇筑后的一段时间里应十分注意控制温、湿度的养护。

(6) 养护龄期的影响。龄期指水泥在正常养护条件下所经历的时间。水泥的凝结、硬化

是随着养护龄期的增长而渐进的过程，在适宜的温、湿度环境中，随着水泥颗粒内各熟料矿物水化程度的提高，凝胶体不断增加，毛细孔相应减少，水泥的强度增长可持续几年，甚至几十年。在水泥水化作用的最初几天内强度增长最为迅速，如水化 7 天的强度可达到 28 天强度的 70% 左右，28 天以后的强度增长明显减缓，如图 3-6 所示。硅酸盐水泥的强度发展规律：3～7 天发展比较快，28 天以后显著变慢。

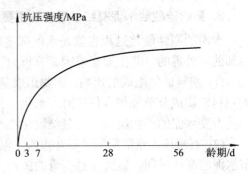

图 3-6　硅酸盐水泥强度发展与龄期的关系

(7) 外加剂的影响。由于硅酸盐水泥的水化、凝结硬化在很大程度上受到 C_3S、C_3A 的制约，因此凡对 C_3S、C_3A 的水化能产生影响的外加剂，都能改变硅酸盐水泥的水化、凝结硬化性能，如水泥浆中掺入缓凝剂(木钙或糖类)，则会延缓水泥的水化硬化，影响水泥早期强度的发展。水泥浆中掺入早强剂，则会促进水泥的凝结硬化而提高早期强度。

(8) 储存条件的影响。受潮的水泥因部分水化而结块，从而失去胶结能力，硬化后其强度严重降低。储存过久的水泥，因过多地吸收了空气中的水分和二氧化碳，会发生缓慢的水化和碳化现象，从而影响水泥的凝结硬化过程，致使强度下降。通常，储存三个月的水泥，其强度下降 10%～20%；储存六个月的水泥，其强度下降 15%～30%；储存一年后，其强度下降 25%～40%。所以，水泥的有效储存期一般规定不超过三个月。

3.1.3　硅酸盐系列水泥的主要技术性质

根据国家标准《通用硅酸盐水泥》(GB175—2007)对硅酸盐水泥的品质要求，现对其主要技术性质作以下介绍。

1. 密度、堆积密度及水泥中各成分含量

硅酸盐水泥的密度、堆积密度以及各成分含量具体规定见表 3-2。

表 3-2　硅酸盐水泥的密度、堆积密度以及各成分含量规定

技术要求	硅酸盐水泥
密度/(kg·m^{-3})	3100～3200
堆积密度/(kg·m^{-3})	1300～1600
不溶物	Ⅰ型：不溶物≤0.75%；Ⅱ型：不溶物≤1.50%
烧失量	Ⅰ型：烧失量≤3.0%；Ⅱ型：烧失量≤3.5%
氧化镁	水泥中氧化镁含量≤5.0%，如果水泥经压蒸法检验安定性合格，则水泥中氧化镁含量≤6.0%
三氧化硫	水泥中三氧化硫含量≤3.5%
碱含量	水泥中碱含量按 $Na_2O + 0.658K_2O$ 计算值来表示。若使用活性骨料，用户要求提供低碱水泥时，水泥中碱含量不得大于 0.60%或由供需双方商定

2. 细度

细度是指水泥颗粒的粗细程度。水泥颗粒的粗细直接影响着水泥的水化速度、活性和强度。一般情况下，水泥颗粒越细小，其表面积越大，与水的接触面积就越大，水化作用

就越迅速充分,这使得水泥凝结硬化速率加快,早期强度也越高。水泥细度可采用筛分析法和比表面积法进行评定。筛分析法是用 80 μm 的方孔筛对水泥试样进行筛分析试验,用筛余百分数表示;比表面积法是指单位质量的水泥粉末所具有的总表面积,以 m^2/kg 表示,水泥颗粒越细,比表面积越大,可用勃氏比表面积仪测定。据国家标准 GB175—2007 规定,硅酸盐水泥比表面积应大于 300 m^2/kg。凡细度不符合规定者为不合格品。

3. 标准稠度用水量

在测定水泥的凝结时间、体积安定性等时,为了使所测得的结果有可比性,要求必须采用标准稠度的水泥净浆来测定。水泥净浆达到标准稠度所需用水量即为标准稠度用水量,以水占水泥质量的百分数表示,用标准维卡仪测定。对于不同的水泥品种,水泥的标准稠度用水量各不相同,一般在24%~33%之间。

水泥的标准稠度用水量主要取决于熟料矿物组成、混合材料的种类及水泥细度。

4. 凝结时间

凝结时间分初凝和终凝。初凝为水泥加水拌和开始至水泥标准稠度的净浆开始失去可塑性所需的时间,终凝为水泥加水拌和开始至标准稠度的净浆完全失去可塑性所需的时间。

据 GB175—2007 规定,硅酸盐水泥的初凝时间不得早于 45 min,终凝时间不得迟于 6.5 h。水泥的凝结时间是采用标准稠度的水泥净浆在规定温度及湿度的环境下,用水泥净浆时间测定仪测定的。凝结时间的规定对工程有着重要的意义,为使混凝土、砂浆有足够的时间进行搅拌、运输、浇筑、砌筑,顺利完成混凝土和砂浆的制备,并确保制备的质量,初凝不能过短,否则在施工中因已失去流动性和可塑性而无法使用;当浇筑完毕,为了使混凝土尽快凝结、硬化,产生强度,顺利地进入下一道工序,规定终凝时间不能太长,否则将减缓施工进度,降低模板周转率。标准中规定,凡初凝时间不符合规定者为废品;终凝时间不符合规定者为不合格品。

5. 体积安定性

水泥的体积安定性是指水泥浆体在凝结硬化过程中体积变化的稳定性。当水泥浆体硬化过程发生不均匀变化时,会导致膨胀开裂、翘曲等现象,称为体积安定性不良。安定性不良的水泥会使混凝土构件产生膨胀性裂缝,从而降低建筑物质量,引起严重事故。因此,国家标准规定水泥体积安定性必须合格,否则水泥作为废品处理,严禁用于工程中。

引起水泥体积安定性不良的主要原因是:

(1) 水泥中含有过多的游离氧化钙和游离氧化镁。当水泥原料比例不当、煅烧工艺不正常或原料质量差($MgCO_3$ 含量高)时,会产生较多游离状态的氧化钙和氧化镁(f-CaO, f-MgO),它们与熟料一起经历了 1450℃ 的高温煅烧,属严重过火的氧化钙、氧化镁,水化极慢,在水泥凝结硬化后很长时间才进行熟化。生成的 $Ca(OH)_2$ 和 $Mg(OH)_2$ 在已经硬化的水泥石中膨胀,使水泥石出现开裂、翘曲、疏松和崩溃等现象,甚至完全破坏。

(2) 石膏掺量过多。当石膏掺量过多时,在水泥硬化后,残余石膏与固态水化铝酸钙反应生成水化硫铝酸钙,体积增大约 1.5 倍,从而导致水泥石开裂。

GB1346—2001 中规定,硅酸盐水泥的体积安定性经沸煮法(分标准法和代用法)检验必须合格。

用沸煮法只能检测出 f-CaO 造成的体积安定性不良。f-MgO 产生的危害与 f-CaO 相似,但由于氧化镁的水化作用更缓慢，其含量过多造成的体积安定性不良，必须用压蒸法才能检验出来。石膏造成的体积安定性不良则需长时间在温水中浸泡才能发现。由于后两种原因造成的体积安定性不良都不易检验，因此国家标准规定：熟料中 MgO 含量不宜超过 5%，经压蒸试验合格后，允许放宽到 6%，SO_3 含量不得超过 3.5%。

[工程实例分析 3-1]

现象　某工地对刚从水泥厂拉来的水泥进行体积安定性检验时，发现安定性不合格，经过多次与厂家的交涉，半个月后，厂家派人来重新进行检验，却发现水泥的体积安定性合格了，为什么？

原因分析　刚出厂的水泥安定性不合格的可能是由于水泥中游离的氧化钙含量偏高造成，在空气中放置半个月后，水泥中的部分游离氧化钙会吸收空气中的水蒸气而水化(或消解)，使游离氧化钙的膨胀作用被减少或消除，因而此时检验水泥体积的安定性变为合格。这样的水泥在重新检验并确认体积安定性合格后可以使用。

思考　既然体积安定性不合格的水泥放置一段时间后变为合格，那么把安定性不合格的水泥都放置一段时间后再使用可以吗？为什么？

6. 强度及强度等级

水泥的强度是评定其质量的一项重要指标，是划分强度等级的依据。根据国家标准《水泥胶砂强度检验方法》规定，将水泥、标准砂和水按规定比例(水泥∶标准砂∶水=1∶3.0∶0.5)用规定方法制成的规格为 40 mm × 40 mm × 160 mm 的标准试件，在标准养护的条件下养护(1d 在温度为(20±1)℃、相对湿度在 90% 以上的空气中带模养护，1d 以后拆模，放入 (20±1)℃的水中养护)，分别测定其 3d、28d 的抗压强度和抗折强度。按照 3d、28d 的抗压强度和抗折强度，将硅酸盐水泥分为 42.5、42.5R、52.5、52.5R、62.5、62.5R 六个强度等级。为提高水泥的早期强度，现行标准将水泥分为普通型和早强型(用 R 表示)。各等级、各龄期的强度值不得低于国家标准《通用硅酸盐水泥》(GB175—2007)规定(见表 3-3)。水泥的强度包括抗压强度与抗折强度，必须同时满足标准要求，缺一不可。如有一项指标低于表中数值，则应降低强度等级，直至四个数值都满足表中规定为止。

表 3-3　硅酸盐水泥、普通硅酸盐水泥各等级、各龄期的强度值(GB175—2007)

品　　　种	强度等级	抗压强度/MPa		抗折强度/MPa	
		3d	28d	3d	28d
硅酸盐水泥	42.5	17.0	42.5	3.5	6.5
	42.5R	22.0	42.5	4.0	6.5
	52.5	23.0	52.5	4.0	7.0
	52.5R	27.0	52.5	5.0	7.0
	62.5	28.0	62.5	5.0	8.0
	62.5R	32.0	62.5	5.5	8.0
普通水泥	32.5	11.0	32.5	2.5	5.5
	32.5R	16.0	32.5	3.5	5.5
	42.5	16.0	42.5	3.5	6.5
	42.5R	21.0	42.5	4.0	6.5
	52.5	22.0	52.5	4.0	7.0
	52.5R	26.0	52.5	5.0	7.0

因为水泥的强度随着放置时间的延长而降低，所以为了保证水泥在工程中的使用质量，生产厂家在控制出厂水泥 28d 强度时，均留有一定的富余强度。通常富余系数为 1.06～1.18。

7. 水化热

水泥在水化过程中放出的热量称为水化热，通常用 J/kg 表示。水化热的大小主要与水泥的细度及矿物组成有关。颗粒愈细，水化热愈大；矿物中 C_3A、C_3S 含量愈多，水化放热愈高。大部分的水化热集中在早期放出，3d～7d 以后逐步减少。

水化热在混凝土工程中，既有有利的影响，也有不利的影响。高水化热的水泥在大体积混凝土工程中是非常不利的(如大坝、大型基础、桥墩等)。这是由于水泥水化释放的热量积聚在了混凝土内部，散发得非常缓慢，使混凝土内部温度升高，而温度升高又加速了水泥的水化，使混凝土表面与内部因形成过大的温差而产生温差应力，致使混凝土受拉而开裂破坏。因此在大体积混凝土工程中，应选择低热水泥。但在混凝土冬季施工时，水化热却有利于水泥的凝结、硬化和防止混凝土受冻。

8. 碱

水泥中碱含量按 $Na_2O+0.658K_2O$ 计算的质量百分率来表示。若使用活性骨料，当要求提供低碱水泥时，水泥中碱含量不得大于 0.60%或由供需双方商定。

当混凝土骨料中含有活性二氧化硅时，会与水泥中的碱相互作用形成碱的硅酸盐凝胶，由于后者体积膨胀可引起混凝土开裂，会造成结构的破坏，将这种现象称为"碱—骨料反应"。它是影响混凝土耐久性的一个重要因素。碱—骨料反应与混凝土中的总碱量、骨料及使用环境等有关。

根据国家标准规定：凡氧化镁、三氧化硫、安定性、初凝时间中有任一项不符合标准规定时，均为废品。凡细度、终凝时间、不溶物和烧失量中任一项不符合标准规定，或混合材料掺量超过最大限量，或强度低于规定指标时，称为不合格品。废品水泥在工程中严禁使用。若水泥的强度低于规定指标时，可以降级使用。

3.1.4 水泥石的腐蚀与防护

1. 水泥石的防护

在正常环境条件下，硅酸盐水泥硬化后，水泥石的强度会不断增长，具有较好的耐久性。然而某些环境因素(如某些侵蚀性液体或气体)却能引起水泥石强度的降低，甚至破坏，这种现象称为水泥石的腐蚀。水泥石的腐蚀主要有以下四种类型。

1) 软水侵蚀(溶出性侵蚀)

不含或仅含少量重碳酸盐(含 HCO_3^- 的盐)的水称为软水，如雨水、蒸馏水、冷凝水及部分江水、湖水等。当水泥石长期与软水相接触时，水化产物将按其稳定存在所必需的平衡氢氧化钙(钙离子)浓度的大小，依次逐渐溶解或分解，从而造成水泥石的破坏，这就是溶出性侵蚀。

在各种水化产物中，$Ca(OH)_2$ 的溶解最大(25℃约 1.3gCaO/l)，因此首先溶出，这样不仅增加了水泥石的孔隙率，使水更容易渗入，而且由于 $Ca(OH)_2$ 浓度降低，还会使水化产物依次发生分解，如高碱性的水化硅酸钙、水化铝酸钙等分解成为低碱性的水化产物，并最终变成硅酸凝胶、氢氧化铝等无胶凝能力的物质。在静水及无压力水的情况下，由于周围的软水易为溶出的氢氧化钙所饱和，使溶出作用停止，所以对水泥石的影响不大；但在流水及压力水的作用下，水化产物的溶出将会不断地进行下去，水泥石结构的破坏将由表及里地不断进行下去。当水泥石与环境中的硬水接触时，水泥石中的氢氧化钙与重碳酸盐发生反应，生成几乎不溶于水的碳酸钙积聚在水泥石的孔隙内，形成致密的保护层，可阻止外界水的继续侵入，从而可阻止水化产物的溶出。

2) 盐类侵蚀

在水中通常溶有大量的盐类，某些溶解于水的盐会与水泥石相互作用产生置换反应，生成一些易溶或无胶结能力或产生膨胀的物质，从而使水泥石结构破坏。最常见的盐类侵蚀是硫酸盐侵蚀与镁盐侵蚀。

硫酸盐侵蚀是由于水中溶有一些易溶的硫酸盐，它们与水泥石中的氢氧化钙反应生成硫酸钙，硫酸钙再与水泥石中的固态水化铝酸钙反应生成钙矾石，体积急剧膨胀(约1.5倍)，使水泥石结构破坏，其反应式为

$$3(CaSO_4 \cdot 2H_2O) + 3CaO \cdot Al_2O_3 \cdot 6H_2O + 19H_2O \rightarrow 3CaO \cdot Al_2O_3 \cdot 3CaSO_4 \cdot 31H_2O$$

钙矾石呈针状晶体，常称其为"水泥杆菌"。若硫酸钙浓度过高，则直接在孔隙中生成二水石膏结晶，产生体积膨胀而导致水泥石结构破坏。

镁盐侵蚀主要是氯化镁和硫酸镁与水泥石中的氢氧化钙起复分解反应，生成无胶结能力的氢氧化镁及易溶于水的氯化镁或生成石膏导致水泥石结构破坏，其反应式为

$$MgCl_2 + Ca(OH)_2 \rightarrow Mg(OH)_2 + CaCl_2$$
$$MgSO_4 + Ca(OH)_2 + 2H_2O \rightarrow Mg(OH)_2 + CaSO_4 \cdot 2H_2O$$

可见，硫酸镁对水泥石起镁盐与硫酸盐双重侵蚀作用。

在海水、湖水、盐沼水、地下水、某些工业污水及流经高炉矿渣或煤渣的水中常含钾、钠、铵等硫酸盐；在海水及地下水中常含有大量的镁盐，主要是硫酸镁和氯化镁。

3) 酸类侵蚀

(1) 碳酸侵蚀。在某些工业污水和地下水中常溶解有较多的二氧化碳，这种水分对水泥石的侵蚀作用称为碳酸侵蚀。首先，水泥石中的 $Ca(OH)_2$ 与溶有 CO_2 的水反应，生成不溶于水的碳酸钙；接着碳酸钙又再与碳酸水反应生成易溶于水的碳酸氢钙。反应式为

$$Ca(OH)_2 + CO_2 + H_2O = CaCO_3 + 2H_2O$$
$$CaCO_3 + CO_2 + H_2O = Ca(HCO_3)_2 \downarrow$$

当水中含有较多的碳酸，上述反应向右进行，从而导致水泥石中的 $Ca(OH)_2$ 不断地转变为易溶的 $Ca(HCO_3)_2$ 而流失，进一步导致其他水化产物的分解，使水泥石结构遭到破坏。

(2) 一般酸侵蚀。水泥的水化产物呈碱性，因此酸类对水泥石一般都会有不同程度的侵蚀作用，其中侵蚀作用最强的是无机酸中的盐酸、氢氟酸、硝酸、硫酸及有机酸中的醋酸、蚁酸和乳酸等，它们与水泥石中的 $Ca(OH)_2$ 反应后的生成物，或者易溶于水，或者体积膨胀，都会对水泥石结构产生破坏作用。例如盐酸和硫酸分别与水泥石中的 $Ca(OH)_2$ 作用，其反应式为

$$Ca(OH)_2 + 2HCl = CaCl_2 + 2H_2O$$
$$Ca(OH)_2 + H_2SO_4 = CaSO_4 + 2H_2O$$

反应生成的氯化钙易溶于水，生成的石膏继而又产生硫酸盐侵蚀作用。

4) 强碱侵蚀

水泥石本身具有相当高的碱度，因此弱碱溶液一般不会侵蚀水泥石，但当铝酸盐含量较高的水泥石遇到强碱(如氢氧化钠)作用后出会被腐蚀破坏。氢氧化钠与水泥熟料中未水化的铝酸三钙作用，生成易溶的铝酸钠。当水泥石被氢氧化钠浸润后又在空气中干燥，与空气中的二氧化碳作用生成碳酸钠，它在水泥石毛细孔中结晶沉积，会使水泥石胀裂。

除了上述四种典型的侵蚀类型外，糖、氨、盐、动物脂肪、纯酒精、含环烷酸的石油产品等对水泥石也有一定的侵蚀作用。

在实际工程中，水泥石的腐蚀常常是几种侵蚀介质同时存在、共同作用所产生的；但干的固体化合物不会对水泥石产生侵蚀，侵蚀性介质必须呈溶液状且浓度大于某一临界值。

水泥的耐蚀性可用耐蚀系数定量表示。耐蚀系数是以同一龄期下，水泥试体在侵蚀性溶液中养护的强度与在淡水中养护的强度之比，比值越大，耐蚀性越好。

2. 水泥石的防护

从以上对侵蚀作用的分析可以看出，水泥石被腐蚀的内因：一是水泥石中存在有易被腐蚀的组分，如 $Ca(OH)_2$ 与水化铝酸钙；二是水泥石本身不致密，有很多毛细孔通道，侵蚀性介质易于进入其内部。因此，针对具体情况可采取下列措施防止水泥石的腐蚀。

1) 根据侵蚀环境特点合理选择水泥品种

如采用水化产物中氢氧化钙含量少的水泥，可提高对淡水等侵蚀的抵抗能力；采用含水化铝酸钙低的水泥，可提高对硫酸盐腐蚀的抵抗能力；选择混合材料掺入量较大的水泥可提高抗各类腐蚀(除抗碳化外)的能力。

2) 提高水泥的密实度，降低孔隙率

硅酸盐水泥水化理论水灰比约为0.22，而实际施工中水灰比为0.40～0.70，多余的水分在水泥石内部形成连通的孔隙，腐蚀介质就易渗入水泥石内部，从而加速了水泥石的腐蚀。在实际工程中，可通过降低水灰比、仔细选择骨料、掺外加剂、改善施工方法等措施，提高水泥石的密实度，从而提高水泥石的抗腐蚀性能。

3) 在水泥石表面加保护层

当侵蚀作用较强且上述措施不能奏效时，可用耐腐蚀的材料，如石料、陶瓷、塑料、沥青等覆盖于水泥石的表面，从而防止侵蚀性介质与水泥石直接接触，达到抗侵蚀的目的。

3.1.5　硅酸盐水泥的性质、应用及存放

1. 硅酸盐水泥的性质

(1) 快凝、快硬、高强。与硅酸盐系列的其他品种水泥相比，硅酸盐水泥凝结(终凝)快、早期强度(3d)高、强度等级高(低为42.5、高为62.5)。

(2) 抗冻性好。由于硅酸盐水泥未掺或掺杂很少量的混合材料，故其抗冻性好。

(3) 抗腐蚀性差。硅酸盐水泥水化产物中有较多的氢氧化钙和水化铝酸钙，耐软水及耐化学腐蚀能力差。

(4) 碱度高，抗碳化能力强。碳化是指水泥石中的氢氧化钙与空气中的二氧化碳反应生成碳酸钙的过程。碳化对水泥石(或混凝土)本身是有利的，但碳化会使水泥石(混凝土)内部

碱度降低，从而失去对钢筋的保护作用。

(5) 水化热大。硅酸盐水泥中含有大量的 C_3A、C_3S，在水泥水化时，放热速度快且放热量大。

(6) 耐热性差。硅酸盐水泥中的一些重要成分在 250℃ 温度时会发生脱水或分解，使水泥石强度下降，当受热 700℃ 以上时，将遭受破坏。

(7) 耐磨性好。硅酸盐水泥强度高，耐磨性好。

2. 硅酸盐水泥的应用

(1) 适用于早期强度要求高的工程及冬季施工的工程。

(2) 适用于重要结构的高强混凝土和预应力混凝土工程。

(3) 适用于严寒地区，遭受反复冻融的工程及干湿交替的部位。

(4) 不能用于大体积混凝土工程。

(5) 不能用于高温环境的工程。

(6) 不能用于海水和有侵蚀性介质存在的工程。

(7) 不适宜蒸汽或蒸压养护的混凝土工程。

3. 硅酸盐水泥的储存与运输

水泥在运输和存放的过程中假若受潮或雨淋，它会与空气中的水分发生水化反应，形成具有可塑性的浆体，随着水化反应的进行，水泥浆体逐渐凝结，最后凝结的水泥浆体逐渐硬化开始产生强度。受潮或被雨淋后的水泥制成水泥石后失去了原本具有的强度、结构和使用性能，故无法达到预期的使用效果。

储存水泥时应注意以下事项：

(1) 按不同的生产厂、不同品种、强度等级和出产日期分别存放，严禁混杂；

(2) 注意防潮和防止空气流动，先存先用，不可储存过久。

水泥在正常储存条件下，若储存 3 个月，其强度会降低约 10%～20%；若储存 6 个月，其强度降低约 15%～30%。因此规定，常用水泥储存期为 3 个月，铝酸盐水泥为 2 个月，双快水泥不宜超过 1 个月，过期水泥在使用时应重新检测，按实际强度使用。水泥受潮变质的快慢及受潮程度与保管条件、保管期限及水泥质量有关。

任务二　掺混合材料的硅酸盐水泥

凡在硅酸盐水泥熟料中，掺入一定量的混合材料和适量石膏共同磨细制成的水泥，均属于掺混合材料的硅酸盐水泥。掺混合材料的目的是为了调整水泥强度等级，改善水泥的某些性能，增加水泥的品种，扩大使用范围，降低水泥成本和提高产量，并且充分利用工业废料。按掺入混合材料的品种和数量，掺混合材料的硅酸盐水泥分为普通硅酸盐水泥、矿渣硅酸盐水泥、火山灰质硅酸盐水泥、粉煤灰硅酸盐水泥及复合硅酸盐水泥。

3.2.1　混合材料

磨细水泥时掺入人工的或天然的矿物材料称为混合材料，用于水泥中的混合材料分为活性混合材料和非活性混合材料。为确保工程质量，凡国家标准中没有规定的混合材料品种严禁使用。

1. 活性混合材料

活性混合材料是指在常温下，加水拌和后能与水泥、石灰或石膏发生化学反应，生成具有一定水硬性的胶凝产物的混合材料。硅酸盐水泥熟料水化后会产生大量的氢氧化钙，并且水泥中需掺入适量的石膏，因此在硅酸盐水泥中具备了使活性混合材料发挥潜在活性的条件。通常将氢氧化钙、石膏称为活性混合材料的"激发剂"，分别称为碱性激发剂和硫酸盐激发剂，但硫酸盐激发剂必须在有碱性激发剂条件下才能发挥作用。

水泥中常用的活性混合材料有粒化高炉矿渣、火山灰质混合材料及粉煤灰等。

1) 粒化高炉矿渣

将炼铁高炉中的熔融矿渣经水淬等急冷方式处理而成的松软颗粒称为粒化高炉矿渣，又称水淬矿渣，其主要的化学成分是 CaO、SiO_2 和 Al_2O_3，约占90%以上。急速冷却的矿渣结构为不稳定的玻璃体，储有较高的潜在活性。如果熔融状态的矿渣缓慢冷却，其中的 SiO_2 等形成晶体，活性极小，称为慢冷矿渣，则不具有活性。

2) 火山灰质混合材料

凡是天然的或人工的以活性氧化硅 SiO_2 和活性氧化铝 Al_2O_3 为主要成分，其含量一般可达65%~95%，具有火山灰活性的矿物质材料，都称为火山灰质混合材料，按其成因分为天然的和人工的。天然火山灰主要是火山喷发时随同熔岩一起喷发的大量碎屑沉积在地面或水中的松软物质，包括浮石、火山灰、凝灰岩等。人工火山灰是将一些天然材料或工业废料经加工处理而成的，如硅藻土、沸石、烧黏土、煤矸石、煤渣等。

3) 粉煤灰

粉煤灰是发电厂燃煤锅炉排出的细颗粒废渣，其颗粒直径一般为 0.001 mm~0.050 mm，呈玻璃态实心或空心的球状颗粒，表面比较致密，粉煤灰的成分主要是活性氧化硅 SiO_2、活性氧化铝 Al_2O_3 和活性 Fe_2O_3，及一定量的 CaO，根据 CaO 的含量可分为低钙粉煤灰(CaO 含量低于10%)和高钙粉煤灰。高钙粉煤灰通常活性较高，因为所含的钙绝大多数是以活性结晶化合物存在的，如 C_3A、CS，此外，其所含的钙离子量使铝硅玻璃体的活性得到增强。

2. 非活性混合材料

非活性混合材料是指在常温下，加水拌和后不能与水泥、石灰或石膏发生化学反应的混合材料。非活性混合材料又称填充性混合材料，将它们掺入水泥中的目的，主要是为了提高水泥产量、调节水泥强度等级。实际上非活性混合材料在水泥中仅起填充和分散作用，所以又称为填充性混合材料、惰性混合材料。磨细的石英砂、石灰石、黏土、慢冷矿渣及各种废渣等都属于非活性材料。另外，凡不符合技术要求的粒化高炉矿渣、火山灰质混合材料及粉煤灰均可作为非活性混合材料使用。

3.2.2 普通硅酸盐水泥

1. 定义

凡由硅酸盐水泥熟料、6%~20%混合材料、适量石膏磨细制成的水硬性胶凝材料，称为普通硅酸盐水泥(简称普通水泥)，代号 P·O。掺活性混合材料时，最大掺量不得超过20%，其中允许用不超过水泥质量 5%的窑灰或不超过水泥质量 8%的非活性材料来代替。掺非活性混合材料时，最大掺量不得超过水泥质量的 8%。

2. 技术要求

国家标准(GB175—2007)对普通硅酸盐水泥的技术要求如下：

(1) 细度。80 μm 方孔筛筛余百分数不得超过 10%或 45 μm 方孔筛筛余不大于 30%。

(2) 凝结时间。初凝不得早于 45 min，终凝不得迟于 10 h。

(3) 强度和强度等级。根据 3d 和 28d 龄期的抗折和抗压强度，将普通硅酸盐水泥划分为 42.5、42.5R、52.5、52.5R 共 4 个强度等级。各强度等级水泥的各龄期强度不得低于国家标准规定的数值(如表 3-2 所示)。

普通水泥的体积安定性、氧化镁含量、二氧化碳含量等其他技术要求与硅酸盐水泥相同。

3. 普通硅酸盐水泥的主要性能及应用

普通水泥中绝大部分仍为硅酸盐水泥熟料、适量石膏及较少的混合材料(与以上所介绍的三种水泥相比)，故其性质介于硅酸盐水泥与以上三种水泥之间，更接近与硅酸盐水泥。具体表现：早期强度略低；水化热略低；耐腐蚀性略有提高；耐热性稍好；抗冻性、耐磨性、抗碳化性略有降低。

在应用范围方面，普通水泥与硅酸盐水泥基本相同，甚至在一些不能用硅酸盐水泥的地方也可采用普通水泥，使得普通水泥成为建筑行业应用面最广，使用量最大的水泥品种。

3.2.3　矿渣水泥、火山灰水泥、粉煤灰水泥

1. 定义

凡由硅酸盐水泥熟料和粒化高炉矿渣、适量石膏磨细制成的水硬性胶凝材料称为矿渣硅酸盐水泥(简称矿渣水泥)，当粒化高炉矿渣掺加量大于 20%、小于等于 50%时称为 P·S·A，当粒化高炉矿渣掺加量大于 50%、小于等于 70%时称为 P·S·B。

凡由硅酸盐水泥熟料和火山灰质混合材料、适量石膏磨细制成的水硬性胶凝材料称为火山灰质硅酸盐水泥(简称火山灰水泥)，代号为 P·P。其中，火山灰质混合材料的掺入量大于 20%、小于等于 40%。

凡由硅酸盐水泥熟料和粉煤灰、适量石膏磨细制成的水硬性胶凝材料称为粉煤灰硅酸盐水泥(简称粉煤灰水泥)，代号 P·F。其中，粉煤灰的掺入量大于 20%、小于等于 40%。

2. 技术要求

(1) 细度、凝结时间、体积安定性。GB175—2007 中规定，这三种水泥的细度、凝结时间、体积安定性同普通水泥要求。

(2) 氧化镁、三氧化硫含量。熟料中氧化镁的含量矿渣水泥 P·S·A 要求不宜超过 6%，P·S·B 不作要求。其余三种水泥要求小于等于 6%。

矿渣水泥中三氧化硫的含量不得超过 4.0%；火山灰水泥和粉煤灰水泥中 SO_3 的含量不得超过 3.5%。

(3) 强度等级。这三种水泥的强度等级按 3d、28d 的抗压强度和抗折强度来划分，各强度等级水泥的各龄期强度不得低于表 3-4 数值。

表 3-4 矿渣水泥、火山灰水泥、粉煤灰水泥各等级、各龄期强度值

强度等级	抗压强度/MPa		抗折强度/MPa		强度等级	抗压强度/MPa		抗折强度/MPa	
	3d	28d	3d	28d		3d	28d	3d	28d
32.5	10.0	32.5	2.5	5.5	42.5R	19.0	42.5	4.0	6.5
32.5R	15.0	32.5	3.5	5.5	52.5	21.0	52.5	4.0	7.0
42.5	15.0	42.5	3.5	6.5	52.5R	23.0	52.5	4.5	7.0

3. 性质与应用

矿渣水泥、火山灰水泥及粉煤灰水泥都是在硅酸盐水泥熟料的基础上加入大量活性混合材料及适量石膏磨细而制成的，所加活性混合材料在化学组成与化学活性上基本相同，因而存在很多共性，但这三种活性混合材料自身又有性质与特征的差异。

1) 三种水泥的共性

(1) 凝结硬化慢，早期强度低，后期强度发展较快。这三种水泥的水化反应分两步进行。首先是熟料矿物的水化，生成水化硅酸钙、氢氧化钙等水化产物；其次是生成的氢氧化钙和掺入的石膏分别作为"激发剂"与活性混合材料中的活性 SiO_2 和活性 Al_2O_3 发生二次水化反应，生成水化硅酸钙、水化铝酸钙等新的水化产物。

由于三种水泥中熟料含量少，二次水化反应又比较慢，因此早期强度低，但后期由于二次水化反应的不断进行及熟料的继续水化，水化产物不断增多，使得水泥强度发展较快，后期强度可赶上甚至超过同强度等级的普通硅酸盐水泥。

(2) 抗软水、抗腐蚀能力强。由于水泥中熟料少，因而水化生成的氢氧化钙及水化铝酸三钙含量少，加之二次水化反应还要消耗一部分氢氧化钙，因此水泥中造成腐蚀的因素大大削弱，使得水泥抵抗软水、海水及硫酸盐腐蚀的能力增强，适宜用于水工、海港工程及受侵蚀性作用的工程。

(3) 水化热低。由于水泥中熟料少，即水化放热量高的 C_3A、C_3S 含量相对减小，且"二次水化反应"的速度慢、水化热较低，使水化放热量少且慢，因此适用于大体积混凝土工程。

(4) 湿热敏感性强，适宜高温养护。这三种水泥在低温下水化明显减慢，强度较低，采用高温养护可加速熟料的水化，并大大加快活性混合材料的水化速度，大幅度地提高早期强度，且不影响后期强度的发展。与此相比，普通水泥、硅酸盐水泥在高温下养护，虽然早期强度可提高，但后期强度发展受到影响，比一直在常温下养护的强度低。主要原因是硅酸盐水泥、普通水泥的熟料含量高，熟料在高温下水化速度较快，短时间内生成大量的水化产物，这些水化产物对未水化的水泥颗粒的后期水化起阻碍作用，因此硅酸盐水泥、普通水泥不适合于高温养护。

(5) 抗碳化能力差。由于这三种水泥的水化产物中氢氧化钙含量少，碱度较低，抗碳化的缓冲能力差，其中尤以矿渣水泥最为明显。

(6) 抗冻性差、耐磨性差。由于加入较多的混合材料，使水泥的需水量增加，水分蒸发后易形成毛细管通路或粗大孔隙，水泥石的孔隙率较大，导致抗冻性差和耐磨性差。

2) 三种水泥的特性

(1) 矿渣水泥。

① 耐热性强。矿渣水泥中矿渣含量较大，硬化后氢氧化钙含量少，且矿渣本身又是高温形成的耐火材料，故矿渣水泥的耐热性好，适用于高温车间、高炉基础及热气体通道等耐热工程。

② 保水性差、泌水性大、干缩性大。粒化高炉矿渣难以磨得很细，加上矿渣玻璃体亲水性差，在拌制混凝土时泌水性大，容易形成毛细管通道和粗大孔隙，在空气中硬化时易产生较大干缩。

(2) 火山灰水泥。

① 抗渗性好。火山灰混合材料含有大量的微细孔隙，使其具有良好的保水性，并且在水化过程中形成大量的水化硅酸钙凝胶，使火山灰水泥的水泥石结构密实，从而具有较高的抗渗性。

② 干缩大、干燥环境中表面易"起毛"。火山灰水泥水化产物中含有大量胶体，长期处于干燥环境时，胶体会脱水产生严重的收缩，导致干缩裂缝。因此，使用时特别注意加强养护，使较长时间保持潮湿状态，以避免产生干缩裂缝。对于处在干热环境中施工的工程，不宜使用火山灰水泥。

(3) 粉煤灰水泥。

① 干缩性小、抗裂性高。粉煤灰呈球形颗粒，比表面积小，吸附水的能力小，因而这种水泥的干缩性小，抗裂性高，但致密的球形颗粒，保水性差，易泌水。

② 早期强度低、水化热低。粉煤灰因为内比表面积小，不易水化，所以活性主要在后期发挥。因此，粉煤灰水泥早期强度、水化热比矿渣水泥和火山灰水泥还要低，因此特别适用于大体积混凝土工程。

3.2.4 复合硅酸盐水泥

GB175—2007 规定，凡由硅酸盐水泥熟料，两种或两种以上规定的混合材料，适量石膏磨细制成的水硬性胶凝材料称为复合硅酸盐水泥(简称复合水泥)代号 P·C，水泥中混合材料总掺加量按质量百分比计大于20%但不超过50%。

水泥中允许用不超过8%的窑灰代替部分混合材料；掺矿渣时混合材料掺量不得与矿渣硅酸盐水泥重复。

根据 GB175—2007《复合硅酸盐水泥》对复合硅酸盐水泥的规定，其氧化镁含量、三氧化硫含量、细度、凝结时间、安定性等指标同《矿渣硅酸盐水泥、火山灰硅酸盐水泥、粉煤灰硅酸盐水泥》(GB175—2007)。强度等级为 32.5、32.5R、42.5、42.5R、52.5、52.5R 共 6 个强度等级。各强度等级水泥的各龄期强度值不得低于表 3-5 中的数值。

表 3-5 复合水泥各强度等级、各龄期强度最低值

强度等级	抗压强度/MPa		抗折强度/MPa		强度等级	抗压强度/MPa		抗折强度/MPa	
	3d	28d	3d	28d		3d	28d	3d	28d
32.5	11.0	32.5	2.5	5.5	42.5R	21.0	42.5	4.0	6.5
32.5R	16.0	32.5	3.5	5.5	52.5	22.0	52.5	4.0	7.0
42.5	16.0	42.5	3.5	6.5	52.5R	26.0	52.5	5.0	7.0

复合水泥与矿渣水泥、火山灰水泥、粉煤灰相比，掺混合材料种类不是一种而是两种或两种以上，多种混合材料互掺，可弥补一种混合材料性能的不足，明显改善水泥的性能，适用范围更广。

以上所介绍的硅酸盐系列六大品种水泥其组成、性质及适用范围见表 3-6。

表 3-6 六种常用水泥的成分、特性和适用范围

品种	硅酸盐水泥	普通水泥	矿渣水泥	火山灰水泥	粉煤灰水泥	复合水泥
成分	水泥熟料，0～5%的粒化高炉矿渣及少量石膏	在硅酸盐水泥中掺活性混合材料20%以下或掺非活性混合材料8%以下	在硅酸盐水泥中掺入20%～70%的粒化高炉矿渣	在硅酸盐水泥中掺入20%～40%火山灰质混合材料	在硅酸盐水泥中掺入20%～40%粉煤灰	硅酸盐水泥熟料，20%～50%的混合材料
特性	早期强度高，水化热较大；抗冻性较好；耐蚀性较差；干缩性小	与硅酸盐水泥基本相同	早期强度低；后期强度增长较快；水化热较低；耐蚀性较强；抗冻性差；干缩性较大	早期强度低；后期强度增长较快；水化热较低；耐蚀性较强；抗渗性好；抗冻性差；干缩性大	早期强度低；后期强度增长较快；水化热较低；耐蚀性较强；干缩性小；抗裂性较高	3d强度高于矿渣水泥，早期强度低；后期强度增长较快；水化热较低；耐腐蚀性较强；抗冻性差
适用范围	一般土建工程中钢筋混凝土结构；受反复冻融的结构；配制高强度凝土	与硅酸盐水泥基本相同	高温车间和有耐热耐火要求的结构；大体积混凝土结构；蒸汽养护的构件；有抗硫酸盐侵蚀要求的工程	地下、水中大体积混凝土结构和有抗渗要求的混凝土结构；有抗硫酸盐侵蚀要求的工程	地上、地下及水中大体积混凝土构件；抗裂性要求较高的构件；有抗硫酸盐侵蚀要求的工程	地上、地下及水中大体积混凝土结构；有抗硫酸盐侵蚀要求的工程
不适用范围	大体积混凝土结构；受化学及海水侵蚀的工程	与硅酸盐水泥基本相同	早期强度要求高的工程；有抗冻性要求的混凝土工程	处在干燥环境中的混凝土工程；其他同矿渣水泥	有抗碳化要求的工程；其他同矿渣水泥	快硬、早强要求的工程；有抗冻要求的混凝土工程

[工程实例分析 3-2]

现象 某复合硅酸盐水泥各龄期强度的实验结果如下：3d 抗压强度 22.3 MPa，3d 抗折

强度 4.6 MPa, 28d 抗压强度 46.9 MPa, 28d 抗折强度 6.7 MPa, 则该水泥的强度等级是(　　)

　　A. 32.5　　　　　　　　B. 42.5R　　　　　　　C. 42.5　　　　　　　D. 52.5

　　原因分析　确定强度等级的方法是根据表 3-4 的要求, 选取 4 个数据都满足最大等级作为该水泥的强度等级。通过对比可知, 正确答案是 B。

　　思考　强度等级中带 "" 与不带 "" 有何性能区别, 使用中应如何选用?

任务三　专用水泥与特性水泥

　　专用水泥是指具有专门用途的水泥, 其用途较单一。特性水泥是指某方面性能比较突出的水泥, 一般用于某些特殊环境。

3.3.1　砌筑水泥

　　GB/T 3183—2003《砌筑水泥》规定: 凡由一种或一种以上的水泥混合材料, 加入适量硅酸盐水泥熟料和石膏, 经磨细制成的工作性较好的水硬性胶凝材料, 称为砌筑水泥。

　　砌筑水泥用混合材料可采用矿渣、粉煤灰、煤矸石、沸腾炉渣和沸石等, 掺加量应大于 50%, 允许掺入适量石灰石或窑灰。凝结时间要求初凝不早于 60 min, 终凝不迟于 12 h; 按砂浆吸水后保留的水分计, 保水率应不低于 80%。砌筑水泥适用于砌筑砂浆、内墙抹面砂浆及基础垫层; 允许用于生产砌块及瓦等制品。砌筑水泥一般不能用于配制混凝土, 通过试验, 允许用于低强度等级混凝土, 但不得用于钢筋混凝土等承重结构。

　　在我国住宅建筑中, 砖混结构占有相当大的比例, 其中所用的砌筑砂浆在施工配制时, 如采用通用硅酸盐水泥, 由于水泥强度相比砂浆强度过大, 同时为了满足砂浆和易性的要求, 水泥用量又不能过少, 结果造成砌筑砂浆强度等级超高, 造成较大的浪费。因此, 产生专为砌筑用的低强度水泥非常必要。砌筑水泥在生产中, 可大量利用工业废渣, 不仅保护环境, 还降低了生产成本, 也提高了经济效益。

3.3.2　道路水泥

　　道路水泥是专用于水泥混凝土路面工程的专用特种水泥。道路水泥由道路硅酸盐水泥熟料, 适量石膏, 加入《道路硅酸盐水泥》(GB 13693—2005)规定的混合材料, 磨细制成的水硬性凝胶材料, 称为道路硅酸盐水泥(简称道路水泥), 代号 P·R。水泥熟料主要矿物有硅酸钙和铁铝酸钙; 铁铝酸四钙高, C_4AF 的含量大于等于 16.0%。性能特点: 初凝时间较长, 大于 1 h; 抗折强度高; 耐磨性好, 磨损率小于等于 3.60 kg/m^2; 抗裂性好, 28d 干缩率小于等于 0.10%。

　　道路水泥是一种强度高(尤其是抗折强度高)、干缩性小、耐磨性、抗冻性、抗冲击性和抗硫酸盐性均较好的水泥, 所以道路水泥可以较好地承受高速车辆的车轮摩擦、循环负荷、冲击和振动、货物装卸时产生的骤然负荷, 较好地抵抗路面与路基的温差和干湿度差产生的膨胀应力, 抵抗冬季的冻融循环。道路水泥适用于修筑各种道路路面、机场跑道路面、城市广场等要求耐磨、耐用、裂缝和磨耗少的工程, 也可用于其他建筑工程, 且能取得优于通用硅酸盐水泥的使用效果。

　　道路水泥混凝土的组成材料基本上与普通混凝土相同，也是由胶凝材料、集料和外加剂等材料组成的，但是由于道路混凝土的特殊性，某些对普通混凝土影响不大的原材料，对道路混凝土也有着显著的影响，因此，道路混凝土对混凝土原材料质量有着特殊的要求。水泥作为混凝土的胶结材料，其质量的好坏在很大程度上决定了混凝土性能的优劣。为提高道路利用率、增强混凝土的耐久性，应选用早期强度高、耐磨性强、抗冻性好的水泥。

　　特重、重交通路面宜采用旋窑生产的道路硅酸盐水泥，也可采用旋窑生产的硅酸盐水泥或普通硅酸盐水泥；中、轻交通的路面可采用矿渣硅酸盐水泥；低温天气施工或有快通要求的路段可采用 R 型水泥，此外宜采用普通型水泥。

3.3.3　快硬硅酸盐水泥

　　凡以硅酸盐水泥熟料和适量石膏磨细制成的，以 3d 抗压强度表示强度等级的水硬性胶凝材料，称为快硬硅酸盐水泥，简称快硬水泥。

　　快硬水泥的制造过程与硅酸盐水泥的基本相同，只是适当增加了熟料中硬化快的矿物，如硅酸三钙为 50%～60%、铝酸三钙为 8%～14%、铝酸三钙和硅酸三钙的总量应不少于 60%～65%，同时适当增加石膏的掺量(达 8%)及提高水泥细度。通常，快硬水泥的比表面积可达 450 m^2/kg。

　　国家标准规定：细度要求为快硬水泥的细度用筛余百分数来表示，其值不得超过 10%；初凝时间不得早于 45 min，终凝时间不得迟于 10 h；体积安定性必须合格；快硬水泥以 3d 强度定等级，分为 32.5、37.5、42.5 三种，各龄期强度不得低于表 3-7 中的数值。

表 3-7　快硬水泥各龄期强度值

强度等级	抗压强度/MPa			抗折强度/MPa		
	1d	3d	28d	1d	3d	28d
32.5	15.0	32.5	52.5	3.5	5.0	7.2
37.5	17.0	37.5	57.5	4.0	6.0	7.6
42.5	19.0	42.5	62.5	4.5	6.4	8.0

　　快硬硅酸盐水泥的凝结硬化快，干缩性较大；早期强度及后期强度均高，抗冻性好；水化热大，耐腐蚀性差。

　　快硬水泥主要用于紧急抢修工程、军事工程、冬季施工和混凝土预制构件。但不能用于大体积混凝土工程及经常与腐蚀介质接触的混凝土工程。此外，由于快硬水泥细度大、易受潮变质，故在运输和储存中应注意防潮，一般储期不宜超过一个月，已风化的水泥必须对其性能重新检验，合格后方可使用。

3.3.4　明矾石膨胀水泥

　　一般硅酸盐水泥在空气中凝结硬化时，通常都表现为收缩，收缩值的大小与水泥品种、矿物组成、细度、石膏掺量及水灰比大小等因素有关。收缩将使混凝土内部产生微裂缝，影响混凝土的强度及耐久性。

　　膨胀水泥在硬化过程中能产生一定体积的膨胀，由于这一过程发生在浆体完全硬化之前，因此能使水泥石结构密实而不致破坏。膨胀水泥根据膨胀率大小和用途不同，可分为膨胀水泥(自应力小于 2.0 MPa)和自应力水泥(自应力大于等于 2.0 MPa)。膨胀水泥用于补偿一般硅酸盐水泥在硬化过程中产生的体积收缩或有微小膨胀；自应力水泥实质上是一种依靠水泥本身膨胀而产生预应力的水泥。在钢筋混凝土中，钢筋约束了水泥膨胀而使水泥混凝土承受了预压应力，这种压应力能免于产生内部微裂缝，当其值较大时，还能抵消一部分因外界因素所产生的拉应力，从而有效地改善混凝土抗拉强度低的缺陷。

明矾石膨胀水泥是以硅酸盐水泥熟料(58%～63%)、天然明矾石(12%～15%)、无水石膏(9%～12%)和粒化高炉矿渣(15%～20%)共同磨细制成的具有膨胀性能的水硬性胶凝材料，称为明矾石膨胀水泥。

明矾石膨胀水泥加水后，其硅酸盐水泥熟料中的矿物水化生成的 $Ca(OH)_2$ 和 C_3AH_6，分别同明矾石$[K_2SO \cdot Al_2(SO_4)_3 \cdot 4Al(OH)_3]$、石膏作用生成大量体积膨胀性的钙矾石$[CaO \cdot Al_2O_3 \cdot 3CaSO_4 \cdot 31H_2O]$，填充于水泥石中的毛细孔中，并与水化硅酸钙相互交织在一起，使水泥石结构密实，这就是明矾石水泥具有强度高和抗渗性好的主要原因。明矾石膨胀水泥的膨胀源均来自于生成钙矾石的多少。调整各种组成的配合比，控制生成钙矾石数量，可以制得不同膨胀值的膨胀水泥。

明矾石膨胀水泥主要用于可补偿收缩混凝土工程、防渗抹面及防渗混凝土(如各种地下建筑物、地下铁道、储水池、道路路面等)，构件的接缝，梁、柱和管道接头，固定机器底座和地脚螺栓等。

3.3.5　白色硅酸盐水泥

凡以适当成分的生料烧至部分熔融，所得以硅酸钙为主要成分、氧化铁含量很少的白硅酸盐水泥熟料，再加入适量石膏，共同磨细制成的水硬性胶凝材料称为白色硅酸盐水泥。

硅酸盐系列水泥的颜色通常呈灰色，主要是因为含有较多的氧化铁及其他杂质所致。白水泥的生产工艺与常用水泥基本相同，关键是严格控制水泥原料的铁含量，严防在生产过程中混入铁质(以及锰、铬等氧化物)。

国家标准(GB/T2015—2005)规定：白水泥的细度要求为 80 μm 方孔筛筛余不得大于 10%；凝结时间；初凝时间不得早于 45 min，终凝时间不得迟于 10 h；体积安定性必须合格；按 3d、28d 的强度值将白水泥划分为 32.5 MPa、42.5 MPa 和 52.5 MPa 三个强度等级，各等级、各龄期的水泥强度不得低于表 3-8 中的数值。

表 3-8　白色硅酸盐水泥的强度要求(GB2015—2005)

强度等级	抗压强度/MPa		抗折强度/MPa	
	3d	28d	3d	28d
32.5	14.0	32.5	2.5	5.5
42.5	18.0	42.5	3.5	6.5
52.5	23.0	52.5	4.0	7.0

白度是白水泥的一项重要的技术性能指标。白水泥按白度分为特级、一级、二级和三级四个等级，各等级白度不得低于表 3-9 中的数值。

表 3-9　白水泥各等级白度

等级	特级	一级	二级	三级
白度	86	84	80	75

白水泥具有强度高、色泽洁白等特点，在建筑装饰工程中常用来配制彩色水泥浆，用于建筑物内、外墙的粉刷及天棚、柱子的粉刷，还可用于贴面装饰材料的勾缝处理；配制各种彩色砂浆用于装饰抹灰，如常用的水刷石、斩假石等，模仿天然石材的色彩、质感，具有较好的装饰效果；配制彩色混凝土，制作彩色水磨石等。

[工程实例分析 3-3]

现象 某工地建筑材料仓库内有三袋白色胶凝材料，它们是生石灰粉、建筑石膏和白水泥，后因保管不善使得标识辨认不清，问用什么简易方法可以辨别？

原因分析 通过加水进行辨认。放出大量的热、体积膨胀的为生石灰粉，凝结硬化快的为建筑石膏，剩下的为白色水泥。

3.3.6 中热硅酸盐水泥、低热硅酸盐水泥和低热矿渣硅酸盐水泥

以适当成分的硅酸盐水泥熟料，加入适量石膏，经磨细制成的具有中等水化热的水硬性胶凝材料，称中热硅酸盐水泥，简称中热水泥，代号 P·MH。

以适当成分的硅酸盐水泥熟料，加入适量石膏，经磨细制成的具有低水化热的水硬性胶凝材料，称低热硅酸盐水泥，简称低热水泥，代号 P·LH。

以适当成分的硅酸盐水泥熟料，加入矿渣、适量石膏，经磨细制成的具有低水化热的水硬性胶凝材料，称低热矿渣硅酸盐水泥，简称低热矿渣水泥，代号 P·SLH。水泥中矿渣掺量按水泥质量百分比计为 20%～60%，允许用不超过混合材料总量 50%的磷渣或粉煤灰代替部分矿渣。

低热矿渣水泥和中热水泥主要是通过限制水化热较高的 C_3A 和 C_3S 含量得以实现的。根据现行规范《中热硅酸盐水泥、低热硅酸盐水泥及低热矿渣硅酸盐水泥》(GB200—2003)，其具体技术要求如下：

(1) 熟料中 C_3A、C_3S 的含量，熟料中的 C_3A 含量：中热水泥和低热水泥不得超过 6%；对于低热矿渣水泥不得超过 8%。

熟料中的 C_3S 含量：中热水泥不得超过 55%；低热水泥不得超过 40%。

(2) 游离 CaO、MgO 及 SO_3 含量：游离 CaO 对于中热水泥和低热水泥不得超过 1.0%，低热矿渣水泥不得超过 1.2%；MgO 含量不宜超过 5%，如水泥经压蒸安定性试验合格，允许放宽到 6%；SO_3 含量不得超过 3.5%；细度、凝结时间：细度的测定按 GB1345 进行，凝结时间的测定按 GB1346 进行。

(3) 细度要求，比表面积不低于 250 m^2/kg；初凝时间不早于 60 min，终凝时间不得迟于 10 h。

(4) 强度：中热水泥和低热水泥为 42.5 强度等级；低热矿渣水泥为 32.5 强度等级。各龄期强度值详见表 3-10。

(5) 水化热：低热矿渣水泥和中热水泥要求水化热不得超过表 3-11 的规定。

表 3-10 中、低热水泥及低热矿渣水泥各龄期强度值

品 种	强度等级	抗压强度/MPa			抗折强度/MPa		
		3d	7d	28d	3d	7d	28d
中热水泥	42.5	12.0	22.0	42.5	3.0	4.5	6.5
低热水泥	42.5	—	13.0	42.5	—	3.5	6.5
低热矿渣水泥	32.5	—	12.0	32.5	—	3.0	5.5

表 3-11　中、低热水泥各龄期水化热值

品　种	强度等级	水化热/(kJ/kg)	
		3d	28d
中热水泥	42.5	251	293
低热水泥	42.5	230	260
低热矿渣水泥	32.5	197	230

中热水泥主要适用于大坝溢流面或大体积建筑物的面层和水位变化区等部位，要求低水化热和较高耐磨性、抗冻性的工程；低热水泥和低热矿渣水泥主要适用于大坝或大体积混凝土内部及水下等要求低水化热的工程。

3.3.7　铝酸盐水泥

铝酸盐水泥是铝酸盐系水泥的主要品种，凡以铝酸钙为主的铝酸盐水泥熟料，磨细制成的水硬性胶凝材料，称为铝酸盐水泥，代号为 CA。铝酸盐水泥的主要矿物成分是铝酸一钙($CaO \cdot Al_2O_3$，CA)此外，还有少量硅酸二钙和其他铝酸盐。

在较低温度下，铝酸盐水泥水化后密实度大，强度高。经(5~7)d 后，水化物的数量就很少增加。因此，铝酸盐水泥的早期强度增长很快，24 h 即可达到极限强度的 80%左右，后期强度增长不显著。在温度大于 30℃时，水化生成物为 C_3AH_6，密实度较小，强度则大为降低。

值得注意的是，低温下形成的水化产物 CAH_{10} 和 C_2AH_8 都是亚稳定体，在温度高于30℃的潮湿环境中，会逐渐转变为稳定的 C_3AH_6。高温、高湿条件下，上述转变极为迅速，晶体转变过程中释放出大量的结晶水，使水泥中固相体积减小 50%以上，强度大大降低。可见铝酸盐水泥正常使用时，虽然硬化快，早期强度很高，但后期强度会大幅度下降，在湿热环境下尤为严重。

GB201—2000《铝酸盐水泥》中规定：细度，比表面积不小于 300 m^2/kg 或 0.045 mm筛余不大于 20%；凝结时间，凝结时间要求如表 3-12；强度试验按国家标准规定的方法进行，但水灰比应按 GB201—2000 规定调整，各类型、各龄期强度值不得低于表 3-13 规定的数值。

表 3-12　铝酸盐水泥的凝结时间

水泥类型	初凝时间/min	终凝时间/h
CA—50		
CA—70	不早于30	不迟于6
CA—80		
CA—60	不早于60	不迟于18

铝酸盐水泥的主要性质及应用。

1.　快硬早强，后期强度下降

铝酸盐水泥加水后迅速与水发生水化反应，其 1 d 强度可达到极限强度的 80%左右，3 d即达到 100%。在低温环境下(5℃~10℃)能很快硬化，强度高；而在温度超过 30℃以上的环境下，强度急剧下降。因此，铝酸盐水泥适用于紧急抢修、低温季节施工、早期强度要

求高的特殊工程。不宜在高温季节施工。

表 3-13 铝酸盐水泥胶砂强度

水泥类型	抗压强度/MPa				抗折强度/MPa			
	6h	1d	3d	28d	6h	1d	3d	28d
CA—50	20	40	50	—	3.0	5.5	6.5	—
CA—60	—	20	45	85	—	2.5	5.0	10.0
CA—70	—	25	30	—	—		5.0	6.0	—
CA—80	—	25	30	—	—		4.0	5.0	—

另外，铝酸盐水泥硬化体中的晶体结构在长期使用中会发生转移，引起强度下降，因此，一般不宜用于长期承载的结构工程中。

2. 耐热性强

铝酸盐水泥硬化时不宜在较高温度下进行，但硬化后的水泥石在高温下(1000℃以上)仍能保持较高强度(约53%)，主要是因为在高温下各组分发生固相反应成烧结状态，代替了水化结合。因此铝酸盐水泥有较好的耐热性，如采用耐火的粗细骨料(如铬铁矿等)可以配制成使用温度 1300℃～1400℃的耐热混凝土，用于窑炉炉衬。

3. 水化热高、放热快

铝酸盐水泥硬化过程中放热量大且主要集中在早期，1d 内即可放出水化热总量的70%～80%，因此，适合于寒冷地区的冬季施工，但不宜用于大体积混凝土工程。

4. 抗渗性及耐侵蚀性强

硬化后的铝酸盐水泥石中没有氢氧化钙，且水泥石结构密实，因而具有较高的抗渗、抗冻性，同时具有良好的抗硫酸盐、盐酸、碳酸等侵蚀性溶液的作用。铝酸盐水泥适用于有抗硫酸盐要求的工程，但铝酸盐水泥对碱的侵蚀无抵抗能力。

5. 不得与硅酸盐水泥、石灰等能析出 $Ca(OH)_2$ 的材料混合使用

铝酸盐水泥水化过程中遇到 $Ca(OH)_2$ 将出现"闪凝"现象，无法施工，而且硬化后强度很低。此外，铝酸盐制品也不能进行蒸汽养护。

任务四 水泥的选用、验收、储存及保管

水泥作为建筑材料中最重要的材料之一，在工程建设中发挥着巨大的作用。正确选择、合理使用水泥，严格质量验收并且妥善保管就显得尤为重要，它是确保工程质量的重要措施。

3.4.1 水泥的选用

水泥的选用包括水泥品种的选择和强度等级的选择两方面。强度等级应与所配制的混凝土或砂浆的强度等级相适应。在此重点考虑水泥品种的选择。

1. 按环境条件选择水泥品种

环境条件主要指工程所处的外部条件，包括环境的温、湿度及周围所存在的侵蚀性介

质的种类及浓度等。如严寒地区的露天混凝土应优先选用抗冻性较好的硅酸盐水泥、普通水泥，而不得选用矿渣水泥、粉煤灰水泥、火山灰水泥，若环境具有较强的侵蚀性介质时，应选用掺混合材料的水泥，而不宜选用硅酸盐水泥。

2. 按工程特点选择水泥品种

冬季施工及有早强要求的工程应优先选用硅酸盐水泥，而不得使用掺混合材料的水泥；对大体积混凝土工程，如大坝、大型基础、桥墩等应优先选用水化热较小的低热矿渣水泥和中热硅酸盐水泥，不得使用硅酸盐水泥；有耐热要求的工程，如工业窑炉、冶炼车间等，应优先选用耐热性较高的矿渣水泥、铝酸盐水泥；军事工程、紧急抢修工程应优先选用快硬水泥、双快水泥；修筑道路路面、飞机跑道等优先选用道路水泥。

3.4.2 水泥的编号和取样

对于通用水泥出厂前按同品种、同强度等级编号和取样。袋装水泥和散装水泥应分别编号和取样。每一编号为一取样单位。水泥出厂编号按水泥厂年生产能力规定：120 万吨以上，不超过 1200 吨为一编号；60 万吨以上至 120 万吨，不超过 1000 吨为一编号；30 万吨以上至 60 万吨，不超过 600 吨为一编号；10 万吨以上至 30 万吨，不超过 400 吨为一编号；10 万吨以下，不超过 200 吨为一编号。取样应有代表性，可连续取，亦可从 20 个以上不同部位取等量样品，总量至少 12 kg。所取样品按相应标准规定的方法进行出厂检验，检验项目包括需要对产品进行考核的全部技术要求。

3.4.3 水泥的验收

1. 品种验收

水泥袋上应清楚标明：产品名称，代号，净含量，强度等级，生产许可证编号，生产者名称和地址，出厂编号，执行标准号，包装年、月、日。掺火山灰质混合材料的普通水泥还应标上"掺火山灰"字样，包装袋两侧应印有水泥名称和强度等级，硅酸盐水泥和普通硅酸盐水泥的印刷采用红色，矿渣水泥的印刷采用绿色，火山灰、粉煤灰水泥和复含水泥采用黑色。

2. 数量验收

水泥可以袋装或散装，袋装水泥每袋净含量 50 kg，且不得少于标志质量的 98%；随机抽取 20 袋总质量不得少于 1000 kg，其他包装形式由双方协商确定，但有关袋装质量要求，必须符合上述原则规定；散装水泥平均堆积密度为 1450 kg/m^3，袋装压实的水泥为 1600 kg/m^3。

3. 质量验收

水泥出厂前应按品种、强度等级和编号取样试验，袋装水泥和散装水泥应分别进行编号和取样，取样应有代表性，可连续取，亦可从 20 个以上不同部位取等量样品，总量至少 12 kg。

交货时水泥的质量验收可抽取实物试样以其检验结果为依据，也可以水泥厂同编号水泥的检验报告为依据。采取何种方法验收由双方商定，并在合同或协议中注明。

以抽取实物试样的检验结果为验收依据时，买卖双方应在发货前或交货地共同取样和鉴封，取样数量 20 kg，缩分为二等分。一份由卖方保存 40d，一份由买方按标准规定的项目和方法进行检验。在 40d 内买方检验认为水泥质量不符合标准要求时，可将卖方保存的一份试样送水泥质量监督检验机构进行仲裁检验。

以水泥厂同编号水泥的检验报告为验收依据时，在发货前或交货时买方在同编号水泥中抽取试样，双方共同签封后保存三个月；或委托卖方在同编号水泥中抽取试样，签封后保存三个月。在三个月内，买方对水泥质量有疑问时，则买卖双方应将签封的试样送省级或省级以上国家认可的水泥质量监督检验机构进行仲裁检验。如表 3-14 所示水泥检测报告。

4. 结论

出厂水泥应保证出厂强度等级，其余技术要求应符合国标规定。

废品：凡氧化镁、三氧化硫、初凝时间、安定性中的任何一项不符合标准规定者均为废品。

不合格品：凡是硅酸盐水泥、普通水泥的细度、终凝时间、不溶物和烧失量中的任何一项不符合标准规定者；凡是矿渣水泥、火山灰水泥、粉煤灰水泥和复合水泥的细度、终凝时间中的任何一项不符合规定者或混合材料掺加量超过最大限量和强度低于商品强度等级的指标时；水泥包装标志中水泥品种、强度等级、生产者名称和出厂编号不全的水泥。

表 3-14 水泥检测报告

四川航天工程质量监督站检测中心				
水泥检测报告				
工程名称	双流县高效农作物秸秆燃气化利用示范基地(永兴)		委托日期	2010-5-19
水泥品种	复合硅酸盐水泥(P、C)		报告日期	2010-5-19
水泥等级	32.5R		商 标	峨宏牌
水泥产厂	四川建宏建材有限公司		出厂日期	—
依据标准	GB175—2007、GB/T17671—1999、GB/T1345—2005、GB/T1346—2001		出厂编号	—
检 测 结 果				
检测项目		标准要求	实测结果	单项判定
标准稠度用水量		—	28.04	—
细度80(μm方孔筛筛余)/(%)		≤10	2.5	合格
安定性		合格	合格	合格
凝结时间	初凝时间/min	≥45	215	合格
	终凝时间/min	≤600	325	合格
抗折强度/MPa	3d 单个值	—	4.5　5.0　5.2	合格
	3d 平均值	≥3.5	4.9	
	28d 单个值	—	7.7　7.4　8.2	合格
	28d 平均值	≥5.5	7.8	

检 测 结 果					
检测项目		标准要求	实测结果		单项判定
抗压强度 /MPa	3d 单个值	—	25.5　25.8　26.9 26.1　25.7　24.8		合格
	3d 平均值	≥15.0	25.8		
	28d 单个值	—	47.6　44.7　46.9 48.8　44.2　43.2		合格
	28d 平均值	≥32.5	45.9		
结论	根据GB175—2007标准检测，该样品所检参数达到要求				

备注：

1. 检测报告无"检测报告专用章"或检测单位公章无效。

2. 复制检测报告未重新加盖"检测报告专用章"或检测单位公章无效。

3. 对检测报告若有异议，应于收到报告之日起15日内向检测单位提出，逾期不予受理。

审批：　　　　　　　　校核：　　　　　　　　试验：

[工程实例分析 3-4]

现象　观察如图 3-7 所示的不同水泥的包装袋，说出它们有什么不同？

图 3-7　不同品种水泥包装袋

原因分析　水泥包装袋的标识：水泥品种名称，代号，强度等级，出厂日期，净含量，生产单位和厂址，执行标准号，生产许可证编号，出厂编号，包装年、月、日。水泥品种名称不同，其包装袋上印刷字体的颜色也不同。普通硅酸盐水泥采用红色，复合硅酸盐水泥采用黑色或蓝色。因此，水泥包装袋的标识符合国家标准规定。

3.4.4　水泥的储存与保管

水泥在保管时，应按不同生产厂、不同品种、强度等级和出厂日期分开堆放，严禁混杂；在运输及保管时要注意防潮和防止空气流动，先存先用，不可储存过久。若水泥保管不当会使水泥因风化而影响水泥正常使用，甚至会导致工程质量事故。

1. 水泥的风化

因水泥中的活性矿物与空气中的水分、二氧化碳发生反应，而使水泥变质的现象称为风化。

水泥中各熟料矿物都具有强烈与水作用的能力，这种趋于水解和水化的能力称为水泥的活性。具有活性的水泥在运输和储存的过程中，易吸收空气中的水及 CO_2，使水泥受潮而成粒状或块状，过程如下：水泥中的游离氧化钙、硅酸三钙吸收空气中的水分发生水化反应，生成氢氧化钙，氢氧化钙又与空气中的二氧化碳反应，生成碳酸钙并释放出水。这样的连锁反应使水泥受潮加快，受潮后的水泥活性降低、凝结迟缓，强度降低，通常水泥强度等级越高，细度越细，吸湿受潮也越快。在正常储存条件下，储存 3 个月，强度降低约 10%～20%，储存 6 个月，强度降低约 15%～30%。因此规定，常用水泥储存期为 3 个月，铝酸盐水泥为 2 个月，双快水泥不宜超过 1 个月，过期水泥在使用时应重新检测，按实际强度使用。

水泥一般应入库存放。水泥仓库应保持干燥，库房地面应高出室外地面 30 cm，离开窗户和墙壁 30 cm 以上，袋装水泥堆垛不宜过高，以免下部水泥受压结块，一般为 10 袋，如存放时间短，库房紧张，也不宜超过 15 袋；袋装水泥露天临时储存时，应选择地势高，排水条件好的场地，并认真做好上盖下垫，以防水泥受潮。若使用散装水泥，可用铁皮水泥罐仓，或散装水泥库存放。

2. 受潮水泥处理

受潮水泥处理参见表 3-15。

表 3-15 受潮水泥的处理

受 潮 程 度	处 理 方 法	使 用 方 法
有松块、小球，可以捏成粉末，但无硬块	将松块、小球等压成粉末，同时加强搅拌	经试验按实际强度等级使用
部分结成硬块	筛除硬块，并将松块压碎	经试验依实际强度使用用于不重要、受力小的部位用于砌筑砂浆
硬块	将硬块压成粉末，换取25%硬块重量的新鲜水泥作强度试验	经试验按实际强度等级使用

[工程实例分析 3-5]

挡墙开裂与水泥的选用

现象 某大体积的混凝土工程，浇筑两周后拆模，发现挡墙有多道贯穿型的纵向裂缝。该工程使用某立窑水泥厂生产 42.5 Ⅱ 型硅酸盐水泥，其熟料矿物组成如下：

C_3S	C_2S	C_3A	AC_4AF
61%	14%	14%	11%

　　原因分析　由于该工程所使用水泥的C_3A和C_3S含量高，导致该水泥的水化热高，且在浇筑混凝土中，混凝土的整体温度高，以后混凝土温度随环境温度下降，混凝土产生冷缩，造成混凝土贯穿型的纵向裂缝。

[工程实例分析 3-6]

水泥凝结时间前后变化

　　现象　某立窑水泥厂生产的普通水泥游离氧化钙含量较高，加水拌和后初凝时间仅40 min，本属于废品。但放置1个月后，凝结时间又恢复正常，但强度下降。

　　原因分析　该立窑水泥厂的普通硅酸盐水泥游离氧化钙含量较高，该氧化钙相当部分的煅烧温度较低。加水拌和后，水与氧化钙迅速反应生成氢氧化钙，并放出水化热，使浆体的温度升高，加速了其他熟料矿物的水化速度。从而产生了较多的水化产物，形成了凝聚-结晶网结构，所以短时间凝结。

　　水泥放置一段时间后，吸收了空气中的水汽，大部分氧化钙生成氢氧化钙，或进一步与空气中的二氧化碳反应，生成碳酸钙。故此时加入拌和水后，不会再出现原来的水泥浆体温度升高、水化速度过快、凝结时间过短的现象。但其他水泥熟料矿物也会和空气中的水汽反应，部分产生结团、结块，使强度下降。

[工程实例分析 3-7]

使用受潮水泥

　　现象　广西百色某车间盖单层砖房屋，采用预制空心板及12 m跨现浇钢筋混凝土大梁，1983年10月开工，使用进场已3个多月并存放潮湿地方的水泥。1984年拆完大梁底模板和支撑，1月4日下午房屋全部倒塌。

　　原因分析　事故的主因是使用受潮水泥，且采用人工搅拌，无严格配合比。致使大梁混凝土在倒塌后用回弹仪测定平均抗压强度仅5 MPa左右，有些地方竟测不出回弹值。此外还存在振捣不实、配筋不足等问题。

　　防治措施　① 施工现场入库水泥应按品种、标号、出厂日期分别堆放，并建立标志。先到先用，防止混乱。

　　② 防止水泥受潮。如水泥不慎受潮，可分情况处理、使用时，

　　a. 有粉块，可用手捏成粉末，尚无硬块。可压碎粉块，通过试验，按实际强度使用。

　　b. 部分水泥结成硬块。可筛去硬块，压碎粉块。通过试验，按实际强度使用，可用于不重要的、受力小的部位，也可用于砌筑砂浆。

　　c. 大部分水泥结成硬块。粉碎、磨细，不能作为水泥使用，但仍可作水泥混合材或混凝土掺和料。

[工程实例分析3-8]

膨胀水泥与膨胀剂的应用

硅酸盐水泥水化收缩，会产生裂缝。为此，引入膨胀组分如明矾石、石灰等以补偿收缩，或产生自应力。因大批量生产的膨胀水泥调节不同需求的膨胀量较困难。为适应不同工程的需求，又发展为膨胀剂，如我国较著名U型膨胀剂(UEA)。

我国驻孟加拉国大使馆1991年2月正式开工，1992年6月竣工，被评为使馆建设"优质样板"工程。孟加拉国是世界暴风雨灾害中心区，年降雨量2000 mm～3000 mm，雨期长达6个月，使馆区地势低洼，暴雨后地面积水深达500 mm。在该使馆的施工过程中，楼板、公寓、地下室、室外游泳池、观赏池的混凝土均采用UEA胀剂防水混凝土，抗渗标号S8。用内掺法，UEA的用量为水泥用量的12%，经长时间使用未发现混凝土收缩裂缝，使用效果好。膨胀剂的应用除需正确选用品种、配比外，还需合理养护等一系列技术措施。

【创新与拓展】

自流平水泥

自流平水泥是指在低水灰比下不经振捣能使净浆、砂浆或混凝土达以预定强度和密实度的特种水泥。

自流平水泥是科技含量高、技术环节比较复杂的高新绿色产品。它是由多种活性成分组成的干混型粉状材料，现场拌水即可使用；稍经刮刀展开，即可获得高平整基面；硬化速度快，4～8小时即可在上行走，或进行后续工程(如铺木地板、金刚板等)，施工快捷、简便是传统人工找平所无法比拟的。

安全、无污染、美观、快速施工与投入使用是自流平水泥的特色。它提升了文明的施工程度，创建了优质舒适平坦的空间，多样化标致饰面材的铺贴，让生活增添了绚丽的色彩。

自流平水泥用途广泛，可用于工业厂房、车间、仓储、商业卖场、展厅、体育馆、医院、各种开放空间、办公室等，也可用于居家、别墅、温馨小空间等；可作为饰面面层，亦可作为环氧地坪、聚氨酯地坪、PVC卷材、片材、橡胶地板、实木地板、金刚板等饰面之高平整基面。

性能特点：

(1) 具有较高粘接强度，与基底混凝土结合紧密，不易空鼓；

(2) 早强、高强，表面硬底高，耐磨损；

(3) 与基底结合紧密，不易空鼓；

(4) 自动流平，地面平整度控制在1 mm左右以内；

(5) 根据工程需要，自流平砂浆厚度可在3 mm～50 mm之间选择，也可在砂浆中加设钢筋骨架，以满足重负荷交通的需要；

(6) 可做成多种颜色，增强装饰效果；

(7) 自流平砂浆面层坚硬密实，可抵抗油脂、润滑油的腐蚀，具有较好的抗硫酸、氨盐及其复合盐腐蚀的性能及较好的高渗性能。

优异性：

(1) 施工简单易行，加适量的水即可形成近似自由流体浆料，能快速展开而获得高产整度地坪。

(2) 施工速度快，经济效益大，较传统人工找平高5～10倍，且在短时间内即可供通行、荷重，大幅缩短工期。

(3) 预混产品，质量均匀稳定，施工现场干净整洁，有利于文明施工，是绿色环保产品。

(4) 抗返潮性佳，对面层保护性强，实用性强，适用范围广。

能力训练题

一、名词解释

水泥体积安定性　水硬性胶凝材料　硅酸盐水泥　水泥初凝时间　水泥标准养护条件　水泥水化热　水泥终凝时间　水泥石　水泥标准稠度用水量

二、判断题

1. 硅酸盐水泥中，C_2S 早期强度低，后期强度高，而 C_3S 正好相反。（　）

2. 在生产水泥中，石膏加入量越多越好。（　）

3. 用沸煮法可以全面检验硅酸盐水泥的体积安定性是否良好。（　）

4. 按规范规定，硅酸盐水泥的初凝时间不迟于 45 min。（　）

5. 水泥是水硬性胶凝材料，所以在运输和储存中不怕受潮。（　）

6. 水泥和熟石灰混合会引起体积安定性不良。（　）

7. 测定水泥标准稠度用水量是为了确定水泥混凝土的拌合用水量。（　）

8. 硅酸盐水泥中含有 CaO、MgO 和过多的石膏都会造成水泥的体积安定性不良。（　）

9. 道路水泥、砌筑水泥、耐酸水泥、耐碱水泥都属于专用水泥。（　）

10. 活性混合材料掺入石灰和石膏即成水泥。（　）

11. 在硅酸盐水泥熟料中含有少量游离氧化镁，它水化速度慢并产生体积膨胀，是引起水泥安定性不良的重要原因。（　）

12. 存放时间超过 6 个月的水泥，应重新取样检验。并按复检结果使用。（　）

13. 铝酸三钙为水泥中最主要的矿物组成。（　）

14. 水泥和石灰都属于水硬性胶凝材料。（　）

15. 水泥的细度与强度的发展有密切关系，因此细度越低越好。（　）

16. 水泥强度越高，则抗蚀性越强。（　）

17. 安定性不良的水泥可用于拌制砂浆。（　）

18. 水硬性胶凝材料是只能在水中硬化并保持强度的一类胶凝材料。（　）

19. 硅酸盐水泥指由硅酸盐水泥熟料加适量石膏制成，不掺加混合材料。（　）

20. 水泥的早强高是因为熟料中硅酸二钙含量较多。（　）

21. 普通硅酸盐水泥的初凝时间应不早于 45 min，终凝时间不迟于 10 h。（　）

22. 火山灰水泥的抗硫酸腐蚀性很好。（　）

23. 在水位升降范围内的砼工程，宜选用矿渣水泥，因其抗硫酸盐腐蚀性较强。（　）

24. 按现行标准，硅酸盐水泥的初凝时间不得超过 45 min。（　）

25. 硅酸盐水泥熟料矿物成分中，水化速度最快的是 C_3A。（　）

三、填空题

1. 硅酸盐水泥熟料的生产原料主要有_____和_____。

2. 石灰石质原料主要提供_____，黏土质原料主要提供_____、_____和_____。

3. 为调节水泥的凝结速度，在磨制水泥过程中需要加入适量的_____。

4. 硅酸盐水泥熟料的主要矿物组成有_____、_____、_____和_____。

5. 硅酸盐水泥熟料矿物组成中，释热量最大的是_____，释热量最小的是_____。

6. 由于三氧化硫引起的水泥安定性不良，可用_____方法检验，而由氧化镁引起的安定性不良，可采用_____方法检验。

7. 水泥的物理力学性质主要有_____、_____、_____和_____。

8. 专供道路路面和机场道面用的道路水泥，在强度方面的显著特点是_____，该水泥干缩较_____。

9. 大体积混凝土工程中不得选用_____水泥。

10. 矿渣水泥与硅酸盐水泥相比，其早期强度_____，后期强度_____、_____，水化_____，抗蚀性_____，抗冻性_____。

11. 造成水泥石腐蚀的内因是水泥石中存在_____。

12. 水泥体积安定性的测定有两种方法即_____和_____。当两者发生争议时以_____为准。

13. 早期强度要求高、抗冻性好的混凝土应选用_____水泥；抗淡水侵蚀强、抗渗性高的混凝土应选用_____水泥。

14. 水泥石组成中_____含量增加，水泥石强度提高。

15. 矿渣水泥抗硫酸盐侵蚀性比硅酸盐水泥_____，其原因是矿渣水泥水化产物中_____和_____含量少。

四、选择题

1. （　）属于水硬性胶凝材料，而（　）属于气硬性胶凝材料。
A. 石灰　石膏　　　　　B. 水泥　石灰　　　　　C. 水泥　石膏　　　D. 石膏　石灰

2. 硅酸盐水泥中最主要的矿物组分是（　）。
A. 硅酸三钙　　　　　B. 硅酸二钙　　　　　C. 铝酸三钙　　　D. 铁铝酸四钙

3. 硅酸盐水泥熟料矿物中硅酸三钙、铝酸三钙、硅酸二钙与水反应速度的快慢依次是（　）。
A. 最快　最慢　中等　　　　　　　　B. 最慢　中等　最快
C. 中等　最慢　最快　　　　　　　　D. 中等　最快　最慢

4. 水泥细度可用下列哪种方法测定。（　）
A. 筛析法　　　　B. 比表面积法　　　　C. 试饼法　　　D. 雷氏法

5. 影响水泥体积安定性的因素主要有（　）。

A. 熟料中氧化物含量   B. 熟料中硅酸三钙含量

C. 水泥的细度   D. 水泥中三氧化硫含量

6. 水泥石的腐蚀包括( )。

A. 溶析性侵蚀   B. 硫酸盐的侵蚀

C. 镁盐的侵蚀   D. 碳酸的侵蚀

7. 水泥的活性混合材料包括( )。

A. 石英砂   B. 粒化高炉矿渣   C. 粉煤灰   D. 黏土

8. 五大品种水泥中，抗冻性好的是( )。

A. 硅酸盐水泥   B. 粉煤灰水泥

C. 矿渣水泥   D. 普通硅酸盐水泥

9. ( )的耐热性最好。

A. 硅酸盐水泥   B. 粉煤灰水泥

C. 矿渣水泥   D. 硅酸盐水泥

10. 抗渗性最差的水泥是( )。

A. 普通硅酸盐水泥   B. 粉煤灰水泥

C. 矿渣水泥   D. 硅酸盐水泥

11. 以下品种水泥配制的混凝土，在高湿度环境中或永远处在水下效果最差的是( )。

A. 普通水泥   B. 矿渣水泥

C. 火山灰水泥   D. 粉煤灰水泥

12. 下列水泥不能用于配制严寒地区处在水位升降范围内的混凝土的是( )。

A. 普通水泥   B. 矿渣水泥   C. 火山灰水泥   D. 粉煤灰水泥

13. 影响硅酸盐水泥强度的主要因素包括( )。

A. 熟料组成   B. 水泥细度   C. 储存时间   D. 养护条件

E. 龄期

14. 硅酸盐水泥腐蚀的基本原因是( )。

A. 含过多的游离 CaO   B. 水泥石中存在 $Ca(OH)_2$

C. 水泥石中存在水化硫铝酸钙   D. 水泥石本身不密实

E. 掺石膏过多

15. 水泥强度是指( )的强度。

A. 水泥净浆   B. 胶砂   C. 混凝土试块   D. 砂浆试块

16. 水泥的强度是根据规定龄期的( )划分的。

A. 抗压强度   B. 抗折强度

C. 抗压强度和抗折强度   D. 抗压强度和抗拉强度

17. 水泥的质量技术指标有( )。

A. 细度   B. 凝结时间   C. 含泥量

D. 体积安定性   E. 强度

18. 早期强度较高的水泥品种有( )。

A. 硅酸盐水泥   B. 普通水泥   C. 矿渣水泥

D. 火山灰水泥   E. 复合水泥

19. 下列水泥品种中不宜用于大体积砼工程的有(　　)。

A. 硅酸盐水泥　　　　　　　B. 普通水泥　　　　　　　　C. 火山灰水泥

D. 粉煤灰水泥　　　　　　　E. 高铝水泥

20. 矿渣水泥与硅酸盐水泥相比有以下特性(　　)。

A. 早期强度高　　　　　　　B. 早期强度低，后期强度增长较快

C. 抗冻性好　　　　　　　　D. 耐热性好　　　　　　　　E. 水化热低

五、简答题

1. 某些体积安定性轻度不合格的水泥，存放一段时间后变为合格，为什么？

2. 常用的五种水泥指哪几种？

3. 水泥的主要水化产物有哪些？

4. 现有甲、乙两厂生产的硅酸盐水泥熟料，其矿物成分如下表，试估计和比较这两厂所生产的硅酸盐水泥的性能有何差异？

生产厂家	熟料矿物成分/(%)			
	C_3S	C_2S	C_3A	C_4AF
甲	56	17	12	15
乙	42	35	7	16

5. 引起水泥体积安定性不良的原因是什么？安定性不良的水泥应如何处理？

6. 简述硅酸盐水泥的主要特性及应用特点。

7. 掺混合材料的水泥与普通水泥相比，在组成和性能上有何区别？

8. 分析水泥受腐蚀的原因及防止腐蚀的措施有哪些？

9. 硅酸盐水泥强度发展的规律怎样？影响其凝结硬化的主要因素有哪些？

10. 某工地材料仓库存有四种白色粉末，原分别标明为磨细生石灰、建筑石膏、白水泥和白色石灰石粉，后因保管不善，标签脱落，问可用什么简易方法来加以辨认？

11. 简述检验水泥强度的方法及强度等级的评定。

12. 在下列混凝土工程中，试分别选用合适的水泥品种。

(1) 早期强度要求高、抗冻性好的混凝土；

(2) 抗软水和硫酸盐腐蚀较强、耐热的混凝土；

(3) 抗淡水侵蚀强、抗渗性高的混凝土；

(4) 抗硫酸盐腐蚀较高、干缩小、抗裂性较好的混凝土；

(5) 夏季现浇混凝土；

(6) 紧急军事工程；

(7) 大体积混凝土；

(8) 水中、地下的建筑物；

(9) 在我国北方，冬季施工混凝土；

(10) 位于海水下的建筑物；

(11) 填塞建筑物接缝的混凝土；

(12) 采用湿热养护的混凝土构件。

项目四 混 凝 土

教学要求

了解：普通混凝土的组成材料、性能和影响性能的因素，了解其他种类混凝土的特点和使用情况，了解混凝土技术的新进展及其发展趋势。

掌握：普通混凝土各组成原材料的技术要求及选用。

重点：影响混凝土质量的各种因素及提高其质量的措施。

难点：混凝土配合比的基本设计方法。

【走进历史】

欧洲工业革命给建筑材料的发展带来质的飞跃

建筑材料是随着人类的进化而发展的，它和人类文明有着十分密切的关系，人类历史发展的各个阶段，建筑材料都是显示它的文化的主要标志之一。 建筑材料的发展是一个悠久而又缓慢的过程。每当出现新的建筑材料时，土木工程就有飞跃式的发展。土木工程的三次飞跃发展是砖瓦的出现、钢材的大量运用、混凝土的兴起。

至 18 世纪，虽然人类经过了漫长的发展过程，但生产力停滞不前，建筑材料的发展也极为缓慢，建筑材料无论在质上还是量上，都没有出现很大的飞跃，仍长期限于砖、石、木材作为结构材料。

1760 年开始的欧洲工业革命改变了这一切。城市的出现与扩大，工业的迅速发展，交通的日益发达需要建造大规模的建筑物、构筑物和建筑设施，这推动了土木工程材料的前进。19 世纪后，工业生产的建筑材料有了长足的进步，而这种巨变的集中标志就是钢材、水泥、混凝土、钢筋混凝土的发明与应用。

水泥刚发明时，人们用水泥、砂子和水配制成砂浆，凝固后成为人造石块，这种石块抗压强度很高，但抗拉强度只有抗压强度的十分之一，应用范围有限。法国有一个叫约瑟夫·莫厄埃的园艺师，他在工作中需要经常搬动花盆，稍不留神就会打破泥瓦花盆。1867 年的某一天，蒙尼亚突发奇想，他在花盆外箍上几道铁丝作保护，然后在铁丝外抹上一层水泥砂浆，这样即可掩盖铁丝，又可防止铁丝生锈。蒙尼亚制造的花盆结实耐用、不易破碎，其外观也不错，很受人们的欢迎，为此他申报了专利，自己也由一个园艺师变为花盆制造商。

到了 19 世纪末，俄国建筑师别列柳布斯基研究高层建筑时，迫切需要重量小、强度高的新结构材料。他对莫厄埃的发明作了仔细的考察，发现要应用于建筑领域，有两个问题必须解决，其一是水泥和砂子都太细小，耗材太多；其二是铁丝太细，容易被拉长断裂，受力不能太大。于是，别列柳布斯基采取了两个措施：一是在水泥浆料中加入相当数量石块；二是用钢筋代替铁丝。他随即进行了试验，结果令人相当满意，这意味着钢筋混凝土正式诞生了。

1904 年，俄国用钢筋混凝土结构建造了一个高数十米的灯塔，具有自重轻、建造成本低、抗气候变化能力强的优点，引起了世界建筑界的广泛赞誉，从此以后，世界建筑史进入了钢筋混凝土的新纪元。1928 年，制成了预应力钢筋混凝土，产生了混凝土技术的第二次革命；1965 年前后，混凝土外加剂，特别是减水剂的应用，使得混凝土的工作性能显著提高，导致了混凝土技术的第三次革命。

目前，混凝土技术正朝着超高强、轻质、高耐久性、多功能和智能化方向发展。

任务一　概　　述

4.1.1　混凝土的概念

混凝土也称砼，是目前最主要的土木工程材料之一。它是由胶凝材料、粗骨料、细骨料和水按一定比例配制，经搅拌振捣成型，在一定条件下养护而成的人造石材。混凝土具有原料丰富、价格低廉，生产工艺简单的特点；同时混凝土还具有抗压强度高、耐久性好、强度等级范围宽等特点，使其使用范围十分广泛，不仅在各种土木工程中使用，而且在机械工业，造船业，海洋开发，地热工程等领域，混凝土也是重要的材料。

4.1.2　混凝土的分类

混凝土的种类很多，分类方法也很多。

1. 按所用胶凝材料分

混凝土通常根据主要胶凝材料的品种，并以其名称命名，如水泥混凝土、石膏混凝土、水玻璃混凝土、硅酸盐混凝土、沥青混凝土、聚合物混凝土等。

2. 按表观密度分(主要是骨料不同)

(1) 重混凝土：是指干表观密度大于 2800 kg/m^3 的混凝土，常由高密度骨料重晶石和铁矿石等配制而成，主要用于辐射屏蔽方面。

(2) 普通混凝土：是指干表观密度为 2000 kg/m^3～2800 kg/m^3 的水泥混凝土，主要以天然砂、石子和水泥配制而成，是土木工程中最常用的混凝土品种。

(3) 轻混凝土：是指干表观密度小于 1950 kg/m^3 的混凝土，包括轻骨料混凝土、多孔混凝土和无砂大孔混凝土等，主要用于保温和轻质材料。

3. 按使用功能(或用途)分

按使用功能，混凝土可分为结构混凝土、防水混凝土、防辐射混凝土、耐酸混凝土、装饰混凝土、热混凝土、大体积混凝土、膨胀混凝土、道路混凝土和水下不分散混凝土等多种。

4. 按施工工艺分

按施工工艺，混凝土可分为泵送混凝土、喷射混凝土、真空脱水混凝土、造壳混凝土(裹砂混凝土)、碾压混凝土、压力灌浆混凝土(预填骨料混凝土)、热拌混凝土、太阳能养护混凝土等多种。

5. 按掺和料分

按掺和料,混凝土可分为粉煤灰混凝土、硅灰混凝土、磨细高炉矿渣混凝土、纤维混凝土等多种。

6. 按抗压强度分

按抗压强度,混凝土可分为低强混凝土(抗压强度小于 30 MPa)、中强混凝土(抗压强度 30 MPa~60 MPa)和高强混凝土(抗压强度大于等于 60 MPa);超高强混凝土(抗压强度大于等于 100 MPa)等。

4.1.3 混凝土的特点

1. 普通混凝土的主要优点

(1) 原材料来源丰富。混凝土中约 70%以上的材料是砂石料,属地方性材料,可就地取材,避免远距离运输,因而价格低廉。

(2) 施工方便。混凝土拌和物具有良好的流动性和可塑性,可根据工程需要浇筑成各种形状尺寸的构件及构筑物,既可现场浇筑成型,也可预制。

(3) 可根据需要设计调整性能。通过调整各组成材料的品种和数量,特别是掺入不同外加剂和掺和料,可获得不同施工和易性、强度、耐久性或具有特殊性能的混凝土,满足工程上的不同要求。

(4) 抗压强度高。混凝土的抗压强度一般在 15 MPa~60 MPa 之间。当掺入高效减水剂和掺和料时,强度可达 100 MPa 以上。而且,混凝土与钢筋具有良好的粘结力,浇筑成钢筋混凝土后,可以有效地改善抗拉强度低的缺陷,使混凝土能够应用于各种结构部位,大大扩展了混凝土的应用范围。

(5) 耐久性好。原材料选择正确、配比合理、施工养护良好的混凝土具有优异的抗渗性、抗冻性和耐腐蚀性能,且对钢筋有保护作用,可保持混凝土结构长期使用性能稳定。

(6) 环境保护。可以充分利用工业废料作骨料和掺和料,有利于环境保护。

2. 混凝土的主要缺点

(1) 自重大、比强度小。1 m³ 混凝土重约 2400 kg,故结构物自重较大,导致地基处理费用增加,不利于建筑物(构筑物)向高层、大跨度方向发展。

(2) 抗拉强度低、抗裂性差。混凝土的抗拉强度一般只有抗压强度的 1/10~1/20,易开裂。

(3) 硬化较慢,生产周期长,在自然环境、使用环境及内部因素作用下,混凝土的工作性能易发生劣化。

(4) 大量生产、使用常规的水泥产品,会造成环境污染及温室效应。

随着现代科学技术的发展,施工方法的不断完善,混凝土的不足之处在不断地被克服。如掺入纤维或聚合物,可提高抗拉强度,大大降低混凝土的脆性;掺入减水剂、早强剂等外加剂,可显著缩短硬化周期等。

任务二　普通混凝土的组成材料

　　普通混凝土是由水泥、水、砂子和石子组成的，另外，常还掺入适量的掺和料和外加剂。砂子和石子在混凝土中起骨架作用，故称为骨料(又叫集料)。砂子称为细骨料，石子称为粗骨料。水泥和水形成水泥浆包裹在骨料的表面并填充骨料之间的空隙，在混凝土硬化之前起润滑作用，使混凝土拌和物具有施工所要求的流动性；硬化之后起胶结作用，将砂石骨料胶结成一个整体，使混凝土产生强度，成为坚硬的人造石材。混凝土中的骨料，一般不与水泥浆起化学反应，其作用是构成混凝土的骨架，降低水化热，减少水泥硬化所产生的收缩并可降低造价。混凝土中的拌和水有两个作用：供水泥的水化反应保证混凝土的和易性；剩余水留在混凝土的孔(空)隙中使混凝土中产生孔隙，对防止塑性收缩裂缝与和易性有利，对渗透性、强度和耐久性不利，外加剂起改性作用。掺和料起降低成本和改性作用，混凝土的结构如图 4-1 所示。

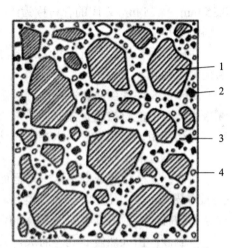

1—石子；2—砂子；3—水泥浆；4—气孔

图 4-1　普通混凝土结构示意图

　　混凝土的性能在很大程度上取决于组成材料的性能及其相对含量，因此必须根据工程性质、设计要求和施工现场的条件合理地选择原料的品种、质量和用量。要做到合理选择原材料，首先必须了解组成材料的性质、作用原理和质量要求，这样才能保证混凝土的质量。

4.2.1　水泥

　　水泥是混凝土中最重要的组分，同时是混凝土组成材料中总价最高的材料。配制混凝土时，应正确选择水泥品种和水泥强度等级，以配制出性能满足要求、经济性好的混凝土。

1. 水泥品种的选择

　　配制混凝土时，应根据工程性质、部位、施工条件和环境状况等选择水泥的品种。常用水泥的选择见项目三的表 3-5。

2. 水泥强度等级的选择

　　水泥强度等级的选择应与混凝土的设计强度等级相适应。原则上是配制高强度等级的混凝土，选用高强度等级的水泥；配制低强度等级的混凝土，选用低强度等级的水泥。若用低强度等级的水泥配制高强度等级混凝土时，要想满足强度要求，必然会增大水泥用量，不经济；还会引起混凝土的收缩导致出现干缩开裂和温度裂缝等劣化现象。反之，用高强度等级的水泥配制低强度等级的混凝土时，若只考虑满足混凝土强度要求，水泥用量将较少，难以满足混凝土拌和物的和易性和密实度，导致混凝土强度及耐久性降低；若水泥用量兼顾了耐久性等性能，又会导致混凝土超强和不经济。因此，根据经验，水泥的强度等级宜为混凝土强度等级的 1.5～2 倍，对于高强度的混凝土可取 0.9～1.5 倍。

4.2.2　细骨料

普通混凝土所用骨料按粒径大小分为两种：粒径大于 4.75 mm 的称为粗骨料，粒径在 0.15 mm～4.75 mm 之间的骨料称为细骨料，简称砂。常用的细骨料有河砂、海砂、山砂和机制砂。

河砂：因长期经受流水和波浪的冲洗，颗粒较圆，比较洁净，且分布较广，一般工程都采用这种砂。

海砂：长期受到海流冲刷，颗粒圆滑，比较洁净且粒度一般比较整齐，可用于配制素混凝土，但不能直接用于配制钢筋混凝土，这主要是因为氯离子含量高，容易导致钢筋锈蚀，如要使用，必须经过淡水冲洗，使有害成分含量降低到要求以下。对于预应力钢筋混凝土，则不宜采用海砂。

山砂：是从山谷或旧河床中采运而得到的，其颗粒多带棱角，表面粗糙，但含泥量和有机物杂质较多，使用时应加以限制。山砂可以直接用于一般工程混凝土结构，当用于重要结构物时，必须通过坚固性试验和碱活性试验。

机制砂：由天然岩石轧碎而成，其颗粒富有棱角，比较洁净，但砂中片状颗粒及细粉含量较大，且成本较高，只有在缺乏天然砂时才常采用。

细骨料质量的优劣，直接影响到混凝土质量的好坏。国家标准《建设用砂》(GB/T 14684—2010) 对砂的技术要求如下。

1. 砂的粗细程度及颗粒级配

砂的粗细程度，是指不同粒径的砂粒，混合在一起后的总体的粗细程度。通常有粗砂、中砂与细砂之分。在相同用量条件下，细砂的总表面积较大，而粗砂的总表面积较小。在混凝土中，砂子的表面需要由水泥浆包裹，砂子的总表面积愈大，则需要包裹砂粒表面的水泥浆就愈多。因此，一般说用粗砂拌制混凝土比用细砂所需的水泥浆为省。

砂的颗粒级配是指粒径大小不同的砂粒的搭配情况。粒径相同的砂粒堆积在一起，会产生很大的空隙率，如图 4-2(a) 所示；当用两种粒径的砂搭配起来，空隙率就减少了，如图 4-2(b) 所示；而用三种粒径的砂搭配，空隙率就更小了，如图 4-2(c) 所示。由此可见，要想减小砂粒间的空隙，就必须将大小不同的颗粒搭配起来使用。

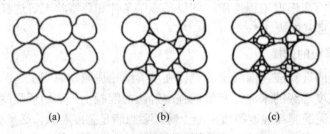

(a)　　　　　　(b)　　　　　　(c)

图 4-2　骨料的颗粒级配

(a) 相同粒径；(b) 两种粒径；(c) 三种粒径

因此，在拌制混凝土时，砂的颗粒级配和粗细程度应同时考虑。当砂中含有较多的粗粒径砂，并以适当的中粒径砂及少量细粒径砂填充其空隙，则可达到空隙及总表面积均较小。这样的砂比较理想，不仅水泥浆用量较少，而且还可提高混凝土的密实度与强度。

砂的粗细程度和颗粒级配通常用筛分析的方法进行测定，通常用细度模数(M_x)表示，其值并不等于平均粒径，但能较准确反映砂的粗细程度。细度模数 M_x 越大，表示砂越粗，单位重量总表面积(或比表面积)越小；M_x 越小，砂比表面积越大。

砂的颗粒级配和粗细程度。一般用级配区表示砂的颗粒级配。筛分析法是用一套孔径(净尺寸)为 9.50 mm、4.75 mm、2.36 mm、1.18 mm、0.60 mm、0.30 mm、0.15 mm 的标准筛，将 500 g 的干砂试样由粗到细依次过筛，然后称得各筛余留在各个筛上的砂的重量，并计算出各筛上的分计筛余百分率 a_i 及累计筛余百分率 A_i(各个筛和比该筛粗的所有分计筛余百分率之和)。

a_i 和 A_i 的计算关系见表 4-1。

表 4-1　累计筛余与分计筛余计算关系

筛孔尺寸/mm	筛余量/g	分计筛余/(%)	累计筛余/(%)
4.75	m_1	$a_1=m_1/m$	$A_1=a_1$
2.36	m_2	$a_2=m_2/m$	$A_2=A_1+a_2$
1.18	m_3	$a_3=m_3/m$	$A_3=A_1+a_3$
0.60	m_4	$a_4=m_4/m$	$A_4=A_1+a_4$
0.30	m_5	$a_5=m_5/m$	$A_5=A_1+a_5$
0.15	m_6	$a_6=m_6/m$	$A_6=A_1+a_6$
底盘	$m_{底}$	$m=m_1+m_2+m_3+m_4+m_5+m_6+m_{底}$	

细度模数的计算公式为

$$M_x = \frac{(A_2 + A_3 + A_4 + A_5 + A_6) - 5A_1}{100 - A_1} \tag{4-1}$$

细度模数越大，表示砂越粗。按细度模数可将砂分为粗、中、细三种规格：粗砂 $M_x = 3.7 \sim 3.1$；中砂 $M_x = 3.0 \sim 2.3$；细砂 $M_x = 2.2 \sim 1.6$。

砂的细度模数不能反映砂的级配优劣。细度模数相同的砂，其级配可以不相同。因此，在配制混凝土时，必须同时考虑砂的级配和砂的细度模数。GB/T 14684—2010 规定，根据 0.60 mm 筛孔的累计筛余，把 M_x 在 3.7～1.6 之间的常用砂的颗粒级配分为三个级配区，如表 4-2 所示。

表 4-2　砂的颗粒级配区范围

筛孔尺寸/mm	累计筛余/(%)		
	Ⅰ 区	Ⅱ 区	Ⅲ 区
9.50	0	0	0
4.75	10～0	10～0	10～0
2.36	35～5	25～0	15～0
1.18	65～35	50～10	25～0
0.60	85～71	70～41	40～16
0.30	95～80	92～70	85～55
0.15	100～90	100～90	100～90

　　将筛分析试验的结果与表 4-2 进行对照，来判断砂的级配是否符合要求。但用表 4-2 来判断砂的级配不直观，为了方便应用，常用筛分曲线来判断。所谓筛分曲线，是指以累计筛余百分率为纵坐标，以筛孔尺寸为横坐标所画的曲线。用表 4-2 的规定值画出 1、2、3 三个级配区上下限值的筛分曲线得到图 4-3。试验时，将砂样筛分析试验得到的各筛累计筛余百分率标注在图 4-3 中，并连线，就可观察此筛分曲线落在哪个级配区。

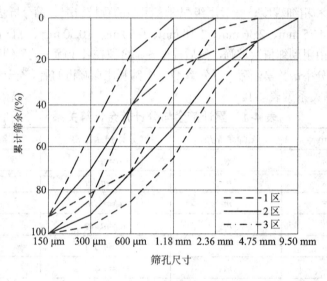

图 4-3　砂的级配区曲线

　　级配良好的粗砂应落在 1 区；级配良好的中砂应落在 2 区；细砂则在 3 区。实际使用的砂颗粒级配可能不完全符合要求，除了 4.75 mm 和 0.6 mm 对应的累计筛余率外，其余各挡允许有 5% 的超界，当某一筛挡累计筛余率超界 5% 以上时，说明砂级配很差，视作不合格。

　　配制混凝土时宜优先选用 2 区砂。当采用 1 区砂时，应提高砂率，并保持足够的水泥用量，以满足混凝土的和易性。当采用 3 区砂时，宜适当降低砂率，以保证混凝土强度。如果某地区的砂子自然级配不符合要求，可采用人工级配砂。配制方法是当有粗、细两种砂时，将两种砂按合适的比例掺配在一起。当仅有一种砂时，筛分分级后，再按一定比例配制。

2. 有害物质含量

　　普通混凝土用粗、细骨料中不应混有草根、树叶、树枝、塑料、炉渣、煤块等杂物，并且骨料中所含硫化物、硫酸盐和有机物等，它们对水泥有腐蚀作用，从而影响混凝土的性能。因此对有害杂质含量必须加以限制，其含量要符合表 4-3 的规定。对于砂，除了上面两项外，云母、轻物质(指密度小于 2000 kg/m^3 的物质)的含量也需符合表 4-3 的规定，它们粘附于砂表面或夹杂其中，严重降低了水泥与砂的粘结强度，从而降低混凝土的强度、抗渗性和抗冻性，增大混凝土的收缩。

　　此外，由于氯离子对钢筋有严重的腐蚀作用，当采用海砂配制钢筋混凝土时，海砂中氯离子含量要求小于 0.06%(以干砂重计)；对预应力混凝土不宜采用海砂，若必须使用海砂时，需经淡水冲洗至氯离子含量小于 0.02%。用海砂配制素混凝土，氯离子含量不予限制。

《建设用砂》(GB/T 14684—2010)中对有害杂质含量也作了相应规定。其中，云母含量不得大于 2%；轻物质含量和硫化物及硫酸盐含量分别不得大于 1%；含泥量及泥块含的限值：当小于 C30 时分别不大于 5%和 1%，当大于等于 C30 时，分别不大于 3%和 1%。

表 4-3　砂中有害物质含量限值

项　　　目		I 类	II 类	III 类
云母含量(按质量计，%)	<	1.0	2.0	2.0
硫化物与硫酸盐含量(按 SO_3 质量计，%)	<	0.5	0.5	0.5
有机物含量(用比色法试验)	<	合格	合格	合格
轻物质	<	1.0	1.0	1.0
氯化物含量(以氯离子质量计，%)	<	0.01	0.02	0.06
含泥量(按质量计，%)	<	1.0	3.0	5.0
泥块含量(按质重量计，%)	<	0	1.0	2.0

3. 坚固性

砂的坚固性是指砂在气候、环境或其他物理因素作用下抵抗碎裂的能力。骨料是由天然岩石经自然风化作用而成的，机制骨料也会含大量风化岩体，在冻融或干湿循环作用下有可能继续风化，因此对某些重要工程或特殊环境下工作的混凝土用骨料，应做坚固性检验。坚固性根据 GB/T14684 规定，采用硫酸钠溶液浸泡→烘干→浸泡循环试验法检验。测定 5 个循环后的重量损失率。指标应符合表 4-4 的要求。

表 4-4　骨料的坚固性指标

项　　　目	I 类	II 类	III 类
循环后质量损失/(%)	≤8	≤8	≤10

4. 砂的含水状态

砂的含水状态有以下四种，如图 4-4 所示。

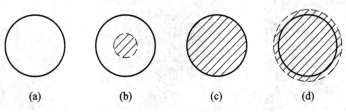

图 4-4　砂的含水状态示意图

(a) 绝干状态；(b) 气干状态；(c) 饱和回干状态；(d) 湿润状态

绝干状态。砂粒内外不含任何水，通常在(105±5)℃条件下烘干而得。

气干状态。砂粒表面干燥，内部孔隙中部分含水。指室内或室外(天晴)空气平衡的含水状态，其含水量的大小与空气相对湿度和温度密切相关。

饱和面干状态。砂粒表面干燥，内部孔隙全部吸水饱和。水利工程上通常采用饱和面干状态计量砂用量。

湿润状态。砂粒内部吸水饱和，表面还含有部分表面水。施工现场，特别是雨后常出现此种状况，搅拌混凝土中计量砂用量时，要扣除砂中的含水量；同样，计量水用量时，要扣除砂中带入的水量。

当砂处于潮湿状态时，因含水率不同，砂的堆积体积会不同，其堆积密度也随之改变。在采用体积法验收、堆放及配料时，都应该注意湿砂的体积变化问题。在配制混凝土时，砂含水状态不同会影响混凝土拌和水量及砂的用量，在配制混凝土时规定，以干燥状态的砂为计算基准，在含水状态时应进行换算。

5. 表观密度、松散堆积密度、空隙率

砂的表观密度、松散堆积密度应符合如下规定：表观密度不小于 2500 kg/m³；松散堆积密度不小于 1400 kg/m³；空隙率不大于 44%。

4.2.3 粗骨料(卵石、碎石)

根据国家标准《建设用卵石、碎石》(GB/T 14685—2010)的规定，粒径在 4.75 mm～90 mm 之间的骨料称为粗骨料。

1. 粗骨料的种类及其特性

粗骨料有卵石(又称为砾石)和碎石两类。按粒径尺寸分为连续粒级和单粒级两种规格。

卵石：由自然风化、水流搬运和分选、堆积形成的，粒径大于 4.75 mm 的岩石颗粒。

碎石：天然岩石、卵石或矿山废石经机械破碎、筛分制成的，粒径大于 4.75 mm 的岩石颗粒。

碎石表面粗糙、棱角多，且较洁净，与水泥石粘结比较牢固。卵石表面光滑，有机杂质含量较多，与水泥石胶结力较差。在相同条件下，卵石混凝土的强度较碎石混凝土低，在单位用水量相同的条件下，卵石混凝土的流动性较碎石混凝土大。

[工程实例分析 4-1]

现象 请观察图 4-5(a)、(b)、(c)三种石子的形状有何差别，分析其对拌制混凝土性能会有哪些影响。

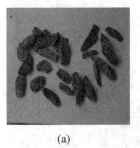 

(a)   (b)   (c)

图 4-5 石子的形状

(a) 碎石 1；(b) 碎石 2；(c) 卵石

原因分析

(a)为碎石 1，针片状颗粒含量较多。此针片状的碎石过多，表面积大，不仅会影响混凝土和易性，还会影响强度。

(b)为碎石 2，表面较粗糙，多棱角，比表面积较碎石 1 小，拌制混凝土时的性能优于碎石 1。

(c)为卵石，表面光滑、少棱角，空隙率及表面积较小。故拌制混凝土时所需水泥量较小。混凝土拌和物和易性较好。但卵石与水泥石粘结力会较差。在相同条件下，混凝土强度较低。

2. 粗骨料的技术要求

粗骨料质量的优劣，直接影响到混凝土质量的好坏。国家标准《建设用卵石、碎石》GB/T 14685—2010 对混凝土用卵石和碎石的质量均提出了要求。

1) 最大粒径和颗粒级配

与细骨料一样，为了节约混凝土的水泥用量，提高混凝土密实度和强度，混凝土粗骨料的总表面积应尽可能减少，其空隙率应尽可能降低。

粗骨料最大粒径与其总表面大小紧密相关。所谓粗骨料的最大粒径，是指粗骨料公称粒级的上限。当骨料粒径增大时，其总表面积减小，因此包裹它表面所需的水泥浆数量也相应会减少，从而可节约水泥，所以在条件许可的情况下，粗骨料最大粒径应尽量用得大些。在普通混凝土中，骨料粒径大于 40 mm 并没有好处，有可能造成混凝土强度下降。根据《混凝土结构工程施工及验收规范》的规定，混凝土粗骨料的最大粒径不得超过结构截面最小尺寸的 1/4，同时不得大于钢筋间最小净距的 3/4；对于混凝土实心板，骨料的最大粒径不宜超过板厚的 1/3，且不得超过 40 mm；对于泵送混凝土，骨料最大粒径与输送管内径之比，碎石不宜大于 1:3，卵石不宜大于 1:2.5。石子粒径过大，对运输和搅拌都会造成很大不便。

粗骨料颗粒级配的含义和目的与细骨料相同，级配也是通过筛分析试验来测定的。所用标准筛一套 12 个，均为方孔，孔径依次为 2.36 mm、4.75 mm、9.50 mm、16.0 mm、19.0 mm、26.5 mm、31.5 mm、37.5 mm、53.0 mm、75.0 mm、90.0 mm。试样筛分析时，按表 4-5 选用部分筛号进行筛分，将试样的累计筛余百分率结果与表 4-5 对照，来判断该试样级配是否合格。JGJ 53—1992 规定的标准筛均为圆孔，相应的筛孔尺寸为 2.5 mm、5 mm、10 mm、16 mm、20 mm、25 mm、31.5 mm、40 mm、50 mm、63 mm、80 mm 及 100 mm。

表 4-5　卵石和碎石的颗粒级配(GB/T 14685—2010)

级配情况	公称粒级/mm	累计筛余/(%)											
		筛孔尺寸(方筛孔)/mm											
		2.36	4.75	9.50	16.0	19.0	26.5	31.5	37.5	53.0	63.0	75.0	90.0
连续粒级	5~10	95~100	80~100	0~15	0								
	5~16	95~100	85~100	30~60	0~10	0							
	5~20	95~100	90~100	40~80	—	0~10	0						
	5~25	95~100	90~100	—	30~70		0~5	0					
	5~31.5	95~100	90~100	70~90	—	15~45		0~5	0				
	5~40	—	95~100	70~90	—	30~65	—	—	0~5	0			
单粒级	10~20		95~100	85~100		0~15	0						
	16~31.5		95~100		85~100			0~10	0				
	20~40			95~100		80~100			0~10	0			
	31.5~63				95~100			75~100	45~75		0~10	0	
	40~80					95~100			70~100		30~60	0~10	0

粗骨料的颗粒级配分连续级配和间断级配两种。连续级配是石子由小到大各粒级相连的级配；间断级配是指用小颗粒的粒级石子直接与大颗粒的粒级石子相配，中间缺了一段粒级的级配。土木工程中多采用连续级配，间断级配虽然可获得比连续级配更小的空隙率，但混凝土拌和物易产生离析现象，不便于施工，因此较少使用。

单粒级不宜单独配制混凝土，主要用于组合连续级配或间断级配。

2) 强度

为了保证混凝土的强度，粗骨料必须致密并具有足够的强度。粗骨料的强度采用岩石立方体强度或粒状石子的压碎指标来表示。

碎石的抗压强度测定，是将其母岩制成边长为 50 mm 的立方体(或直径与高均为 50 mm 的圆柱体)试件，在水饱和状态下测定其极限抗压强度值。碎石抗压强度一般在混凝土强度等级大于或等于 C60 时才检验，其他如有怀疑或必要的情况也可进行抗压强度检验。火成岩的抗压强度应不小于 80 MPa，变质岩的应不小于 60 MPa，水成岩的应不小于 30 MPa。

压碎指标法是指将一定重量气干状态的 9.5 mm～19.0 mm 石子装入标准筒内，放在压力机上均匀加荷至 200 kN。卸荷后称取试样重量 G_0，再用 2.36 mm 孔径的筛筛除被压碎的细粒。称出留在筛上的试样重量 G_1，按下式计算压碎指标值 Q_e。

$$Q_e = \frac{G_0 - G_1}{G_0} \times 100\% \tag{4-2}$$

压碎指标值可间接反映粗骨料的强度大小。压碎指标值越小，说明粗骨料抵抗受压破碎能力越强，其强度越大。

GB/T 14685—2010 规定，粗骨料压碎指标符合表 4-6 的规定。

表 4-6　碎石或卵石中压碎指标

项　　目	指标/(%)		
	Ⅰ 类	Ⅱ 类	Ⅲ 类
碎石压碎指标，≤	10	20	30
卵石压碎指标，≤	12	16	16

碎石的强度可用抗压强度和压碎指标值表示，卵石的强度只用压碎指标值表示。

3) 坚固性

粗骨料在混凝土中起骨架作用，必须有足够的坚固性。粗骨料的坚固性指在气候、环境或其他物理因素作用下抵抗碎裂的能力。

骨料的坚固性用试样在硫酸钠溶液中经五次浸泡循环后质量损失的大小来判定。GB/T 14685—2010 规定，Ⅰ类、Ⅱ类和Ⅲ类粗骨料浸泡试验后的质量损失分别不大于 5%、8% 和 12%。

4) 颗粒形状及表面特征

卵石多为球形或椭球形，表面光滑无棱角。碎石多棱角、表面粗糙，与水泥石粘结力比卵石好，有利于配制高强混凝土。因此，当用水量和水泥用量相同时，卵石混凝土拌和物比碎石混凝土拌和物有较大的流动性，卵石混凝土的强度要比碎石混凝土低。

在石子中，常含有针、片状颗粒，会使骨料空隙增大，降低拌和物流动性，增加水泥用量，而且在混凝土硬化后会降低混凝土强度及耐久性，因此应控制其含量。

为此，GB/T 14685—2010 规定，Ⅰ类、Ⅱ类和Ⅲ类粗骨料的针片状颗粒含量按质量计，应分别不大于 5%、15%和 25%。骨料平均粒径指一个粒级的骨料其上、下限粒径的算术平均值。

5) 泥和泥块及有害物质含量

砂、石中的黏土、淤泥会增加混凝土的用水量，导致混凝土干缩增加，同时还会粘附在骨料表面，降低骨料与水泥石的粘结力，导致混凝土强度和耐久性降低。骨料中的有机物、硫化物和硫酸盐会引起水泥石腐蚀，降低混凝土耐久性。因此，GB/T14685—2010 规定，碎石和卵石中的黏土、淤泥、云母、轻物质、硫化物、硫酸盐及有机物质均为有害物质，其含量应该控制在规定的范围内，其要求见表 4-7。

表 4-7 碎石或卵石中的有害物质及针、片状颗粒含量

项　　　目		指标		
		Ⅰ类	Ⅱ类	Ⅲ类
含泥量(按质量计)/(%)	≤	0.5	1.0	1.5
黏土块含量(按质重量计)/(%)	≤	0	0.5	0.7
硫化物与硫酸盐含量(以 SO₃ 重量计)/(%)	≤	0.5	1.0	1.0
有机物含量(用比色法试验)	≤	合格	合格	合格
针、片状(按质量计)/(%)	≤	5	15	25

6) 表观密度、堆积密度、空隙率

GB/T 14685—2010 规定，粗骨料的表观密度不小于 2600 kg/m³，松散堆积密度大于 1350 kg/m³，空隙率小于 47%。

[工程实例分析 4-2]

集料杂质多危害混凝土强度

现象 某学校一栋砖混结构教学楼，在结构完工、进行屋面施工时，屋面局部倒塌。对设计方面审查，未发现任何问题。对施工方面审查，发现所设计为 C20 的混凝土，施工时未留试块，事后鉴定其强度仅 C7.5 左右，在断口处可清楚看出砂石未洗净，集料中混有鸽蛋大小的黏土块和树叶等杂质。此外，梁主筋偏于一侧，梁的受拉区 1/3 宽度内几乎无钢筋。

原因分析 集料的杂质对混凝土强度有重大的影响，必须严格控制杂质含量。树叶等杂质固然会影响混凝土的强度，而泥粘附在集料的表面，妨碍水泥石与集料的粘结，降低了混凝土的强度，同时还会增加拌和水量，加大混凝土的干缩，降低抗渗性和抗冻性。泥块对混凝土性能的影响严重。

4.2.4　混凝土拌和及养护用水

混凝土拌和及养护用水基本要求：不影响混凝土的凝结硬化，不影响混凝土的强度发

展及耐久性，不加快钢筋锈蚀，不引起预应力筋脆断，不污染混凝土表面。

在拌制和养护混凝土用的水中，不能含有影响水泥正常凝结与硬化的有害杂质，如油脂、糖类等。凡是能饮用的自来水和清洁的天然水，都能用来拌制和养护混凝土。污水、PH 值小于 4 的酸性水、含硫酸盐(按 SO_3 计)超过水重 1% 的水均不得使用，在对水质有疑问时可将该水与洁净水分别制成混凝土试块，然后进行强度对比试验，如果用该水制成的试块强度不低于洁净水制成的试块强度，就可用此水来拌制混凝土。海水中含有硫酸盐、镁盐和氯化物，对水泥石有侵蚀作用，对钢筋也会造成锈蚀，因此一般不得用海水拌制混凝。

[工程实例分析 4-3]

现象　某糖厂建宿舍，以自来水拌制混凝土，浇注后用曾经装过食糖的麻袋覆盖于混凝土表面，再淋水养护。后发现该水泥混凝土两天仍未凝结，而水泥经检验无质量问题，请分析此异常现象的原因。

原因分析　由于养护水淋于曾经装过食糖的麻袋，养护水已成糖水，而含糖份的水对水泥的凝结有抑制作用，故使混凝土凝结异常。

4.2.5　混凝土外加剂

1. 概述

混凝土外加剂是指在拌制混凝土过程中掺入的、用以改善混凝土性能的物质。一般情况下，掺入量不超过水泥质量的 5%。

混凝土外加剂不包括生产水泥时所加入的混合材料、石膏和助磨剂，也不同于在混凝土拌制时掺入的掺和料。外加剂在混凝土中的掺量不多，但可显著改善混凝土拌和物的和易性，明显提高混凝土的物理力学性能和耐久性。外加剂的研究和应用促进了混凝土生产和施工工艺，以及新型混凝土的发展，外加剂的出现导致了混凝土技术的第三次革命。目前，外加剂在混凝土中的应用非常普遍，成为制备优良性能混凝土的必备条件，被称为混凝土第五组分。

外加剂按主要功能可分为以下四类：

(1) 改善混凝土拌和物流变性能的外加剂，如减水剂、引气剂和泵送剂等。

(2) 调节混凝土凝结时间和硬化性能的外加剂，如缓凝剂、早强剂和速凝剂等。

(3) 改善混凝土耐久性的外加剂，如引气剂、防水剂、防冻剂和阻锈剂等。

(4) 改善混凝土其他性能的外加剂，如加气剂、膨胀剂、防冻剂、着色剂、泵送剂、碱-骨料反应抑制剂和道路抗折剂等。

本节着重介绍工程中常用的几种混凝土外加剂。

2. 减水剂

在混凝土组成材料种类和用量不变的情况下，若往混凝土中掺入减水剂，混凝土拌和物的流动性将显著提高。若要维持混凝土拌和物的流动性不变，则可减少混凝土的加水量。减水剂是指在混凝土拌和物坍落度基本相同的条件下，能减少拌和用水量的外加剂，是工程中应用最广泛的一种外加剂。

减水剂之所以能减水，是由于它是一种表面活性剂，其分子是由亲水基团和憎水基团两部分组成的，与其他物质接触时会定向排列。水泥加水拌和后，由于颗粒之间分子凝聚力的作用，会形成絮凝结构，如图4-6(a)所示，将一部分拌和用水包裹在絮凝结构内，从而使混凝土拌和物的流动性降低。当水泥中加入减水剂后，减水剂的憎水基团定向吸附于水泥颗粒表面，使水泥颗粒表面带有相同的电荷，产生静电斥力，使水泥颗粒相互分开，絮凝结构解体，如图4-6(b)所示，释放出游离水，从而增大了混凝土拌和物的流动性。另外，减水剂还能在水泥颗粒表面形成一层稳定的溶剂化水膜，如图4-6(c)所示，这层水膜是很好的润滑剂，有利于水泥颗粒的滑动，从而使混凝土拌和物的流动性进一步提高。

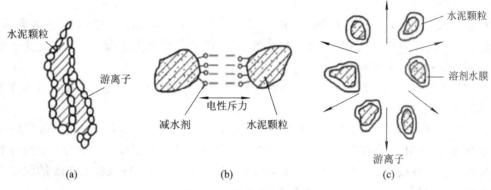

图 4-6　减水剂作用示意图

(a) 水泥浆絮凝结构；(b) 水泥颗粒表面产生电力斥力；(c) 水泥浆絮凝结构破坏而释放出来

1) 减水剂的作用

混凝土中加入减水剂后，可起到以下作用：

(1) 提高混凝土流动性。在混凝土原配比保持不变的情况下，掺加减水剂后可改变其新拌混凝土的稠度(增大坍落度或减小维勃稠度)，从而提高其流动性，且不影响混凝土的强度。

(2) 提高混凝土强度。在保持新拌混凝土流动性和水泥用量不变的条件下，掺加减水剂后可减少部分拌合用水量，降低混凝土的实际水灰比，从而提高其强度和耐久性。

(3) 节约水泥。在保持新拌混凝土流动性及硬化混凝土强度不变的条件下，可以在减少拌合用水量的同时，相应减少水泥用量(维持水灰比不变)，从而节省水泥并改善某些性能。

(4) 改善硬化混凝土的孔隙结构，增大密实度，从而提高其耐久性；有些减水剂还可以延缓新拌混凝土的凝结时间，降低其水化放热速度，满足大体积混凝土的要求。

另外，缓凝型减水剂可使水泥水化放热速度减慢，热峰出现推迟；引气型减水剂可提高混凝土抗渗性和抗冻性。

减水剂掺入混凝土的主要作用是减水，不同系列的减水剂的减水率差异较大，部分减水剂兼有早强、缓凝和引气等效果。减水剂品种繁多，根据化学成分可分为木质素系、萘系、树脂系、糖蜜系和腐植酸系；根据减水效果可将其分为普通减水剂和高效减水剂；根据对混凝土凝结时间的影响可将其分为标准型、早强型和缓凝型；根据是否在混凝土中引入空气可将其分为引气型和非引气型；根据外形可将其分为粉体型和液体型。

2) 减水剂的常用品种

(1) 木质素系减水剂。木质素系减水剂主要有木质素磺酸钙(木钙)、木质素磺酸钠(木钠)和木质素磺酸镁(木镁)之分，其中以木钙使用最多，并简称 M 剂。

M 是以生产纸浆或纤维浆的亚硫酸木浆废液为原料,采用石灰乳中和,经生物发酵除糖、蒸发浓缩、喷雾干燥而制成的棕黄色粉状物。

M 剂为普通减水剂,其适宜的掺量为 0.2%~0.3%,减水率 10%左右。M 剂对混凝土有缓凝作用,一般缓凝(1~3)h。

(2) 萘系减水剂。萘系减水剂为高效减水剂,它是以工业萘或由煤焦油中分馏出的含萘及萘的同系物馏分为原料,经磺化、水解、缩合、中和、过滤、干燥而制成,为棕色粉末。

这类减水剂品种很多,目前我国生产的主要有 NNO、NF、FDN、UNF、MF、建 I 型、SN—2、AF 等。

萘系减水剂的适宜掺量为 0.5%~1.0%,其减水率较大,为 10%~25%,增强效果显著,缓凝性很小,大多为非引气型。适用于日最低气温 0℃以上的所有混凝土工程,尤其适用于配制高强、早强、流态等混凝土。

(3) 树脂类减水剂。此类减水剂为水溶性树脂,主要为磺化三聚氰胺甲醛树脂减水剂,简称密胺树脂减水剂。

我国产品有 SM 树脂减水剂,为非引气型早强高效减水剂,其各项功能与效果均比萘系减水剂还好。SM 适宜掺量为 0.5%~2.0%,减水率达 20%~27%。对混凝土早强与增强效果显著,能使混凝土 1d 强度提高一倍以上,7d 强度即可达空白混凝土 28d 的强度,长期强度亦明显提高,并可提高混凝土的抗渗、抗冻性能。

(4) 糖蜜类减水剂。糖蜜类减水剂为普通减水剂,它是以制糖工业的糖渣、废蜜为原料,采用石灰中和而成,为棕色粉状物或糊状物,其中,国内产品粉状有 TF、ST、3FG 等,糊状有糖蜜。

糖蜜减水剂含糖较多,属非离子表面活性剂适宜掺量为 0.2%~0.3%,减水率 10%左右,故属缓凝减水剂。

3. 早强剂

1) 早强剂概述

早强剂是指能加速混凝土早期强度发展的外加剂。早强剂的主要功能是缩短混凝土施工养护期,加快施工进度,提高模板的周转率,其他的主要作用机理是加速水泥水化速度,加速水化产物的早期结晶和沉淀。早强剂的主要用途为有早强要求的混凝土工程及低温、负温施工混凝土、有防冻要求的混凝土、预制构件、蒸汽养护,等等。

2) 早强剂的常用品种

早强剂主要有氯盐、硫酸盐和有机胺三大类,但更多使用的是它们的复合早强剂。

(1) 氯化钙早强剂,其适宜掺量为 0.5%~3%。由于氯对钢筋有腐蚀作用,故钢筋混凝土中其掺量应控制在 1%以内。$CaCl_2$ 早强剂能使混凝土 3 天强度提高 50%~100%,7 天强度提高 20%~40%,但后期强度不一定提高,甚至可能低于基准混凝土。此外,氯盐类早强剂对混凝土耐久性有一定影响。此外,为消除 $CaCl_2$ 对钢筋的锈蚀作用,通常要求与阻锈剂亚硝酸钠复合使用。

(2) 硫酸盐类早强剂,其在建筑工程中最常用的为硫酸钠早强剂,适宜掺量为 0.5%~2.0%,早强效果不及 $CaCl_2$。对矿渣水泥混凝土早强效果较显著,但后期强度略有下降。硫酸钠早强剂在预应力混凝土结构中的掺量不得大于 1%;潮湿环境中的钢筋混凝土结构中掺量不得大于 1.5%；严格控制最大掺量，掺入过量会导致混凝土后期膨胀开裂，强度下降；混凝土表面会起"白霜"，影响外观和表面装饰。

(3) 有机胺类早强剂，其工程上最常用的为三乙醇胺。三乙醇胺的掺量极微，一般为水泥的 0.02%～0.05%。虽然早强效果不及 $CaCl_2$，但后期强度不下降并略有提高，且无其他影响混凝土耐久性的不利作用，但掺量不宜超过 0.1%，否则可能导致混凝土后期强度下降。掺用时，可将三乙醇胺先用水按一定比例稀释，便于准确计量。此外，为改善三乙醇胺的早强效果，通常与其他早强剂复合使用。

(4) 复合早强剂。为了克服单一早强剂存在的各种不足，发挥各自特点，通常将三乙醇胺、硫酸钠、氯化钙、氯化钠、石膏及其他外加剂复配组成复合早强剂效果大大改善，有时可产生超叠加作用。

4. 引气剂

引气剂是指混凝土在搅拌过程中能引入大量均匀、稳定且封闭的微小气泡的外加剂。它的作用机理是：为引气剂作用于气－液界面，使表面张力下降，从而形成稳定的微细封闭气孔。

引气剂的主要类型有松香树脂、烷基苯磺碱盐、脂肪醇磺酸盐，等等。最常用的为松香热聚树脂和松香皂两种，掺量一般为 0.005%～0.01%。严防超量掺用，否则将严重降低混凝土强度。当采用高频振捣时，引气剂掺量可适当提高。

引气剂的主要功能如下：

(1) 改善混凝土拌和物的和易性。在拌和物中，相互封闭的微小气泡能起到滚珠作用，减小骨料间的摩阻力，从而提高混凝土的流动性。若保持流动性不变，则可减少用水量，一般每增加 1% 的含气量可减少 6%～10% 的用水量。由于大量微细气泡能吸附一层稳定的水膜，从而减弱了混凝土的泌水性，故能改善混凝土的保水性和黏聚性。

(2) 提高混凝土耐久性。由于大量的微细气泡堵塞和隔断了混凝土中的毛细孔通道，同时由于泌水少，泌水造成的孔缝也减少。因而引气剂能大大提高混凝土的抗渗性能，提高抗腐蚀性能和抗风化性能。另一方面，由于连通毛细孔减少，吸水率相应减小，且能缓冲水结冰时引起的内部水压力，从而使抗冻性大大提高。

引气剂主要应用于具有较高抗渗和抗冻要求的混凝土工程或贫混凝土，可提高混凝土耐久性，也可用来改善泵送性。工程上，引气剂常与减水剂复合使用，或采用复合引气减水剂。

由于引气剂导致混凝土含气量提高，混凝土有效受力面积减小，故混凝土强度将下降，一般每增加 1% 含气量，抗压强度下降 5% 左右，抗折强度下降 2%～3%，故引气剂的掺量必须通过含气量试验严格加以控制。

5. 缓凝剂

缓凝剂是指能延长混凝土的初凝和终凝时间的外加剂，其常用类型为木钙和糖蜜。糖蜜的缓凝效果优于木钙，一般能缓凝 3 h 以上。

缓凝剂的主要功能如下：

(1) 降低大体积混凝土的水化热和推迟温峰出现时间，有利于减小混凝土内外温差引起的应力开裂。

(2) 便于夏季施工和连续浇捣的混凝土，防止出现混凝土施工缝。

(3) 便于泵送施工、滑模施工和远距离运输。

(4) 通常具有减水作用，故亦能提高混凝土后期强度或增加流动性或节约水泥用量。

6. 速凝剂

速凝剂是指能使混凝土迅速硬化的外加剂。

一般初凝时间小于 5 min，终凝时间小于 10 h，1 h 内即产生强度，3 天强度可达基准混凝土 3 倍以上，但后期强度一般低于基准混凝土。常用的速凝剂品种有红星 I 型、711 型、782 型和 8604 型等。

速凝剂主要用于喷射混凝土和紧急抢修工程、军事工程、防洪堵水工程等，如矿井、隧道、引水涵洞、地下工程岩壁衬砌、边坡和基坑支护，等等。

7. 防冻剂

防冻剂指能使混凝土中水的冰点下降，保证混凝土在负温下凝结硬化并产生足够强度的外加剂，主要适用于冬季负温条件下的施工。值得说明的一点是，防冻组分本身并不一定能提高硬化混凝土抗冻性。

防冻剂的常用种类：氯盐类防冻剂、氯盐类阻锈防冻剂、氯盐类防冻剂、无氯低碱/无碱类防冻剂。

8. 膨胀剂

膨胀剂指能使混凝土产生一定体积膨胀的外加剂。混凝土中采用的膨胀剂有硫铝酸钙类、氧化钙类和硫铝酸钙–氧化钙类三类。常用的膨胀剂有：明矾石膨胀剂(明矾石+无水石膏或二水石膏)、CSA(兰方石 $3CaO \cdot 3Al_2O_3 \cdot CaSO_4$+生石灰+无水石膏)、UEA(无水硫铝酸钙+明矾石+石膏)、M 型膨胀剂(铝酸盐水泥+二水石膏)；此外，还有 AEA(铝酸钙膨胀剂)、SAEA(硅铝酸盐膨胀剂)、CEA(复合膨胀剂)等。

硫铝酸类膨胀剂的作用机理是，自身的无水硫铝酸钙水化或参与水泥矿物的水化或与水泥水化产物水化，生成大量钙矾石，反应后固相体积增大，导致混凝土体积膨胀。石灰类膨胀剂的作用机理是，在水化早期，CaO 水化生成 $Ca(OH)_2$，反应后固相体积增大；随后 $Ca(OH)_2$ 发生重结晶，固相体积再次增大，从而导致混凝土体积膨胀。

为了保证掺有膨胀剂的混凝土的质量，混凝土的胶凝材料(水泥和掺和料)用量不能过少，膨胀剂的掺量也应适量。补偿收缩混凝土、填充用膨胀混凝土和自应力混凝土的胶凝材料的最少用量(kg/m^3 混凝土)分别为 300(有抗渗要求时为 320)、350 和 500，膨胀剂的合适掺量分别为 6%～12%、10%～15%和 15%～25%。

9. 泵送剂

泵送剂指能改善混凝土拌和物泵送性能的外加剂，一般由减水剂、缓凝剂、引气剂等单独使用或复合使用而成。它适用于工业与民用建筑及其他构筑物的泵送施工的混凝土、滑模施工、水下灌注桩混凝土等工程，特别适用于大体积混凝土、高层建筑和超高层建筑等工程。

泵送剂的品种、掺量应按供货单位提供的推荐掺量和环境温度、泵送高度、泵送距离、运输距离等要求经混凝土试配后确定。

10. 外加剂的选择和使用

在混凝土中掺用外加剂，若选择和使用不当，会造成质量事故。因此，应注意以下几点：

(1) 外加剂品种的选择。外加剂品种、品牌很多，效果各异，特别是对不同品种水泥效果不同。在选择外加剂时，应根据工程需要，现场的材料条件，参考有关资料，通过试验确定。

(2) 外加剂掺量的确定。混凝土外加剂均有适宜掺量。掺量过小，往往达不到预期效果；掺量过大，则会影响混凝土质量，甚至造成质量事故。因此，应通过试验试配，确定最佳掺量。

(3) 外加剂的掺加方法。外加剂的掺量很少，必须保证其均匀分散，一般不能直接加入混凝土搅拌机内。掺入方法会因外加剂不同而异，其效果也会因掺入方法的不同而存在差异，故应严格按产品技术说明操作。减水剂有同掺法、后渗法、分掺法等三种方法，具体操作如下：

① 同掺法，是减水剂在混凝土搅拌时一起掺入。

② 后掺法，是搅拌好混凝土后间隔一定时间，然后再掺入。

③ 分掺法，是一部分减水剂在混凝土搅拌时掺入，另一部分在间隔一段时间后再掺入。实践证明，后掺法最好，能充分发挥减水剂的功能。

(4) 外加剂的储运保管。混凝土外加剂大多为表面活性物质或电解质盐类，具有较强的反应能力，敏感性较高，对混凝土性能影响很大，所以在储存和运输中应加强管理。失效的、不合格的、长期存放、质量未经明确的外加剂禁止使用；不同品种类别的外加剂应分别储存运输；应注意防潮、防水，避免受潮后影响功效；毒的外加剂必须单独存放，专人管理；有强氧化性外加剂必须进行密封储存；同时还必须注意储存期不得超过外加剂的有效期。

4.2.6 掺和料

混凝土掺和料是指在混凝土搅拌前或在搅拌过程中，与混凝土其他组分一起，直接加入人造的或天然的矿物材料以及工业废料，其掺量一般大于水泥重量的5%。掺和料的目的是为了改善混凝土性能、调节混凝土强度等级和节约水泥用量等。

掺和料与水泥混合材料在种类上基本相同，主要有粉煤灰、硅灰、磨细矿渣粉、磨细自燃煤矸石以及其他工业废渣。粉煤灰是目前用量最大，使用范围最广的掺和料。

掺和料分为活性掺和料和非活性掺和料两大类。非活性掺和料一般不与水泥组分起化学作用，或化学作用很微弱，主要有磨细石英砂、石灰石、慢冷矿渣等。非活性掺和料的主要作用是取代一部分水泥，降低混凝土成本；降低混凝土水化热；改善混凝土和易性(在水泥用量较少时)，但会降低混凝土早、后期强度。活性掺和料其本身水化活性很小，不具胶凝性质，但能与水泥水化生成的氢氧化钙反应，(二次水化反应)生成水硬性胶凝材料，又称为辅助性胶凝材料。常用的活性掺料有粒化高炉矿渣、火山灰质材料、粉煤灰、硅灰等，其主要活性成分是活性 SiO_2 和活性 Al_2O_3。活性掺和料的主要作用是取代部分水泥，提高混凝土后期强度，降低水化热，提高混凝土耐久性，但一般会降低混凝土的早期强度。

[工程实例分析 4-4]

掺和料搅拌不均致使混凝土强度低

现象 某工程使用等量的 42.5 普通硅酸盐水泥和粉煤灰配制 C25 混凝土，工地现场搅拌,为赶进度,搅拌时间较短。拆模后检测,发觉所浇筑的混凝土强度波动大,部分低于所要求的混凝土强度指标,请分析原因。

原因分析　该混凝土强度等级较低,而选用的水泥强度等级较高,故使用了较多的粉煤灰作掺和剂。由于搅拌时间较短,粉煤灰与水泥搅拌不够均匀,导致混凝土强度波动大,以致部分混凝土强度未达要求。

任务三　混凝土拌和物的和易性

混凝土拌和物又称新拌混凝土,是指将水泥、砂、石和水按一定比例拌和但尚未凝结硬化时的拌和物。它必须具有良好的和易性,便于施工,混凝土拌和物凝结硬化以后,应具有足够的硬度,以保证建筑物能安全地承受设计荷载,并具有必要的耐久性。

混凝土的性能包括两部分:一是混凝土硬化之前的性能,即和易性;二是混凝土硬化之后的性能,包括强度、变形性能和耐久性等。

4.3.1　和易性的概念

和易性是指混凝土拌和物易于各种施工操作(搅拌、运输、浇筑和振捣等),不发生分层、离析、泌水等现象,以获得质量均匀、密实的混凝土的性能。和易性是一项综合技术性能,包括流动性、黏聚性和保水性。

(1) 流动性,是指混凝土拌和物在自重或施工机械振捣的作用下,能产生流动,并均匀密实地充满模板的性能。

(2) 黏聚性,是指混凝土拌和物在施工过程中其组成材料之间具有一定的黏聚力,在运输和浇筑过程中不致产生分层离析现象的性能。

(3) 保水性,是指混凝土拌和物在施工过程中具有保持内部水分不流失,不致产生严重泌水现象。发生泌水现象的混凝土拌和物会形成容易透水的孔隙,从而影响混凝土的密实性,降低质量。

和易性良好的拌和物除具有一定的流动性、易于成型外,还应在搅拌后,直至密实成型结束,组成材料都能在拌和物中保持均匀分布,即黏聚性和保水性良好。均匀性、稳定性较差的混凝土拌和物在静置、运运、浇注和捣实的过程中都可能发生离析和泌水。

离析是指拌和物中各组分间相互分离的现象。对于流动性较大的混凝土拌和物,因各组分粒度及密度不同,易产生砂浆与石子间的离析现象,进而产生分层现象,使混凝土的孔隙率增大,强度和耐久性降低。

泌水是指拌和用水从拌和物中分离出来的现象。一部分水上升至混凝土表面,在混凝土表面形成水层;一部分水到达钢筋及粗骨料下沿而停留形成水囊,干燥后便形成孔隙。

由此可见,混凝土拌和物的流动性、黏聚性和保水性既互相联系,又互相矛盾。施工时应兼顾三者,使拌和物既满足要求的流动性,又保证良好的黏聚性和保水性。

4.3.2　和易性的测定

混凝土拌和物和易性是一项极其复杂的综合指标,到目前为止,全世界尚无能够全面反映混凝土和易性的测定方法。通常是测定混凝土拌和物的流动性,观察评定黏聚性和保水性。流动性的测定方法有坍落度法、维勃稠度法、探针法、斜槽法、流出时间法和凯利球法等十多种，对普通混凝土而言，最常用的是坍落度筒法和维勃稠度法。

1. 坍落度筒法

坍落度筒法是将混凝土拌和物分三层(每层装料约 1/3 筒高)装入坍落度筒内(如图 4-7 所示)，每层用 $\phi16$ 的光圆铁棒插捣 25 次。待装满刮平后，垂直平稳地向上提起坍落度筒。用尺量测筒高与坍落后混凝土拌和物最高点之间的高度差(mm)，即为该混凝土拌和物的坍落度值。坍落度越大，表明混凝土拌和物的流动性越好。

测定混凝土拌和物坍落度后，观察拌和物的黏聚性和保水性。黏聚性的检查方法是，用捣棒在已坍落的拌和物锥体侧面轻轻击打。如果锥体逐渐下沉，表示黏聚性良好；如果突然倒坍，部分崩裂或石子离析，即为黏聚性不良。保水性的检查方法是查看提起坍落度筒后，地面上是否有较多的稀浆流淌，骨料是否因失浆而大量裸露，存在上述现象表明保水性不好；反之，则表明保水性良好。

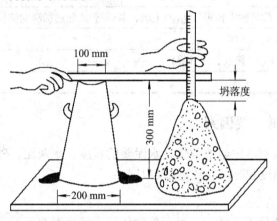

图 4-7　混凝土拌和物坍落度测定

坍落度试验只适用于骨料最大粒径不大于 40 mm 的非干硬性混凝土(指混凝土拌和物的坍落度值大于 10 mm 的混凝土)。根据坍落度大小，将混凝土拌和物分为四级：大流动性混凝土，即坍落度大于等于 160 mm；流动性混凝土，坍落度为 100 mm～150 mm；塑性混凝土，坍落度为 50 mm～90 mm；干硬性混凝土，坍落度为 10 mm～40 mm。

2. 维勃稠度法

对于干硬性混凝土，通常采用维勃稠度仪(如图 4-8 所示)来测定混凝土拌和物的流动性。试验时，先将混凝土拌和物按规定的方法装入存放在圆桶内的坍落度筒内，装满后垂直提起坍落度筒，在拌和物试体顶面放一透明圆盘，开启振动台，同时用秒表计时，到透明圆盘的下表面完全布满水泥浆时停止秒表，关闭振动台。所读秒数即为维勃稠度。维勃稠度试验适用于骨料最大粒径不大于 40 mm，维勃稠度在 5 s～30 s 之间的混凝土。根据维勃稠

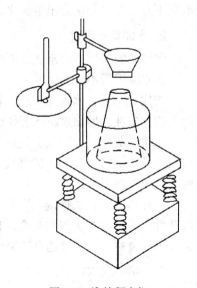

图 4-8　维勃稠度仪

度，可将混凝土拌和物分为四级：超干硬性混凝土，维勃稠度大于等于 31 s；特干硬性混凝土，维勃稠度为 30 s～21 s；干硬性混凝土，维勃稠度为 20 s～11 s；半干硬性混凝土，维勃稠度为 10 s～5 s。

3. 流动性(坍落度)的选择

混凝土拌和物的坍落度应根据结构构件截面尺寸的大小、配筋的疏密、施工捣实方法和环境温度来确定。当构件截面尺寸较小、钢筋较密或采用人工插捣时，坍落度可选得大些；反之，若构件截面尺寸较大或钢筋较疏，或者采用振动器振捣时，坍落度可选得小些。当环境温度在30℃以下时，可按表 4-8 确定混凝土拌和物坍落度值；当环境温度在 30℃以上时，由于水泥水化和水分蒸发的加快，混凝土拌和物流动性下降加快，在混凝土配合比设计时，应将混凝土拌和物坍落度提高 15 mm～25 mm。

表 4-8　混凝土浇筑时的坍落度

构 件 种 类	坍落度/mm
基础或地面等的垫层、无配筋的大体积结构(挡土墙、基础等)或配筋稀疏的结构	10～30
板、梁和大型及中型截面的柱子等	30～50
配筋密列的结构(薄壁、斗仓、筒仓、细柱等)	50～70
配筋特密的结构	70～90

4.3.3　影响和易性的主要因素

和易性的影响因素有水泥浆的数量、水泥浆的稠度、水灰比、砂率、骨料的品种、规格和质量、外加剂、温度和时间及其他影响因素。

1. 水泥浆的数量

在水灰比不变的条件下，增加混凝土单位体积中的水泥浆数量，能使骨料周围有足够的水泥浆包裹，改善骨料之间的润滑性能，从而使混凝土拌和物的流动性提高。但水泥浆数量不宜过多，否则会出现流浆现象，黏聚性变差，浪费水泥，同时影响混凝土强度。

2. 水泥浆的稠度

水泥浆的稠度是由水灰比所决定的。

在水泥用量不变的情况下，水灰比愈小，水泥浆愈稠，混凝土拌和物的流动性便愈小。当水灰比过小时，水泥浆干稠，混凝土拌和物的流动性过低，会使施工困难，不能保证混凝土的密实性。增加水灰比会使流动性加大。

如果水灰比过大，又会造成混凝土拌和物的黏聚性和保水性不良，而产生流浆、离析现象，并严重影响混凝土的强度，所以水灰比不能过大或过小。一般应根据混凝土强度和耐久性要求合理地选用。

但应指出，在试拌混凝土时，却不能用单纯改变用水量的办法来调整混凝土拌和物的流动性。因单纯加大用水量会降低混凝土的强度和耐久性，所以应该在保持水灰比不变的条件下用调整水泥浆量的办法来调整混凝土拌和物的流动性。

3. 砂率的影响

拌和物中砂的质量占砂石总质量的百分率。砂在拌和物中填充石子的空隙，砂率的改变会使骨料(包括砂、石)的总表面积和空隙率有显著的变化,从而对拌和物的和易性有显著影响。砂率对混凝土和易性影响较大。

砂率过小,不能保证石子间有足够的砂浆层,石子间摩擦力增大,会降低拌和物的流动性。砂率过大(砂过多、石子过少),水泥浆的数量显少,不足以填充砂的空隙,骨料的总表面积及空隙率都会增大,水泥浆量一定时,骨料表面的水泥浆层厚度减小,水泥浆的润滑作用减弱,使拌和物的流动性变差。砂率适宜时,砂浆不但填满石子的空隙,而且还能保证石子间有一定厚度的砂浆层以减小石子间的摩擦力,使拌和物有较好的流动性。

由此可见,在配制混凝土时,砂率不能过大,也不能过小,应有合理砂率。合理砂率的技术经济效果可从图 4-9 中反映出来。图 4-9(a)表明,在用水量及水泥用量一定的情况下,合理砂率能使混凝土拌和物获得最大的流动性(且能保持粘聚性及保水性能良好);图 4-9(b)表明,在保持混凝土拌和物坍落度基本相同的情况下(且能保持粘聚性及保水性能良好),合理砂率能使水泥浆的数量减少,从而节约水泥用量。

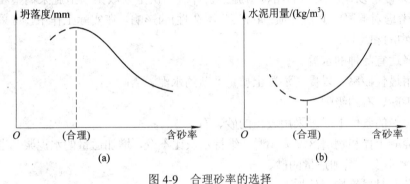

图 4-9 合理砂率的选择

(a) 砂率与坍落度的关系(水与水泥用量一定); (b) 砂率与水泥用量的关系(达到相同的坍落度)

4. 组成材料性质的影响

1) 水泥

水泥对拌和物和易性的影响主要是水泥品种和水泥细度的影响。在其他条件相同的情况下,需水量大的水泥比需水量小的水泥配制的拌和物流动性要小,如矿渣水泥或火山灰水泥拌制的混凝土拌和物,其流动性比用普通水泥时为小。另外,矿渣水泥易泌水。水泥颗粒越细,总表面积越大,润湿颗粒表面及吸附在颗粒表面的水越多,在其他条件相同的情况下,拌和物的流动性变小。

2) 骨料

骨料对拌和物和易性的影响主要是骨料总表面积、骨料的空隙率和骨料间摩擦力大小的影响,具体地说,就是骨料级配、颗粒形状、表面特征及粒径的影响。一般说来,级配好的骨料,其拌和物流动性较大,黏聚性与保水性较好;表面光滑的骨料,如河砂、卵石,其拌和物流动性较大;骨料的粒径增大,总表面积减小,拌和物流动性就增大。

3) 外加剂

在拌制混凝土时,加入很少量的减水剂能使混凝土拌和物在不增加水泥用量的条件下,获得很好的和易性,从而增大流动性、改善黏聚性、降低泌水性。并且由于改变了混凝土结构,尚能提高混凝土的耐久性。因此这种方法也是常用的。通常,配制坍落度很大的流态混凝土主要依靠掺入流化剂(高效减水剂)，这样，单位用水量较少，可保证混凝土硬化后具有良好的性能。

5. 温度和时间的影响

随着环境温度的升高，混凝土拌和物的坍落度损失加快(即流动性降低速度加快)。据测定，温度每增高 10℃，拌和物的坍落度约减小 20 mm～40 mm。这是由于温度升高，水泥水化加速，水分蒸发加快。

混凝土拌和物随时间的延长而变干稠，流动性降低，这是由于拌和物中一部分水分被骨料吸收，一部分水分蒸发，而另一部分水分与水泥水化反应变成水化产物结合水。

4.3.4　改善和易性的措施

以上讨论混凝土拌和物和易性的变化规律，目的是为了能运用这些规律去能动地调整混凝土的和易性，以适应具体的结构与施工条件。当决定采取某项措施来调整和易性时，还必须同时考虑对混凝土其他性质(如强度、耐久性)的影响。在实际工作中，可采取如下措施调整拌和物的和易性：

(1) 选择适宜品种的水泥。

(2) 采用最佳砂率，以提高混凝土质量及节约水泥。

(3) 改善砂、石的级配。

(4) 在可能的条件下尽量采用较粗的砂、石。

(5) 当混凝土拌和物坍落度太小时，维持水灰比不变，增加适量的水泥浆；当坍落度太大，保持砂率不变，增加适量的砂、石。

(6) 有条件时尽量掺用外加剂。

(7) 充分搅拌。

4.3.5　混凝土拌和物的凝结时间

混凝土拌和物的凝结时间与其所用水泥的凝结时间是不相同的。水泥的凝结时间是水泥净浆在规定的温度和稠度条件下测得的，混凝土拌和物的存在条件与水泥凝结时间测定条件不一定相同。混凝土的水灰比、环境温度和外加剂的性能等均对混凝土的凝结快慢产生很大影响。水灰比增大，水泥水化产物间的间距增大，水化产物粘连及填充颗粒间隙的时间延长，凝结时间越长。环境温度升高，水泥水化和水分蒸发加快，凝结时间缩短；缓凝剂会明显延长凝结时间，速凝剂会显著缩短凝结时间。

任务四　　硬化后混凝土的强度

普通混凝土一般均用作结构材料，故其强度是最主要的技术性质。混凝土在抗拉、抗压、抗弯、抗剪强度中，抗压强度最大，故混凝土主要用来承受压力作用。混凝土的抗压强度是一项最重要的性能指标，它是结构设计的主要参数，也常用作评定混凝土质量的指标。

4.4.1 混凝土的强度

在土木工程结构和施工验收中，常用的强度有立方体抗压强度、轴心抗压强度、抗拉强度和抗折强度等几种。

1. 混凝土立方体抗压强度(f_{cu})

根据《普通混凝土力学性能试验方法标准》(GB/T 50081—2002)规定，混凝土立方体抗压强度是指按标准方法制作的、标准尺寸为 150 mm × 150 mm × 150 mm 的立方体试件，在标准养护条件下((20±2)℃)、相对湿度为 95%以上的标准养护室，将其养护到 28d 龄期，以标准试验方法测得的抗压强度值，以 f_{cu} 表示，单位为 MPa。

为了使混凝土抗压强度测试结果具有可比性，《混凝土强度检验评定标准》GB/T 50107—2010 规定，混凝土强度等级小于 C60 时，用非标准试件测得的强度值均应乘以尺寸换算系数，来换算成标准试件强度值。200 mm × 200 mm × 200 mm 试件的换算系数为 1.05，100 mm × 100 mm × 100 mm 试件的换算系数为 0.95。当混凝土强度等级大于或等于 C60 时，宜采用标准试件；使用非标准试件时，尺寸换算系数应由试验确定。

需要说明的是，混凝土各种强度的测定值，均与试件尺寸、试件表面状况、试验加荷速度、环境(或试件)的湿度和温度等因素有关。在进行混凝土各种强度测定时，应按 GB/T 50081—2002 等标准规定的条件和方法进行检测，以保证检测结果的可比性。

2. 混凝土强度等级

按《混凝土强度检验评定标准》(GB/T 50107—2010)的规定，普通混凝土的强度等级按其立方体抗压强度标准值划分为 C15、C20、C25、C30、C35、C40、C45、C50、C55、C60、C65、C70、C75 和 C80 共 14 个等级。其中，"C"代表混凝土，是 Concrete 的第一个英文字母，C 后面的数字为立方体抗压强度标准值(MPa)。混凝土强度等级是混凝土结构设计时强度计算取值、混凝土施工质量控制和工程验收的依据。

混凝土立方体抗压强度标准值系指按照标准方法制作养护的边长为 150 mm 的立方体试件，在 28d 龄期用标准试验方法测得的具有 95%保证率的抗压强度，以"$f_{cu,k}$"表示，单位为 MPa。

3. 混凝土轴心抗压强度(f_{cp})

确定混凝土强度等级采用的是立方体试件，但在实际结构中，钢筋混凝土受压构件多为棱柱体或圆柱体。为了使测得的混凝土强度与实际情况接近，在进行钢筋混凝土受压构件(如柱子、桁架的腹杆等)计算时，都采用混凝土的轴心抗压强度。

GB/T 50081—2002 规定，混凝土轴心抗压强度是指按标准方法制作的、标准尺寸为 150 mm × 150 mm × 300 mm 的棱柱体试件，在标准养护条件下养护到 28d 龄期，以标准试验方法测得的抗压强度值。

非标准试件的尺寸为 100 mm × 100 mm × 300 mm 和 200 mm × 200 mm × 400 mm；当施工涉外工程或必须用圆柱体试件来确定混凝土力学性能等特殊情况时，也可用 φ150 mm × 300 mm 的圆柱体标准试件或 φ100 mm × 200 mm 和 φ200 mm × 400 mm 的圆柱体非标准试件。

轴心抗压强度比同截面面积的立方体抗压强度要小，当标准立方体抗压强度在 10 MPa～50 MPa 范围内时，两者之间的比值近似为 0.7～0.8。

4. 混凝土抗拉强度 f_{ts}

混凝土在直接受拉时,即使很小的变形都会开裂,它在断裂前没有残余变形,是一种脆性破坏。

混凝土的抗拉强度只有抗压强度的 1/10～1/20,且随着混凝土强度等级的提高,比值有所降低;也就是说,当混凝土强度等级提高时,抗拉强度的增加不及抗压强度提高得快。

混凝土是脆性材料,抗拉强度很低,拉压比为 0.1～0.2,拉压比随着混凝土强度等级的提高而降低。因此,在钢筋混凝土结构设计中,不考虑混凝土所承受的拉力(只考虑钢筋承受的拉应力),但抗拉强度对混凝土抗裂性具有重要作用,是结构设计时确定混凝土抗裂度的重要指标,有时也用它来间接衡量混凝土与钢筋的粘结强度。

混凝土的劈裂抗拉强度按下式计算:

$$f_{ts} = \frac{2P}{\pi A} = 0.637 \frac{P}{A} \tag{4-3}$$

式中, f_{ts} 为混凝土劈裂抗拉强度(MPa), P 为破坏荷载(N), A 为试件劈裂面积(mm²)。

混凝土劈裂抗拉强度较轴心抗拉强度低,试验证明二者的比值为 0.9 左右。

4.4.2 影响混凝土强度的因素

1. 水泥强度等级和水灰比的影响

水泥强度等级和水灰比是影响混凝土抗压强度的最主要因素,也可以说是决定因素。因为混凝土的强度主要取决于水泥石的强度及其与骨料间的粘结力,而水泥石的强度及其与骨料间的粘结力,又取决于水泥的强度等级和水灰比的大小。由于拌制混凝土拌和物时,为了获得必要的流动性,常需要加入较多的水,多余的水所占空间在混凝土硬化后成为毛细孔,使混凝土密实度降低,强度下降。

试验证明,在水泥强度等级相同的条件下,水灰比越小,水泥石的强度越高,胶结力越强,混凝土强度也越高(如图 4-10 所示)。

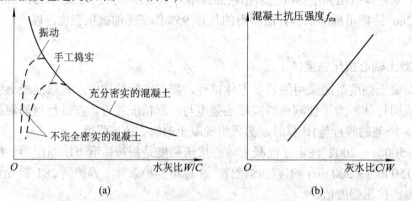

图 4-10 混凝土强度与水灰比及灰水比的关系

(a) 强度与水灰比的关系; (b) 强度与灰水比的关系

大量实验结果表明,在原材料一定的情况下,混凝土 28d 龄期的抗压强度(f_{cu})与水泥实际强度(f_{ce})及水灰比(W/C)之间的关系符合下列经验公式:

$$f_{cu} = A f_{ce} \left(\frac{C}{W} - B \right) \tag{4-4}$$

式中，A、B 均为回归系数。采用碎石时，$A = 0.46$，$B = 0.07$；采用卵石时，$A = 0.48$，$B = 0.33$。

在混凝土施工过程中，经常会发现往混凝土拌和物中随意加水的现象，这样做使混凝土水灰比增大，导致混凝土强度的严重下降，是必须禁止的。在混凝土施工过程中，节约水和节约水泥同等重要。

2. 骨料的影响

骨料本身的强度一般大于水泥石的强度，对混凝土的强度影响很小。但骨料中有害杂质含量较多、级配不良则均不利于混凝土强度的提高。骨料表面粗糙，则与水泥石粘结力较大。当达到相同流动性时，需水量大，随着水灰比变大，强度降低。试验证明，水灰比小于 0.4 时，用碎石配制的混凝土比用卵石配制的混凝土强度约高 30%～40%，但随着水灰比增大，两者的差异就不明显了。另外，在相同水灰比和坍落度下，混凝土强度随骨灰比(骨料与胶凝材料质量之比)的增大而提高。

3. 养护温度与湿度的影响

温度与湿度对混凝土强度的影响，本质上是对水泥水化的影响。养护温度高，水泥早期水化越快，混凝土的早期强度越高(见图 4-11)。但如果混凝土早期养护温度过高(40℃以上)，则会因水泥水化产物来不及扩散而使混凝土后期强度反而降低。当温度在 0℃ 以下时，水泥水化反应停止，混凝土强度停止发展。这时还会因为混凝土中的水结冰产生体积膨胀，对混凝土产生相当大的膨胀压力，使混凝土结构破坏，强度降低。

湿度是决定水泥能否正常进行水化作用的必要条件。浇筑后的混凝土所处环境湿度相宜，水泥水化反应顺利进行，混凝土强度得以充分发展。若环境湿度较低，水泥不能正常进行水化作用，甚至停止水化，混凝土强度将严重降低或停止发展。图 4-12 是混凝土强度与保湿养护时间的关系。

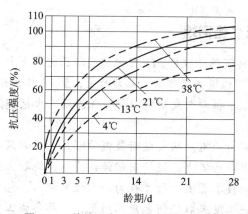

图 4-11 养护温度对混凝土强度的影响

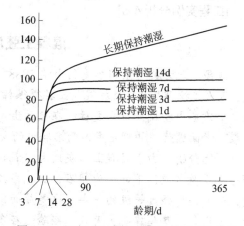

图 4-12 混凝土强度与保湿养护时间的关系

为了保证混凝土强度正常发展和防止失水过快引起的收缩裂缝，混凝土浇筑完毕后，应及时覆盖和浇水养护。气候炎热和空气干燥时，不及时进行养护，混凝土中的水分会蒸发过快，出现脱水现象，此时混凝土表面出现片状、粉状剥落和干缩裂纹等劣化现象，混凝土强度明显降低；在冬季则应特别注意保持一定的温度，以保证水泥能正常水化和防止混凝土内因水结冰而引起的膨胀破坏。

4. 龄期与强度的关系

混凝土在正常养护条件下，其强度将随龄期的增长而增长。

在标准养护条件下，混凝土强度的发展大致与龄期的对数成正比关系(龄期不小于 3d)，可按下式进行推算：

$$f_n = f_{28} \frac{\lg n}{\lg 28} \tag{4-5}$$

式中：f_n 为 nd 龄期时的混凝土抗压强度，$n \geqslant 3$；f_{28} 为 28d 龄期时的混凝土抗压强度。

上式仅适用于正常条件下硬化的中等强度等级的普通混凝土，实际情况要复杂得多。

4.4.3　提高混凝土强度的措施

可通过采取以下措施来提高混凝土的强度：

(1) 选用高强度的水泥。

(2) 尽量采用干硬性混凝土或较小的水灰比。

(3) 采用级配好、质量高、粒径适宜的集料。

(4) 掺加适当的外加剂(早强剂、减水剂)。

(5) 加强养护。自然养护时，冬天注意保温，夏天注意保湿。湿热养护可提高混凝土的早期强度。

(6) 采用机械搅拌和机械振动成型。

(7) 掺加混凝土掺和料，必要时可掺加合成树脂或合成树脂乳液，充分考虑徐变的影响。

[工程实例分析 4-5]

混凝土强度低屋面倒塌

现象　北方某县东园乡美利小学 1988 年建砖混结构校舍，11 月中旬气温已达零下十几度，因人工搅拌振捣，故把混凝土拌得很稀，木模板缝隙又较大，漏浆严重；至 12 月 9 日，施工者准备内粉刷，拆去支柱，在屋面上用手推车推卸白灰炉渣以铺设保温层，大梁突然断裂，屋面塌落，并砸死屋内两名取暖的女学生。

原因分析　由于混凝土水灰比大，混凝土离析严重。从大梁断裂截面可见，上部只剩下砂和少量水泥，下部全为卵石，且相当多水泥浆已流走。现场用回弹仪检测，混凝土强度仅达到设计强度等级的一半。这是屋面倒塌的技术原因。该工程为私人挂靠施工，包工者从未进行过房屋建筑，无施工经验。在冬期施工没采取任何相应的措施，不具备施工员的素质，且工程未办理任何基建手续。校方负责人自认甲方代表，不具备现场管理资格，由包工者随心所欲施工。这是施工与管理方面的原因。

[工程实例分析 4-6]

混凝土质量差梁断倒塌

现象 某县一住宅一层为砖混结构，1989 年 1 月 15 日浇注，3 月 7 日拆模时突然梁断倒塌。施工队队长介绍，混凝土配合比是根据当地经验配制的，水泥、砂、石的体和比为 1.5：3.5：6，即质量比 1：2.33：4，水灰比为 0.68，使用 32.5 级普通水泥。现场未粉碎混凝土用回弹仪测试，读数极低(最高仅 13.5 MPa，最低为 0)。

原因分析 混凝土质量低劣有几方面的原因：所用水泥质量差；水灰比较大，即使所使用的 32.5 级普通水泥能保证质量，但按此水灰比配制的混凝土亦难以达到 C20 的强度等级。

任务五　　混凝土的耐久性

人们通常认为混凝土是经久耐用的，钢筋混凝土结构是由最为耐久的混凝土材料浇筑而成的。虽然钢筋易腐蚀，但有混凝土保护层，钢筋也不会锈蚀，因此，对钢筋混凝土结构的使用寿命期望值很高，这也就忽视了钢筋混凝土结构的耐久性问题。

混凝土的耐久性是指混凝土抵抗周围环境和内部各种破坏因素长期作用而保持其使用功能的能力。混凝土的耐久性是一个综合性质，包括抗渗性、抗冻性、耐磨性、抗腐蚀性、抗碳化性能、碱骨料反应等。一般而言，混凝土越密实，其耐久性越好。混凝土耐久性与抗渗性有密切关系，一般混凝土的抗渗性越好，其耐久性越好。

根据混凝土所处环境不同，其耐久性的侧重点也有所不同，如处于水中遭受反复冻融的混凝土应具有较高的耐水性和抗冻性；水下或地下建筑物用的混凝土应具有良好的抗渗性。

4.5.1 混凝土的抗渗性

混凝土的抗渗性是指混凝土抵抗压力液体(水、油和溶液等)渗透作用的能力。它是决定混凝土耐久性最主要的因素，直接影响着混凝土的抗冻性和抗腐蚀性。

混凝土渗水是由于其内部孔隙形成连通的渗水通道的缘故。这些渗水通道源于水泥石中的孔隙、水泥浆泌水形成的泌水通道、各种收缩形成的微裂纹以及粗骨料下部积水形成的水囊等。

在受压力液体作用的工程中，如地下建筑、水池、水塔、压力水管、水坝、油罐以及港工、海工等，必须要求混凝土具有一定的抗渗性能。提高抗渗性的方法：水泥品种、水灰比的大小是影响抗渗性的主要因素，所以应选择适当的水泥品种和足够的水泥用量；采用较小的水灰比；良好的骨料级配和合理的砂率值；采用减水剂、引气剂和掺和料如磨细粉煤灰、磨细矿渣粉；加强养护及振捣密实。

混凝土的抗渗性用抗渗等级表示。它是以 28d 龄期的标准试件，按规定方法进行试验，能承受的最大静水压力来确定的。混凝土的抗渗等级有 P6、P8、P10、P12 等，表示混凝土能抵抗 0.6、0.8、1.0、1.2 MPa 的静水压力而不渗透。混凝土抗渗性与混凝土耐久性密切相关，抗渗性好的混凝土，腐蚀性介质和水很难进入混凝土内部，因而混凝土的抗腐蚀性和抗冻性都好，混凝土耐久性也好。

4.5.2 混凝土的抗冻性

混凝土的抗冻性是指混凝土在水饱和状态下，能经受多次冻融循环作用而不破坏，同时强度也不严重降低的性能。在寒冷地区，特别是在潮湿环境下受冻的混凝土工程，其抗冻性是评定该混凝土耐久性的重要指标。

混凝土受冻破坏的主要原因是由于其内部孔隙中的水结冰时产生的体积膨胀，当膨胀应力超过水泥石的抗拉强度时，水泥石就会产生微裂缝，在反复冻融作用下，微裂缝逐渐增多和扩大，导致混凝土开裂，强度降低。

混凝土的抗冻性主要取决于混凝土孔隙率、孔隙特征、孔隙的水饱和度、环境温度降低的程度及反复冻融的次数。

提高抗冻性的措施有选用适当的水泥品种(硅酸盐水泥、普通水泥)、掺入外加剂(引气剂)和掺和料如硅灰等、提高混凝土密实度等措施，可提高混凝土的抗冻性能。

混凝土抗冻性以抗冻等级表示。它是以 28d 龄期的混凝土标准试件，在水饱和后承受反复冻融循环，以抗压强度损失不超过 25%，且质量损失不超过 5%时最大循环次数来表示。混凝土的抗冻等级有 F25、F50、F100、F150、F200、F250 和 F300 等，表示混凝土能承受冻融循环的最大次数不小于 25、50、100、150、200、250 和 300 次。

4.5.3 混凝土的碳化

碳化是指空气中的二氧化碳与水泥石中的氢氧化钙在湿度适当时发生化学反应，生成碳酸钙和水，也称混凝土的中性化。碳化是由表及里进行的。

碳化可以减弱混凝土对钢筋的保护作用。混凝土因水泥水化产生大量氢氧化钙而呈高碱性，处于这种高碱性环境中钢筋表面能生成一层钝化膜，以保护钢筋不易锈蚀，但当碳化达到钢筋表面时，钢筋周围的碱度将降低，钝化膜破坏，钢筋失去保护而易生锈。碳化会增加混凝土收缩，引起混凝土表面产生拉应力而出现微细裂纹，从而降低混凝土的抗拉、抗折强度及抗渗能力。碳化对提高抗压强度有利，因碳化反应产生的碳酸钙填充于水泥石的孔隙，提高了碳化层的密实度。

4.5.4 混凝土的抗侵蚀性

混凝土中的骨料一般具有良好的抗侵蚀性。环境介质对混凝土的侵蚀主要是对水泥石的侵蚀。选用适当的水泥品种，提高混凝土的密实度，尽量减少混凝土中开口孔隙都可以有效地提高混凝土的抗侵蚀性。氯离子会破坏钢筋表面的钝化膜，加速钢筋的锈蚀，钢筋混凝土中应尽量严格控制氯离子含量。

4.5.5 混凝土的碱—骨料反应

混凝土的碱—骨料反应是指混凝土中含有活性二氧化硅的骨料与所用水泥中的碱(Na_2O 和 K_2O)在有水的条件下发生反应，形成碱—硅酸凝胶，此凝胶吸水肿胀并导致混凝土胀裂的现象。

由以上内容可知，水泥中含碱量高、骨料中含有活性二氧化硅及有水存在是碱骨料反应的主要因素。预防措施：可采用低碱水泥对骨料进行检测，不用含活性 SiO_2 的骨料，掺用引气剂，减小水灰比及掺加火山灰质混合材料等。

4.5.6 提高混凝土耐久性的主要措施

可通过以下措施来提高混凝土的耐久性：

(1) 合理选择水泥品种。

(2) 适当减小水灰比，提高混凝土强度。

(3) 控制混凝土的最大水灰比及最小水泥用量，见表4-9。

(4) 选用质量、级配良好的砂石骨料。

(5) 掺入掺和料如硅灰和外加剂如引气剂或减水剂。

(6) 保证混凝土的施工质量(搅拌要均匀、振捣要密实、养护要适当)。

总的来说，除了通过合理地选择适当原材料来提高混凝土的密实度是提高混凝土耐久性的一个重要措施外，改善混凝土内部的孔结构也可以提高混凝土的耐久性。

表 4-9 混凝土的最大水灰比和最小水泥用量

环境条件		结构物类别	最大水灰比			最小水泥用量/(kg/m³)		
			素混凝土	钢筋混凝土	预应力混凝土	素混凝土	钢筋混凝土	预应力混凝土
干燥环境		正常的居住或办公用房屋内部件	不作规定	0.65	0.60	200	260	300
潮湿环境	无冻害	高湿度的室内部件、室外部件、在非侵蚀性土和(或)水中的部位	0.70	0.60	0.60	225	280	300
	有冻害	经受冻害的室外部件、在非侵蚀性土和(或)水中且经受冻害的部件、高湿度且经受冻害的室内部件	0.55	0.55	0.55	250	280	300
有冻害和除冰剂的潮湿环境		经受冻害和除冰剂作用的室内和室外部件	0.50	0.50	0.50	300	300	300

注：1. 当用活性掺和料取代部分水泥时，表中的最大水灰比及最小水泥用量即为替代前的水灰比和水泥用量。

2. 配制 C15 级及其以下等级的混凝土时，可不受本表的限制。

[工程实例分析 4-7]

混凝土断面的孔结构与混凝土抗渗性

现象 图 4-13(a)、(b)所示分别为两种混凝土，它们采用相同的水泥、砂、石，(a)中掺用了引气剂，并降低了水灰比，其抗渗性优于(b)。请观察两混凝土断面的孔结构，并讨论如何提高混凝土抗渗性。

(a)　　　　　　　　　　　　　　　(b)

图 4-13　混凝土断面的孔结构

(a) 不连通的孔结构; (b) 连通的孔结构

原因分析　图 4-14(a)所示的混凝土虽有较多气泡,但这些气泡是不连通的,截断了毛细管通道,从而提高了抗渗性,且其减少了水灰比,使其他部分更为致密。可见,改善混凝土孔结构、提高混凝土密实度,可提高混凝土抗渗性。

任务六　普通混凝土配合比设计

混凝土配合比是指混凝土各组成材料数量间的关系。混凝土的组成材料主要包括水泥、粗骨料、细骨料和水。将确定这种数量比例关系的工作称为混凝土配合比设计。这种关系常用两种方法表示:一是单位用量法,以每立方米混凝土中各种材料的用量表示(例如水泥:水:砂:石子=390 kg:175 kg:670 kg:1220 kg);二是相对用量法,以水泥的质量为 1,并按"水泥:砂:石子:水灰比(水)"的顺序排列表示(例如 1:1.72:3.13;W/G=0.45)。

4.6.1　混凝土配合比设计的基本要求

配合比设计的任务是根据原材料的技术性能及施工条件确定出能满足工程所要求的技术经济指标的各项组成材料的用量。基本要求:满足施工所要求的混凝土拌和物的和易性;满足混凝土结构设计要求的强度等级;满足与所使用环境相适应的耐久性要求;在满足以上三项技术性质的前提下,尽量做到节约水泥和降低混凝土成本,符合经济性原则。

4.6.2　混凝土配合比设计的资料准备

进行混凝土配合比设计之前,必须详细掌握下列基本资料:

(1) 了解设计要求的混凝土强度等级和反映混凝土生产中强度质量稳定性的强度标准差,以便确定混凝土配制强度。

(2) 了解结构构件断面尺寸及钢筋配置情况,以便确定混凝土骨料的最大粒径。

(3) 掌握工程所处环境条件和混凝土耐久性的要求,以便确定所配制混凝土的最大水灰比和最小水泥用量。

(4) 施工工艺对混凝土拌和物的流动性要求及各种原材料的品种、类型和物理力学性能指标，以便选择混凝土拌和物坍落度及骨料最大粒径。

4.6.3　混凝土配合比设计基本参数的确定

混凝土配合比设计，实质上就是确定水泥、水、砂和石子这四项基本组成材料的用量。其中有三个重要参数：水灰比、单位用水量和砂率。

水灰比：水与水泥之间的比例。

单位用水量：即 1 m^2 混凝土的用水量，它反映了水泥浆与骨料之间的比例关系。

砂率：砂子占砂、石总质量的百分率，它影响着混凝土的粘聚性和保水性。

在混凝土配合比设计中正确地确定这三个参数，就能使混凝土满足上述设计要求。它的基本原则如下：

(1) 在满足混凝土强度和耐久性的基础上，确定混凝土的水灰比。

(2) 根据混凝土施工要求的和易性基础上、粗骨料的种类和最大粒径确定混凝土的单位用水量。

(3) 砂在骨料中的数量应以填充石子空隙后有富余的原则来确定。

4.6.4　普通混凝土配合比的设计方法与步骤

混凝土配合比设计分三步进行，即初步配合比的确定、实验室配合比的确定和施工配合比的确定。

1. 初步配合比的确定

按原材料性能及混凝土的技术要求，利用公式及表格初步计算出混凝土各种原材料的用量，以得出供试配用的配合比。

1) 混凝土配制强度($f_{cu,0}$)的确定

为了使混凝土的强度保证率能满足规定的要求，$f_{cu,0}$ 可采用下式计算：

$$f_{cu,0} \geqslant f_{cu,k} + 1.645\sigma \tag{4-6}$$

式中：$f_{cu,0}$ 为混凝土的配制强度(MPa)；$f_{cu,k}$ 为混凝土的立方体抗压强度标准值(MPa)；σ 为施工单位的混凝土强度标准差，σ 采用至少 25 组试件的无偏估计值。如果有 25 组以上混凝土试配强度的统计资料时，σ 可按下式求得：

$$\sigma = \sqrt{\frac{\sum_{i=1}^{n} f_{cu,i}^2 - n u_{f_{cu}}^2}{n-1}} \tag{4-7}$$

式中：n 为同一品种的混凝土试件的组数，$n \geqslant 25$；$f_{cu,i}$ 为第 i 组试件的抗压强度值(MPa)；$u_{f_{cu}}$ 为 n 组试件抗压强度的平均值(MPa)。

当施工单位不具有近期的同一品种混凝土强度资料时，其混凝土强度标准差 σ 可按表 4-10 取值。

表 4-10　混凝土 σ 取值

混凝土强度等级	< C20	C20~C35	> C35
σ/MPa	4.0	5.0	6.0

当遇到以下两种情况时，应提高混凝土配制强度：现场条件与试验室条件有显著差异时；C30级及其以上强度等级的混凝土，采用非统计方法评定时。

2）水灰比(W/C)的确定

根据已测定的水泥实际强度f_{cu}(或选用的水泥强度等级)、粗骨料种类及所要求的混凝土配制强度$f_{cu,0}$，水灰比可按下式计算：

$$\frac{W}{C} = \frac{\alpha_a f_{ce}}{f_{cuo} + \alpha_a \alpha_b f_{ce}} \tag{4-8}$$

式中，α_a、α_b均为回归系数，f_{ce}为水泥28d抗压强度实测值(MPa)。

回归系数α_a和α_b宜按下列规定确定：

① 回归系数α_a和α_b应根据工程所使用的水泥、骨料，通过试验由建立的水灰比与混凝土强度关系式确定。

② 当不具备上述试验统计资料时，其回归系数可按表4-11采用。

表 4-11　回归系数 α_a 和 α_b 选用表

系数 ＼ 石子品种	碎石	卵石
α_a	0.46	0.48
α_b	0.07	0.33

再根据混凝土的使用条件，在表4-9中查出相应的最大水灰比值。当计算所得的水灰比大于规定的最大水灰比值时，应取规定的最大水灰比值。

(1) 当无水泥28d抗压强度实测值时，公式中的f_{cu}值可按下式确定：

$$f_{cu} = \gamma_c \cdot f_{ce,g} \tag{4-9}$$

式中：γ_c为水泥强度等级值的富余系数，可按实际统计资料确定；$f_{ce,g}$为水泥强度等级值(MPa)。

(2) f_{ce}值也可根据3d强度或快测强度推定28d强度关系式推定得出。

3）1 m^{3}混凝土用水量(m_{w0})的选取

(1) 干硬性和塑性混凝土用水量的确定。用水量主要根据所要求的坍落度及骨料的种类、粒径来选择。首先根据施工条件选用适宜坍落度，再按照表4-12和表4-13选取 1 m^{3}混凝土的用量。

表 4-12　干硬性混凝土的用水量　　　　　　　　　　(kg/m^3)

拌和物稠度		卵石最大粒径/mm			碎石最大粒径/mm		
项目	指标	10	20	40	16	20	40
维勃稠度/s	16～20	175	160	145	180	170	155
	11～15	180	165	150	185	175	160
	5～10	185	170	155	190	180	165

表 4-13 塑性混凝土的用水量 (kg/m³)

拌和物稠度		卵石最大粒径/mm				碎石最大粒径/mm			
项目	指标	10	20	31.5	40	16	20	31.5	40
坍落度 /mm	10～30	190	170	160	150	200	185	175	165
	35～50	200	180	170	160	210	195	185	175
	55～70	210	190	180	170	220	205	195	185
	75～90	215	195	185	175	230	215	205	195

(2) 流动性和大流动性混凝土的用水量计算。

① 以表 4-13 中坍落度为 90 mm 的用水量为基础，按坍落度每增大 20 mm 用水量增加 5 kg，计算未掺外加剂时混凝土的用水量。

② 掺外加剂时的混凝土用水量按下式计算：

$$m_{wa}= m_{w0}(1-\beta) \tag{4-10}$$

式中：m_{wa} 为掺外加剂时每 1 m³ 混凝土的用水量(kg)；m_{w0} 为未掺外加剂时每 1 m³ 混凝土的用水量(kg)；β 为外加剂的减水率(%)，应经试验确定。

4) 单位水泥用量(m_{co})的确定

根据已选定的每 1 m³ 混凝土用水量(m_{w0})和已确定的水灰比(W/C)值，可由下式求出水泥用量：

$$m_{co} = \frac{m_{w0}}{W/C} \tag{4-11}$$

为保证混凝土的耐久性，由上式计算求得的水泥用量还应满足表 4-9 中规定的最小水泥用量。如计算所得的水泥用量小于规定的最小水泥用量时，应取规定的最小水泥用量值。

5) 砂率(β_s)的确定

合理的砂率值应根据混凝土拌和物的坍落度、黏聚性及保水性等特征来确定。一般应通过试验找出合理砂率，或者根据本单位对所用材料的使用经验选用合理砂率。如无使用经验，可按骨料种类规格及混凝土的水灰比按表 4-14 选用。

表 4-14 混凝土的砂率 β_s (%)

水灰比	卵石最大粒径/mm			碎石最大粒径/mm		
(W/C)	10	20	40	16	20	40
0.40	26～32	25～31	24～30	30～35	29～34	27～32
0.50	30～35	29～34	28～33	33～38	32～37	30～35
0.60	33～38	32～37	31～36	36～41	35～40	33～38
0.70	36～41	35～40	34～39	39～44	38～43	36～41

注：1. 表中数值系中砂的选用砂率，对细砂或粗砂，可相应地减少或增大砂率。

2. 本砂率选用于坍落度为 10 mm～60 mm 的混凝土。坍落度如大于 60 mm 或小于 10 mm 时，应相应地增大或减小砂率。

3. 为只用一个单粒级粗骨料配制混凝土时，砂率值应适当增加。

4. 掺有各种外加剂或掺和料时，其合理砂率应经试验或参照其他有关规定选用。

6) 粗、细集料用量的计算(m_{go}、m_{so})

粗、细集料的用量可用绝对体积法或质量法(假定表观密度法)求得。

(1) 绝对体积法。绝对体积法假定混凝土拌和物的体积等于各组成材料绝对体积和混凝土拌和物中所含空气的体积之和。因此,可用下式联立计算:

$$\frac{m_{co}}{\rho_c}+\frac{m_{so}}{\rho_s}+\frac{m_{go}}{\rho_g}+\frac{m_{wo}}{\rho_w}+0.01\alpha=1$$

$$\beta_s=\frac{m_{so}}{m_{so}+m_{go}}\times100\% \tag{4-12}$$

式中:ρ_c 为水泥密度,可取 2900～3100,单位为 kg/m³;ρ_s、ρ_g 为细、粗骨料的表观密度,单位为 kg/m³;ρ_w 为水的密度,可取 1000,单位为 kg/m³;α 为混凝土的含气率(%),在不使用引气型外加剂时,可取 1;m_{so}、m_{go} 为每 1 m³混凝土中粗、细骨料的用量,单位为 kg;β_s 为砂率。

(2) 质量法(假定表观密度法)。该法假定混凝土拌和物的表观密度为一固定值,混凝土拌和物各组成材料的单位用量之和即为其表观密度。因此可列出以下两式:

$$m_{c0}+m_{s0}+m_{g0}+m_{w0}=m_{cp}$$

$$\beta_s=\frac{m_{so}}{m_{so}+m_{go}}\times100\% \tag{4-13}$$

式中:m_{cp} 为 1 m³ 混凝土拌和物的假定质量,在 2350 kg～2450 kg 范围内选定。

通过联立方程求解,求出 m_{g0}、m_{s0}。得到初步计算配合比。

必须注意的是,以上混凝土配合比的计算,均是以干燥状态骨料为基准的(干燥状态骨料系指含水率小于 0.5%的细骨料或含水率小于 0.2%的粗骨料),如需以饱和面干骨料为基准进行计算,则应对计算式作相应的修改。

2. 基准配合比的确定

以上所求的各材料用量,是借助于经验公式和数据计算出来的或是利用经验资料查得的,因而不一定能够符合实际情况,必须通过试拌调整,直到混凝土拌和物的和易性符合要求为止,然后提出供检验混凝土强度用的基准配合比。

调整混凝土拌和物和易性的方法:

(1) 当坍落度低于设计要求时,可保持水灰比不变,适当增加水泥浆量或调整砂率。

(2) 若坍落度过大,则可在砂率不变的条件下增加砂石用量。

(3) 如出现含砂不足、黏聚性和保水性不良时,可适当增大砂率;反之,应减小砂率。

每次调整后再试拌,直到和易性符合要求为止。当试拌调整工作完成后,应测出混凝土拌和物的实际表观密度($\rho_{c,t}$)。

3. 试验室配合比的确定

混凝土和易性满足要求后,还应复核混凝土强度并修正配合比。

1) 强度复核

复核检验混凝土强度时至少应采用三个不同水灰比的配合比,其中一个为基准配合比,另两个是以基准配合比的水灰比为准,在此基础上水灰比分别增加或减少 0.05,其用水量不变,砂率值可增加或减少 1%,试拌并调整,使和易性满足要求后,测出其实测湿表观密度,每种配合比至少制作一组(3 块)试件,标注养护 28d 后,测定抗压强度。画出强度与灰水比的关系曲线,在图上找出与混凝土配制强度相对应的灰水比。

2) 按强度复核情况修正配合比

用水量(m_w):取基准配合比的用水量。

水泥用量(m_c):以用水量乘以选定灰水比确定。

砂、石用量(m_s、m_g):以基准配合比的砂、石用量为基础,并根据选定灰水比适当调整。

3) 按混凝土实测表观密度修正配合比

(1) 混凝土的表观密度计算值($\rho_{c,c}$)为

$$\rho_{c,c} = m_w + m_c + m_s + m_g \tag{4-14}$$

(2) 混凝土配合比校正系数 δ 为

$$\delta = \frac{\rho_{c,t}}{\rho_{c,c}} \tag{4-15}$$

式中,$\rho_{c,t}$ 为混凝土表观密度实测值(kg/m³), $\rho_{c,c}$ 为混凝土表观密度计算值(kg/m³)。

当混凝土表观密度实测值与计算值之差的绝对值不超过计算值的 2%时,则按上述方法计算确定的配合比为确定的试验室配合比;当两者之差超过 2%时,应将配合比中每项材料用量均乘以校正系数的值。即为确定的试验室配合比。

4. 施工配合比的确定

试验室得出的配合比是以干燥材料为基准的,而工地存放的砂、石材料都含有一定的水分。所以以现场材料的实际称量应按工地砂、石的含水情况进行修正,修正后的配合比,称施工配合比。假设工地测出砂的含水率为 $a\%$、石子的含水率为 $b\%$,则上述试验室配合比换算为工地配合比为 (每 1 m³各材料用量):

$$\begin{cases} M'_c = m_c \\ m'_s = m_s(1 + a\%) \\ m'_g = m_g(1 + b\%) \\ m'_w = m_w - m_s \times a\% - m_g \times b\% \end{cases} \tag{4-16}$$

【例 4-1】某框架结构工程现浇钢筋混凝土梁,混凝土设计强度等级为 C30,施工要求混凝土塌落度为 35 mm ~ 50 mm,根据施工单位历史资料统计,混凝土强度标准差 σ=5 MPa。所用原材料情况如下:水泥为 42.5 级普通硅酸盐水泥,水泥密度为 ρ_c=3100 kg/m³,水泥强度等级值的富余系数为 1.08;砂为中砂,级配合格,砂子表观密度 ρ_s=2600 kg/m³;石为 5 mm ~ 31.5 mm 碎石,级配合格,石子表观密度 ρ_s=2650 kg/m³。现场砂子含水率为 3%,石子含水率为 1%。

试求混凝土计算配合比、混凝土施工配合比。

解: (1) 求混凝土计算配合比。

① 确定混凝土配制强度($f_{cu,0}$):

$$f_{cu,0} = f_{cu,k} + 1.645\sigma = 30 \text{ MPa} + 1.645 \times 5 \text{ MPa} = 38.2 \text{ MPa}$$

② 确定水灰比(W/C):

$$f_{ce} = \gamma_c \times f_{cu,k} = 1.08 \times 42.5 \text{ MPa} = 45.9 \text{ MPa}$$

$$\frac{m_w}{m_c} = \frac{\alpha_a \cdot f_{ce}}{f_{cu,0} + \alpha_a \cdot \alpha_b \cdot f_{ce}} = \frac{0.46 \times 45.9}{38.2 + 0.46 \times 0.07 \times 45.9} = 0.53$$

由于框架结构混凝土梁处于干燥环境,由表 4-9 中干燥环境容许最大水灰比为 0.65,故可确定水灰比为 0.53。

③ 确定用水量(m_{wo}):查表 4-13,对于最大粒径为 31.5 mm 的碎石混凝土,当所需要坍落度为 35 mm ~ 50 mm 时,混凝土的用水量可选用 185 kg。

④ 计算水泥用量(m_{c0}):

$$m_{c0} = \frac{m_{w0}}{m_w/m_c} = \frac{185}{0.53} \text{ kg} = 349 \text{ kg}$$

查表 4-9 中对于干燥环境的钢筋混凝土的规定,最小水泥用量为 260 kg,故可取 349 kg。

⑤ 确定砂率(β_s):查表 4-14,当水灰比为 0.53 时,采用直线插入法选定,现取 β_s=35%。

⑥ 计算砂、石用量(m_{go}、m_{so}):用绝对体积法计算,将 m_{co}=349 kg,m_{wo}=185 kg 代入式 (4-11),得

$$\frac{349}{3100} + \frac{m_{g0}}{2650} + \frac{m_{s0}}{2600} + \frac{185}{1000} + 0.01 \times 1 = 1$$

$$\beta_s = \frac{m_{s0}}{m_{s0} + m_{g0}} \times 100\% = 35\%$$

解此联立方程,得 $m_{so} = 641$ kg,$m_{go} = 1192$ kg。

⑦ 混凝土计算配合比为:1 m³ 混凝土中各材料的用量分别为:水泥=349 kg、水=185 kg、砂=641 kg、碎石=1192 kg,以质量比表示即为水泥 : 砂 : 石 : W/C=1 : 1.84 : 3.42 : 0.53。

(2) 确定施工配合比。

由于现场砂子含水率为 3%,石子含水率为 1%,则施工配合比为

$$m_c' = m_c = 349 \text{ kg}$$
$$m_s' = m_s(1 + a\%) = 641 \times (1 + 3\%) = 660 \text{ kg}$$
$$m_g' = m_g(1 + b\%) = 1192 \times (1 + 1\%) = 1204 \text{ kg}$$
$$m_w' = m_w - m_s \times a\% - m_g \times b\% = 185 - 641 \times 3\% - 1192 \times 1\% = 154 \text{ kg}$$

任务七 混凝土的质量控制与评定

按时间顺序,混凝土质量控制可分成事前(生产准备)控制、事中(生产)控制、事后(合格)控制。事前控制主要有两个方面:一是原材料质量检验与控制,二是配合比控制。事中控

制主要有计量、搅拌、运输、浇筑和养护控制。事后控制指对混凝土质量按有关规范、规程进行验收评定。

混凝土的质量和强度保证率直接影响混凝土结构的可靠性和安全性，是现代科学管理的重要方面。

4.7.1 混凝土的原材料质量控制

混凝土原材料的质量应着重从以下几个方面控制。

1. 水泥

水泥在使用前，除应持有生产厂家的合格证外，还应该做强度、凝结时间、安定性等常规检验，检验合格方可使用。切勿先用后检或边用边检。不同品种的水泥要分别存储或堆放，不得混合使用。

2. 水

拌合用水可使用自来水或不含有害杂质的天然水，不得使用污水搅拌混凝土。预拌混凝土生产厂家不提倡使用经沉淀过滤处理的循环洗车废水，因为其中含有机油、外加剂等各种杂质，并且含量不确定，容易使预拌混凝土质量出现难以控制的波动现象。对预应力混凝土的施工用水，更要着重控制。

3. 砂

对于细骨料砂，要检查其级配、细度模数、含泥量和有害物质含量等，重点是含泥量和有害物质含量，这两项对于混凝土强度的影响较大。

4. 石子

对于粗骨料石子，应重点检查其级配、针片状颗粒含量、含泥量及最大粒径。储料场所对不同规格、不同产地、不同品种的石子应分别堆放，并做好明显的标记。

5. 掺和料质量控制

掺和料进场时，必须具有质量证明书，按不同品种、等级分别存储在专用的仓罐内，并做好明显标记，防止受潮和环境污染。

6. 外加剂

外加剂应根据使用混凝土性能要求、施工工艺及气候条件，结合混凝土的原材料性能、配合比以及对水泥的适应性等因素，通过试验确定其品种和掺量。对低温时产生结晶的外加剂在使用前应采取防冻措施。预拌混凝土生产厂家不得直接使用粉状外加剂，应使用水性外加剂。当必须使用粉状外加剂时，应采取相应的搅拌均化措施，并确保计量准确的前提下，方可使用。监理工程师应对外加剂的选择加以限制，避免出现品种多而杂的情况。

7. 配合比的质量控制

混凝土的配合比应根据设计的混凝土强度等级、耐久性、坍落度的要求，按《普通混凝土配合比设计规程》经过试配确定，不得使用经验配合比。试验室应结合原材料实际情况，确定一个既满足设计要求，又满足施工要求，同时经济合理的混凝土配合比。在每一个工作班内，当混凝土配合比随外界混凝土原材料的变更影响混凝土强度时，需根据原材料的变化，及时调整混凝土的配合比。

4.7.2　混凝土施工过程中的质量控制

1. 搅拌过程中的质量控制

施工单位应严格控制原材料计量。搅拌机应配备水表，禁止单纯凭经验、靠感觉调整用水量的做法；对外加剂，应事先称量好并一份份地加入，禁止拿铁锹随意添加；对砂石料，应坚持要求每次过磅称量，不提倡小车画线做记号的体积法。另外，还应对每盘的搅拌时间、加料顺序、混凝土拌和物的坍落度、是否离析等进行抽查。在较大的工程中，要求采用计算机计量的搅拌站，这样可以有效地减少因人为因素造成的误差，使配合比得到可靠的保证。

2. 浇筑过程质量控制

混凝土运到施工地点后，首先检查混凝土坍落度，预拌混凝土应检查随车出料单，对强度等级、坍落度和其他性能不符合要求的混凝土不得使用。预拌混凝土中不得擅自加水。监理工程师要督促试验人员随机见证取样制作混凝土试件。试件的留置数量应符合规范要求，要留同条件养护试块、拆模试块等。

浇筑混凝土时，严格控制浇筑流程。合理安排施工工序，分层、分块浇筑。对已浇筑的混凝土，在终凝前进行二次振动，提高粘结力和抗拉强度，并减少内部裂缝与气孔，提高抗裂性。二次振动完成后，板面要找平，排除板面多余水分。若发现局部有漏振及过振情况时，及时返工进行处理。

混凝土浇筑过程中，监理应实行旁站，检查混凝土振捣方法是否正确、是否存在漏振或振动太久的情况，并随时观察模板及其支架，看是否有变形、漏浆、下沉或扣件松动等异常情况，如有应立即通知施工单位采取措施进行处理，并报告总监理工程师，严重时应马上停止施工。

3. 加强混凝土的养护

混凝土养护主要是保持适当的温度和湿度条件。保温能减少混凝土表面的热扩散，降低混凝土表层的温差，防止表面裂缝。混凝土浇筑后，及时用湿润的草帘、麻袋等覆盖，并注意洒水养护，延长养护时间，保证混凝土表面缓慢冷却。在高温季节泵送混凝土时，宜及时用湿草袋覆盖混凝土，尤其在中午阳光直射时，以避免表面快速硬化后，产生混凝土表面温度和收缩裂缝。在寒冷季节，混凝土表面应设草帘覆盖或采取其他保温措施，以防止寒潮袭击。

4.7.3　混凝土的质量评定(强度评定)

混凝土在正常连续生产的情况下，可用数理统计法来检验混凝土强度或其他技术指标是否达到质量要求。统计方法用算术平均值、标准值、变异系数和保证率等参数综合地评定混凝土的质量。在混凝土生产质量管理中，由于混凝土的抗压强度与其他性能有较好的相关性，因此，实际工程中混凝土的质量一般以抗压强度进行评定。

混凝土强度应分批进行检验评定。一个验收批的混凝土，应由强度等级相同、龄期相同、生产工艺条件和配合比基本相同的混凝土组成。

对大批量、连续生产的混凝土的强度应按《混凝土强度检验评定标准》(GB/T50107—2010)中规定的统计方法评定，对小批量或零星生产的混凝土的强度应按标准中规定的非统计方法评定。

1. 统计方法(一)

当连续生产的混凝土，生产条件在较长时间内保持一致，且同一品种、同一强度等级混凝土的强度变异性能保持稳定时，对混凝土的强度进行评定，一个检验批的样品容量应为连续的三组试件，其强度应同时符合下列规定：

$$m_{f_{cu}} \geqslant f_{cu,\ k} + 0.7\sigma_0 \tag{4-17}$$

$$f_{cu,\ min} \geqslant f_{cu,\ k} - 0.7\sigma_0 \tag{4-18}$$

检验批混凝土立方体抗压强度的标准差应按下式计算($f_{cu,k}$ 中的 k 值前文中有说明)：

$$\sigma_0 = \sqrt{\frac{\sum_{i=1}^{n} f_{cu,i}^2 - nu_{f_{cu}}^2}{n-1}} \tag{4-19}$$

当混凝土强度等级不高于 C20 时，其强度最小值尚应满足下式要求：

$$f_{cu,\ min} \geqslant 0.85 f_{cu,\ k} \tag{4-20}$$

当混凝土强度等级高丁 C20 时，其强度最小值尚应满足下式要求：

$$f_{cu,\ min} \geqslant 0.90 f_{cu,\ k} \tag{4-21}$$

式中：$m_{f_{cu}}$ 为同一检验批混凝土立方体抗压强度的平均值(N/mm^2)，其值精确到 0.1；$f_{cu,\ min}$ 为同一检验批混凝土立方体抗压强度中的最小值(N/mm^2)，其值精确到 0.1；$f_{cu,\ k}$ 为混凝土立方体抗压强度标准值(N/mm^2)，其值精确到 0.1；σ_0 为检验批混凝土立方体抗压强度标准差(N/mm^2)，其值精确到 0.1，当检验批混凝土强度标准差 σ_0 计算值小于 2.5 N/mm^2 时，应取 2.5 N/mm^2；$f_{cu,\ i}$ 为前一检验期内同一品种、同一强度等级的第 i 组混凝土试件的立方体抗压强度代表值(N/mm^2)，其值精确到 0.1，该检验期不应少于 60d，也不得大于 90d；n 为前一检验期的样本容量，在该期间内样本容量不应少于 45。

2. 统计方法(二)

当样本容量不少于 10 组时，其强度应同时满足下列公式的要求：

$$m_{f_{cu}} \geqslant f_{cu,\ k} + \lambda_1 \cdot S_{fcu} \tag{4-22}$$

$$f_{cu,\ min} \geqslant \lambda_2 \cdot f_{cu,\ k} \tag{4-23}$$

同一检验批混凝土立方体抗压强度的标准差应按下式计算：

$$S_{f_{cu}} = \sqrt{\frac{\sum_{i=1}^{n} f_{cu,i}^2 - nu_{f_{cu}}^2}{n-1}} \tag{4-24}$$

式中：$s_{f_{cu}}$ 为同一检验批混凝土立方体抗压强度标准差，单位为 N/mm^2，其值精确到 0.01，当检验批混凝土强度标准差 $s_{f_{cu}}$ 计算值小于 2.5 N/mm^2 时，应取 2.5 N/mm^2；n 为本检验期内的样本容量；λ_1、λ_2 为合格判定系数，按表 4-15 取用。

表 4-15　混凝土强度的合格判断

试件组数	10～14	15～19	≥20
λ_1	1.15	1.05	0.95
λ_2	0.90		0.85

3. 非统计方法

当用于评定的样本容量小于 10 组时，应采用非统计方法评定混凝土强度，其强度应同时符合下列规定：

$$m_{f_{cu}} \geq \lambda_3 \cdot f_{cu \cdot k} \tag{4-25}$$

$$f_{cu \cdot min} \geq \lambda_4 \cdot f_{cu \cdot k} \tag{4-26}$$

式中，λ_3、λ_4 均为合格判定系数，按表 4-16 取用。

表 4-16　混凝土强度非统计方法的合格判定系数

混凝土强度等级	<C20	≥C60
λ_3	1.15	1.10
λ_4	0.95	

混凝土强度的合格判断：当检验结果能满足上述统计方法(一)或统计方法(二)，或非统计方法要求时，则该批混凝土判定为合格；当不满足时，该批混凝土判定为不合格。

任务八　其他种类混凝土简介

除普通混凝土以外，还有许多特殊用途的混凝土、新兴的混凝土和采用新工艺的混凝土。本节简单介绍部分品种。

4.8.1　轻混凝土

轻骨料混凝土是一种轻质、高强、多功能的新型建筑材料，具有表观密度小、保湿性好、抗震性强等优点。轻混凝土可分为轻集料混凝土、多孔混凝土和无砂大孔混凝土三类。

轻混凝土具有以下主要特点：

(1) 表观密度小。轻混凝土与普通混凝土相比，其表观密度一般可减小 1/4～3/4，使上部结构的自重明显减轻，从而显著地减少地基处理费用，并且可减小柱子的截面尺寸。又由于构件自重产生的恒载减小，因此可减少梁板的钢筋用量。此外，还可降低材料运输费用，加快施工进度。

(2) 保温性能良好。材料的表观密度是决定其导热系数的最主要因素，因此轻混凝土通常具有良好的保温性能，降低建筑物使用能耗。

(3) 耐火性能良好。轻混凝土具有保温性能好、热膨胀系数小等特点，遇火强度损失小，故特别适用于耐火等级要求高的高层建筑和工业建筑。

(4) 力学性能良好。轻混凝土的弹性模量较小、受力变形较大，抗裂性较好，能有效吸收地震能，提高建筑物的抗震能力，故适用于有抗震要求的建筑。

(5) 易于加工。轻混凝土中，尤其是多孔混凝土，易于打入钉子和进行锯切加工。这对于施工中固定门窗框、安装管道和电线等带来很大方便。

(6) 轻混凝土在主体结构中应用尚不多，主要原因是价格较高。但是，若对建筑物进行综合经济分析，则可收到显著的技术和经济效益，尤其是考虑建筑物使用阶段的节能效益，其技术经济效益更佳。

1. 轻骨料混凝土

用轻质粗骨料、轻质细骨料(或普通砂)、水泥和水配制而成的，其干表观密度不大于 1950 kg/m^3 的混凝土叫轻骨料混凝土。

当粗细骨料均为轻骨料时，称为全轻混凝土；当细骨料为普通砂时，称砂轻混凝土。

轻骨料的种类：凡是骨料粒径为 5 mm 以上，堆积密度小于 1000 kg/m^3 的轻质骨料，称为轻粗骨料。粒径小于 5 mm，堆积密度小于 1200 kg/m^3 的轻质骨料，称为轻细骨料。

轻骨料按来源不同分为三类：天然轻骨料(如浮石、火山渣及轻砂等)；工业废料轻骨料(如粉煤灰陶粒、膨胀矿渣、自燃煤矸石等)；人造轻骨料(如膨胀珍珠岩、页岩陶粒、黏土陶粒等)。

轻骨料混凝土的干表观密度一般为 800 kg/m^3～1950 kg/m^3，共分为 12 个等级。强度等级按立方体抗压强度标准值分为 CL5.0、CL7.5、CL10、CL15、CL20、CL25、CL30、CL35、CL40、CL45、CL50、CL55、CL60 等 13 个强度等级。

轻骨料混凝土由于其轻骨料具有颗粒表观密度小、总表面积大、易于吸水等特点，因此其拌和物适用的流动范围比较窄，过大的流动性会使轻骨料上浮、离析；过小的流动性则会使捣实困难。流动性的大小主要取决于用水量，由于轻骨料吸水率大，因而其用水量的概念与普通混凝土略有区别。加入拌和物中的水量称为总用水量，可分为两部分：一部分被骨料吸收，其数量相当于 1 h 的吸水量，这部分水称为附加用水量；其余部分称为净用水量，使拌和物获得要求的流动性和保证水泥水化的进行。净用水量可根据混凝土的用途及要求的流动性来选择。另外，轻骨料混凝土的和易性也受砂率的影响，尤其是采用轻细骨料时，拌和物和易性随着砂率的提高而有所改善。轻骨料混凝土的砂率一般比普通混凝土的砂率略大。

对于轻骨料混凝土，由于轻骨料自身强度较低，因此其强度的决定因素除了水泥强度与水灰比(水灰比考虑净用水量)外，还取决于轻骨料的强度。与普通混凝土相比，采用轻骨料会导致混凝土强度下降，并且骨料用量越多，强度降低越大，其表观密度也越小。

轻骨料混凝土的另一特点是，由于受到轻骨料自身强度的限制，因此每一品种轻骨料只能配制一定强度的混凝土，如要配制高于此强度的混凝土，即使降低水灰比，也不可能使混凝土强度有明显提高，或提高幅度很小。

轻骨料混凝土与普通混凝土配合比设计中的不同之处主要有两点：一是用水量为净用水量与附加用水量两者之和；二是砂率为砂的体积占砂石总体积之比值。

2. 多孔混凝土

多孔混凝土中无粗、细骨料，内部充满大量细小封闭的孔，孔隙率高达 60% 以上。

多孔混凝土可分为加气混凝土和泡沫混凝土两种。近年来，也有用压缩空气经过充气介质弥散成大量微气泡，均匀地分散在料浆中而形成多孔结构。这种多孔混凝土称为充气混凝土。

根据养护方法不同，多孔混凝土可分为蒸压多孔混凝土和非蒸压(蒸养或自然养护)多孔混凝土两种。由于蒸压加气混凝土在生产和制品性能上有较多优越性，以及可以大量地利用工业废渣，故近年来发展应用较为迅速。

多孔混凝土质轻，其表观密度不超过 1000 kg/m³，通常在 300 kg/m³～800 kg/m³ 之间；保温性能优良，导热系数随其表观度降低而减小，一般为 0.09 W/m·k～0.17 W/m·k；可加工性好，可锯、可刨、可钉、可钻，并可用胶粘剂粘结。

1) 蒸压加气混凝土

蒸压加气混凝土是用钙质材料(水泥、石灰)、硅质材料(石英砂、尾矿粉、粉煤灰、粒状高炉矿渣、页岩等)和适量加气剂为原料，经过磨细、配料、搅拌、浇注、切割和蒸压养护(在压力为 0.8 MPa～1.5 MPa 下养护 6 h～8 h)等工序生产而成的。

蒸压加气混凝土砌块可用作保温层。

蒸压加气混凝土砌块适用于承重和非承重的内墙和外墙。也可用作框架结构中的非承重墙。

2) 泡沫混凝土

泡沫混凝土是将由水泥等拌制的料浆与由泡沫剂搅拌造成的泡沫混合搅拌，再经浇注、养护硬化而成的多孔混凝土。

配制自然养护的泡沫混凝土时，水泥强度等级不宜低于 32.5，否则强度太低。

泡沫混凝土的技术性质和应用，与相同表观密度的加气混凝土大体相同。也可在现场直接浇注，用作屋面保温层。

3. 无砂大孔混凝土

大孔混凝土指无细骨料的混凝土，按其粗骨料的种类，可分为普通无砂大孔混凝土和轻骨料大孔混凝土两类。普通大孔混凝土是用碎石、卵石、重矿渣等配制而成的。轻骨料大孔混凝土则是用陶粒、浮石、碎砖、煤渣等配制而成的。有时为了提高大孔混凝土的强度，也可掺入少量细骨料，这种混凝土称为少砂混凝土。

普通大孔混凝土的表观密度在 1500 kg/m³～1900 kg/m³ 之间，抗压强度为 3.5 MPa～10 MPa。轻骨料大孔混凝土的表观密度在 500 kg/m³～1500 kg/m³ 之间，抗压强度为 1.5 MPa～7.5 MPa。

大孔混凝土适用于制做墙体小型空心砌块、砖和各种板材，也可用于现浇墙体。普通大孔混凝土还可制成滤水管、滤水板等，广泛用于市政工程。

4.8.2　防水混凝土

防水混凝土又称抗渗混凝土，指抗渗等级不低于 P6 级的混凝土，即它能抵抗 0.6 MPa 静水压力作用而不发生透水现象。为了提高混凝土的抗渗性，通常采用合理选择原材料、提高混凝土的密实程度以及改善混凝土内部孔隙结构等方法来实现。

防水混凝土的配制原理是：采取多种措施，使普通混凝土中原先存在的渗水毛细管通路尽量减少或被堵塞，从而大大降低混凝土的渗水。根据采取的防渗措施不同，防水混凝土可分为普通防水混凝土；外加剂防水混凝土和膨胀水泥防水混凝土。膨胀水泥防水混凝土采用膨胀水泥配制而成，由于这种水泥在水化过程中能形成大量的钙矾石，会产生一定的体积膨胀，在有约束的条件下，能改善混凝土的孔结构，使毛细孔径减小，总孔隙率降低，从而使混凝土密实度提高、抗渗性提高。

4.8.3 纤维混凝土

纤维混凝土是在混凝土中掺入纤维而形成的复合材料。它具有普通钢筋混凝土所没有的许多优良品质，在抗拉强度、抗弯强度、抗裂强度和冲击韧性等方面较普通混凝土有明显的改善。掺入纤维的目的是提高混凝土的抗拉、抗弯、冲击韧性，也可以有效改善混凝土的脆性性质。

常用的纤维材料有钢纤维、玻璃纤维、石棉纤维、碳纤维和合成纤维等。所用的纤维必须具有耐碱、耐海水、耐气候变化的特性。国内外研究和应用钢纤维较多，因为钢纤维对抑制混凝土裂缝的形成，提高混凝土抗拉和抗弯、增加韧性效果最佳，但成本较高，因此，近年来合成纤维的应用技术研究较多，有可能成为纤维混凝土主要品种之一。

在纤维混凝土中，纤维的含量、纤维的几何形状以及纤维的分布情况，对其性质有重要影响。以钢纤维为例：为了便于搅拌，一般控制钢纤维的长径比为60～100，掺量为0.5%～1.3%，钢纤维混凝土一般可提高抗拉强度2倍左右，抗冲击强度提高5倍以上。

纤维混凝土目前主要用于复杂应力结构构件、对抗冲击性要求高的工程，如飞机跑道、高速公路、桥面面层、管道等。随着纤维混凝土技术的提高，各类纤维性能的改善，成本的降低，在建筑工程中的应用将会越来越广泛。

4.8.4 耐腐蚀混凝土

1. 水玻璃耐酸混凝土

水玻璃耐酸混凝土由水玻璃、耐酸粉料、耐酸粗细骨料和氟硅酸钠组成，是一种能抵抗绝大部分酸类(除氢氟酸、氟硅酸和热磷酸外)侵蚀作用的混凝土，特别是对具有强氧化性的浓硫酸、硝酸等有足够的耐酸稳定性。

在技术规范中规定水玻璃的模数以2.6～2.8为佳，水玻璃密度应在1.36 g/cm³～1.42 g/cm³范围内。

2. 耐碱混凝土

碱性介质混凝土的腐蚀有三种情况：以物理腐蚀为主，以化学腐蚀为主，物理和化学两种腐蚀同时存在。

耐碱混凝土最好采用硅酸盐水泥。耐碱骨料常用的有石灰岩、白云岩和大理石，对于碱性不强的腐蚀介质，亦可采用密实的花岗岩、辉绿岩和石英岩。磨细粉料主要是用来填充混凝土的空隙，提高耐碱混凝土密实性的，磨细粉料也必须是耐碱的，一般采用磨细的石灰石粉。

4.8.5 聚合物混凝土

聚合物混凝土是由有机聚合物、无机胶凝材料和骨料结合而成的新型混凝土，常用的有以下两类。

1. 聚合物浸渍混凝土(PIC)

将已硬化的混凝土干燥后浸入有机单体中，用加热或辐射等方法使混凝土孔隙内的单体聚合，使混凝土与聚合物形成整体，称为聚合物浸渍混凝土。

由于聚合物填充了混凝土内部的孔隙和微裂缝，从而增加了混凝土的密实度，提高了水泥与骨料之间的粘结强度，减少了应力集中，因此具有高强、耐蚀、抗冲击等优良的物理力学性能。与基材(混凝土)相比，聚合物浸渍混凝土的抗压强度提高 2～4 倍，可达 150 MPa。

聚合物浸渍混凝土适用于要求高强度、高耐久性的特殊构件，特别适用于输送液体的有筋管道、无筋管和坑道。

2. 聚合物水泥混凝土(PCC)

聚合物水泥混凝土是用聚合物乳液拌和水泥，并掺入砂或其他骨料而制成。生产工艺与普通混凝土相似，便于现场施工。

聚合物可用天然聚合物(如天然橡胶)和各种合成聚合物(如聚醋酸乙烯、苯乙烯、聚氯乙烯等)代替普通混凝土中的部分水泥而引入混凝土，使密实度得以提高。矿物胶凝材料可用普通水泥和高铝水泥。

通常认为，在混凝土凝结硬化过程中，聚合物与水泥之间没有发生化学作用，只是水泥水化吸收乳液中水分，使乳液脱水而逐渐凝固，水泥水化产物与聚合物互相包裹填充形成致密的结构，从而改善了混凝土的物理力学性能，表现为粘结性能好，耐久性和耐磨性高，抗折强度明显提高，但不及聚合物浸渍混凝土显著，抗压强度有可能下降。

聚合物水泥混凝土多用于无缝地面，也常用于混凝土路面和机场跑道面层和构筑物的防水层。

3. 聚合物胶结混凝土

聚合物胶结混凝土是一种以合成树脂为胶结材料，以砂、石及粉料为骨料的混凝土，又称树脂混凝土。它用聚合物有机胶凝材料完全取代水泥而引入混凝土。

树脂混凝土与普通混凝土相比，具有强度高和耐化学腐蚀性、耐磨性、耐水性、抗冻性好等优点。但由于成本高，所以应用不太广泛，仅限于要求高强、高耐蚀的特殊工程或修补工程用。另外，树脂混凝土外表美观，称为人造大理石，也被用于制成桌面、地面砖、浴缸等。

4.8.6　高强高性能混凝土

一般将强度等级大于等于 C50 的混凝土称为高强混凝土；将具有良好的施工和易性和优异耐久性，且均匀密实的混凝土称为高性能混凝土；同时具有上述各性能的混凝土称为高强高性能混凝土；将强度等级大于等于 C60 的混凝土称为高强混凝土。

1. 高强高性能混凝土的获取途径

可通过以下几种有效途径来获得高强高性能混凝土：

(1) 改善原材料的性能。主要有掺高性能混凝土外加剂和活性掺和料，并同时采用高强度等级的水泥和优质骨料。对于具有特殊要求的混凝土，还可掺用纤维材料提高抗拉、抗弯性能和冲击韧性；也可掺用聚合物等提高密实度和耐磨性。常用的外加剂有高效减水剂、高效泵送剂、高性能引气剂、防水剂和其他特种外加剂。

(2) 优化配合比。普通混凝土配合比设计的强度-水灰比关系式在这里不再适用，必须通过试配优化后确定。

(3) 加强生产管理，严格控制每个生产环节。

目前我国应用较广泛的是 C60~C80 高强混凝土，主要用于桥梁、轨枕、高层建筑的基础和柱、输水管、预应力管桩等。

2. 高强高性能混凝土的特点

高强高性能混凝土具有以下特点：

(1) 高强高性能混凝土的早期强度高，但后期强度增长率一般不及普通混凝土。故不能用普通混凝土的龄期—强度关系式(或图表)，由早期强度推算后期强度。如 C60~C80 混凝土，3 天强度约为 28 天的 60%~70%；7 天强度约为 28 天的 80%~90%。

(2) 高强高性能混凝土由于非常致密，故抗渗、抗冻、抗碳化、抗腐蚀等耐久性指标均十分优异，可极大地提高混凝土结构物的使用年限。

(3) 由于混凝土强度高，因此构件截面尺寸可大大减小，从而改变"肥梁胖柱"的现状，减轻建筑物自重，简化地基处理，并使高强钢筋的应用和效能得以充分利用。

(4) 高强高性能混凝土的弹性模量高，徐变度小，可大大提高构筑物的结构刚度。特别是对预应力混凝土结构，可大大减小预应力损失。

(5) 高强高性能混凝土的抗拉强度增长幅度往往小于抗压强度，即拉压比相对较低，且随着强度等级提高，脆性增大，韧性下降。

(6) 高强高性能混凝土的水泥用量较大，故水化热大，自收缩大，干缩也较大，较易产生裂缝。

3. 高强高性能混凝土的应用

高强高性能混凝土作为建设部推广应用的十大新技术之一，是建设工程发展的必然趋势。发达国家早在 20 世纪 50 年代即已开始研究应用高强高性能混凝土。我国约在 20 世纪 80 年代初才在轨枕和预应力桥梁中对其加以应用，而在高层建筑中的应用则始于 80 年代末，直至进入 90 年代，高强高性能混凝土的研究和应用得以增加，北京、上海、广州、深圳等许多大中城市均已建起了多幢高强高性能混凝土建筑。

随着国民经济的发展，高强高性能混凝土在建筑、道路、桥梁、港口、海洋、大跨度及预应力结构、高耸建筑物等工程中的应用将越来越广泛，强度等级也将不断提高，C50~C80 的混凝土将普遍得到使用，C80 以上的混凝土将在一定范围内得到应用。

4.8.7 泵送混凝土

泵送混凝土系指坍落度不小于 100 mm，并用泵送施工的混凝土。它能一次连续完成水平运输和垂直运输，效率高、节约劳动力，因而近年来国内外应用也十分广泛。

泵送混凝土拌和物必须具有较好的可泵性。所谓可泵性，即拌和物具有顺利通过管道、摩擦阻力小、不离析、不阻塞和黏聚性良好的性能。

保证混凝土良好可泵性的基本要求有以下几方面。

1. 水泥

泵送混凝土应选用硅酸盐水泥、普通硅酸盐水泥、矿渣硅酸盐水泥、粉煤灰硅酸盐水泥，不宜采用火山灰质硅酸盐水泥。

2. 骨料

泵送混凝土所用粗骨料宜用连续级配，其针片状含量不宜大于 10%。最大粒径与输送管径之比，当泵送高度 50 m 以下时，碎石不宜大于 1：3，卵石不宜大于 1：2.5；泵送高度在 50~100 m 时，碎石不宜大于 1：4，卵石不宜大于 1：3，泵送高度在 100 m 以上时，不宜大于 1：4.5。宜采用中砂，其通过 0.315 mm 筛孔的颗粒含量不应少于 15%，通过 0.160 mm 筛孔的含量不应少于 5%。

3. 掺和料与外加剂

泵送混凝土应掺用泵送剂或减水剂，并宜掺用粉煤灰或其他活性掺和料以改善混凝土的可泵性。

4. 坍落度

泵送混凝土入泵时的坍落度一般应符合表 4-17 的要求。

表 4-17　混凝土入泵坍落度选用表

泵送高度/m	30 以下	30~60	60~100	100 以上
坍落度/mm	100~140	140~160	160~180	180~200

5. 泵送混凝土配合比设计

泵送混凝土的水胶比不宜大于 0.60，水泥和矿物掺和料总量不宜小于 300 kg/m³，且不宜采用火山灰水泥，砂率宜为 35%~45%。采用引气剂的泵送混凝土，其含气量不宜超过 4%。实践证明，泵送混凝土掺用优质的磨细粉煤灰和矿粉后，可显著改善和易性及节约水泥，而不降低强度。泵送混凝土的用水量和用灰量较大，使混凝土易产生离析和收缩裂纹等问题。

4.8.8　防辐射混凝土

能遮蔽 x、γ 等射线的混凝土称为防辐射混凝土。它由水泥、水及重骨料配制而成，其表观密度一般在 3000 kg/m³ 以上。混凝土越重，其防护 x、γ 射线的性能越好，且防护结构的厚度也越小。但对中子流的防护，除需要混凝土很重外，还需要含有足够多的氢元素。

配制防辐射混凝土时，宜采用胶结力强、水化结合水量高的水泥，如硅酸盐水泥，最好使用硅酸锶等重水泥。采用高铝水泥施工时需采取冷却措施。常用重骨料主要有重晶石($BaSO_4$)、褐铁矿($2Fe_2O_3 \cdot 3H_2O$)、磁铁矿(Fe_3O_4)、赤铁矿(Fe_2O_3)等。另外，掺入硼和硼化物及锂盐等，也能有效改善混凝土的防护性能。

防辐射混凝土主要用于原子能工业以及应用放射性同位素的装置中，如反应堆、加速器、放射化学装置、海关、医院等的防护结构。

4.8.9　彩色混凝土

彩色混凝土也称为面层着色混凝土。通常采用彩色水泥或白水泥加颜料按一定比例配制成彩色饰面料，先铺于模底，厚度不小于 10 mm，再在其上浇筑普通混凝土，这称为反打一步成型；也可冲压成型；除此之外，还可采取在新浇混凝土表面上干撒着色硬化剂显色，或者采用化学着色剂渗入已硬化混凝土的毛细孔中，生成难溶且抗磨的有色沉淀物显示色彩。

彩色混凝土目前多用于制作路面砖，有人行道砖和车行道砖两类，按其形状又分为普通型砖和异型砖两种。路面砖也有本色砖。普型铺地砖有方形、六角形等多种，它们的表面可做成各种图案花纹，异型路面砖铺设后，砖与砖之间相互产生联锁作用，故又称联锁砖。联锁砖的排列方式有多种，不同排列则形成不同图案的路面。采用彩色路面砖铺路面，可形成多彩美丽的图案和永久性的交通管理标志，具有美化城市的作用。

【创新与拓展】

钢筋混凝土海水腐蚀与防治

挑战性问题： 不少海港码头的钢筋混凝土因海水腐蚀仅几年已出现明显的钢筋锈蚀，严重影响钢筋混凝土的寿命，请思考如何防治钢筋混凝土海水腐蚀。

创造性思维点拨： 创造性思维有多种形式，即求同思维与求异思维，发散思维与集中思维，逻辑思维与非逻辑思维，理性思维与非理性思维以及正向和逆向思维等。本问题可应用逻辑思维和非逻辑思维去研究解决。从逻辑思维出发，从混凝土的角度来想，尽量使混凝土致密，以抵抗氯离子等有害组分的渗入，把混凝土保护层加厚，也有利于保护钢筋。从钢筋的角度来想，尽可能使用抗腐蚀能力较强的钢筋，如钢筋表面有好的抗锈层。另外，还可以从非逻辑思维出发，非逻辑思维形式通常指直觉、灵感、联想与想象。可在混凝土表面涂覆保护层，隔绝海水的侵蚀，特别是在浪溅区，特别加厚此涂覆保护层。还可以在混凝土内加入阻锈剂，阻止氯离子的渗入。

能力训练题

一、名词解释

砂率　砂的颗粒级配　混凝土的和易性　混凝土的立方体抗压强度

二、填空题

1. 混凝土拌和物的和易性包括_____、_____和_____等三个方面的含义。

2. 测定混凝土拌和物和易性的方法有_____法或_____法。

3. 相同条件下，碎石混凝土的和易性比卵石混凝土的和易性_____。

4. 水泥混凝土的基本组成材料有_____、_____、_____和_____。

5. 混凝土配合比设计的基本要求是满足_____、_____、_____和_____。

6. 混凝土配合比设计的三大参数是_____、_____和_____。

7. 混凝土用集料常有的几种含水状态包括_____状态、_____状态、_____状态和_____湿润。

8. 普通混凝土用石子的强度可用_____或_____表示。

9. 材料确定后，决定普通混凝土流动性的最重要因素是_____。

10. 普通混凝土的强度等级是根据_____。

三、选择题(单项选择)

1. 混凝土配合比设计中，水灰比的值是根据混凝土的_____要求来确定的。

A. 强度及耐久性　　　B. 强度　　　　　　C. 耐久性　　　　　D. 和易性与强度

2. 混凝土的_____强度最大。

A. 抗拉　　　　　　　B. 抗压　　　　　　C. 抗弯　　　　　　D. 抗剪

3. 防止混凝土中钢筋腐蚀的主要措施有_____。

A. 提高混凝土的密实度　　　　　　　　　　B. 钢筋表面刷漆

C. 钢筋表面用碱处理　　　　　　　　　　　D. 混凝土中加阻锈剂

4. 选择混凝土骨料时，应使其_____。

A. 总表面积大，空隙率大　　　　　　　　　B. 总表面积小，空隙率大

C. 总表面积小，空隙率小　　　　　　　　　D. 总表面积大，空隙率小

5. 普通混凝土立方体强度测试，采用 100 mm × 100 mm× 100 mm 的试件，其强度换算系数为_____。

A. 0.90　　　　　　　B. 0.95　　　　　　C. 1.05　　　　　　D. 1.00

6. 在原材料质量不变的情况下，决定混凝土强度的主要因素是_____。

A. 水泥用量　　　　　B. 砂率　　　　　　C. 单位用水量　　　D. 水灰比

7. 厚大体积混凝土工程适宜选用_____。

A. 高铝水泥　　　　　B. 矿渣水泥　　　　C. 硅酸盐水泥　　　D. 普通硅酸盐水泥

8. 混凝土施工质量验收规范规定，粗集料的最大粒径不得大于钢筋最小间距的_____。

A. 1/2　　　　　　　　B. 1/3　　　　　　C. 3/4　　　　　　D. 1/4

9. 炎热夏季大体积混凝土施工时，必须加入的外加剂是_____。

A. 速凝剂　　　　　　B. 缓凝剂　　　　　C. $CaSO_4$　　　　D. 引气剂

10. 下列材料中，可用作承重结构的为_____。

A. 加气混凝土　　　　B. 塑料　　　　　　C. 石膏板　　　　　D. 轻骨料混凝土

11. 对混凝土早期强度提高作用最大的外加剂为_____。

A. M 剂　　　　　　　B. 硫酸钠　　　　　C. $NaNO_3$　　　　D. 引气剂

12. 干燥环境中有抗裂要求的混凝土宜选择的水泥是_____。

A. 矿渣水泥　　　　　B. 普通水泥　　　　C. 粉煤灰水泥　　　D. 火山灰水泥

13. 欲增大混凝土拌和物的流动性，下列措施中最有效的为_____。

A. 适当加大砂率　　　　　　　　　　　　　B. 加水泥浆(W/C 不变)

C. 加大水泥用量　　　　　　　　　　　　　D. 加减水剂

14. 对混凝土有利的变形为_____。

A. 徐变　　　　　　　　　　　　　　　　　B. 干缩

C. 湿胀　　　　　　　　　　　　　　　　　D. 温度变形

15. 现场拌制混凝土，发现黏聚性不好时最可行的改善措施为_____。

A. 适当加大砂率　　　　　　　　　　　　　B. 加水泥浆(W/C 不变)

C. 加大水泥用量　　　　　　　　　　　　　D. 加 $CaSO_4$

四、选择题(多项选择)

1. 在混凝土拌和物中,如果水灰比过大,会造成_____。

A. 拌和物的粘聚性和保水性不良　　　　B. 产生流浆

C. 有离析现象　　　　　　　　　　　　D. 严重影响混凝土的强度

2. 以下哪些属于混凝土的耐久性?_____。

A. 抗冻性　　　　　B. 抗渗性　　　　　C. 和易性　　　　D. 抗腐蚀性

3. 混凝土中水泥的品种是根据_____来选择的。

A. 施工要求的和易性　B. 粗集料的种类　　C. 工程的特点　　D. 工程所处的环境

4. 影响混凝土和易性的主要因素有_____。

A. 水泥浆的数量　　　　　　　　　　　B. 集料的种类和性质

C. 砂率　　　　　　　　　　　　　　　D. 水灰比

5. 在混凝土中加入引气剂,可以提高混凝土的_____。

A. 抗冻性　　　　　B. 耐水性　　　　　C. 抗渗性　　　　D. 抗化学侵蚀性

五、是非判断题

1. 在拌制混凝土中,砂越细越好。

2. 在混凝土拌和物中,水泥浆越多和易性就越好。

3. 混凝土中掺入引气剂后,会引起强度降低。

4. 级配好的集料空隙率小,其总表面积也小。

5. 混凝土强度随水灰比的增大而降低,呈直线关系。

6. 用高强度等级水泥配制混凝土时,混凝土的强度能得到保证,但混凝土的和易性不好。

7. 混凝土强度试验,试件尺寸愈大,强度愈低。

8. 当采用合理砂率时,能使混凝土获得所要求的流动性,良好的粘聚性和保水性,而水泥用量最大。

六、问答题

1. 某工程队于 7 月份在湖南某工地施工,经现场试验确定了一个掺木质素磺酸钠的混凝土配方,经使用,1 个月情况均正常。该工程后因资金问题暂停 5 个月,随后继续使用原混凝土配方开工。发觉混凝土的凝结时间明显延长,影响了工程进度。请分析原因,并提出解决办法。

2. 某混凝土搅拌站原使用砂的细度模数为 2.5,后改用细度模数为 2.1 的砂。改砂后原混凝土配方不变,发觉混凝土坍落度明显变小。请分析原因。

3. 普通混凝土由哪些材料组成?它们在混凝土中各起什么作用?

4. 影响混凝土强度的主要因素有哪些?

5. 试比较用碎石和卵石所拌制混凝土的特点。

6. 混凝土水灰比的大小对混凝土的哪些性质有影响?确定水灰比大小的因素有哪些?

七、计算题

1. 某混凝土的实验室配合比为 1：2.1：4.0,$W/C = 0.60$,混凝土的体积密度为 2410 kg/m³。求 1 m³ 混凝土各材料用量。

2．已知混凝土经试拌调整后，各项材料用量：水泥 3.10 kg、水 1.86 kg、砂 6.24 kg、碎石 12.8 kg，并测得拌和物的表观密度为 2500 kg/m³，试计算：

(1) 每方混凝土各项材料的用量为多少？

(2) 如工地现场砂子含水率为 2.5%，石子含水率为 0.5%，求施工配合比。

3．某实验室按初步配合比称取 15 L 混凝土的原材料进行试拌，水泥 5.2 kg，砂 8.9 kg，石子 18.1 kg，$W/C = 0.6$。试拌结果坍落度小，于是保持 W/C 不变，增加 10% 的水泥浆后，坍落度合格，测得混凝土拌和物表观密度为 2380 kg/m³，试计算调整后的基准配合比。

项目五 建筑砂浆

教学要求

掌握：砂浆的定义和分类，砌筑砂浆的性质、组成、检测方法及配合比设计。

了解：砂浆对原材料的要求，抹面砂浆和其他砂浆的主要品种性能要求及其配制方法。

重点：砂浆的分类、砌筑砂浆的技术性质、砌筑砂浆的配合比设计。

难点：砌筑砂浆的配合比设计计算。

【走进历史】

罗 马 砂 浆

大约在公元前 3000 年至公元前 2000 年间，古埃及人便开始采用煅烧的石膏作为建筑胶凝材料，并将其应用到金字塔的建造中。公元前 30 年，在埃及并入罗马帝国版图之前，古埃及人都是使用煅烧石膏来砌筑建筑物的。

古希腊人与古埃及人不同，他们在建筑中所用的胶凝材料是将石灰石经煅烧后而制得的石灰。公元前 146 年，罗马帝国吞并希腊，同时继承了希腊人生产和使用石灰的传统。罗马人使用石灰的方法是将石灰加水消解，与砂子混合成砂浆，然后用此砂浆砌筑建筑物。采用石灰砂浆砌筑的古罗马建筑，其中有些非常坚固，甚至保留到现在。

古罗马人对石灰的使用工艺进行改进，在石灰中不仅掺砂子，还掺磨细的火山灰，在没有火山灰的地区，则掺入与火山灰具有同样效果的磨细碎砖。这种砂浆在强度和耐水性方面较"石灰—砂子"的二组分砂浆都有很大改善，用其砌筑的普通建筑和水中建筑都较耐久。有人将"石灰—火山灰—砂子"三组分砂浆称为"罗马砂浆"。

罗马人制造砂浆的知识传播较广。在古代法国和英国都曾普遍采用这种三组分砂浆，用它砌筑各种建筑。

在欧洲建筑史上，"罗马砂浆"的应用延续了很长时间。不过在公元 9～公元 11 世纪，该砂浆技术几乎失传。在这漫长的岁月中，砂浆采用的石灰是煅烧不良的石灰石块，碎石也不被磨细，质量很差。在公元 12～公元 14 世纪这段时期，石灰煅烧质量逐渐好转，碎砖和火山灰也已被磨细，"罗马砂浆"质量才恢复到原来的水平。

任务一 概 述

建筑砂浆是建筑工程中不可缺少的、用量很大的建筑材料。砂浆是由胶凝材料、细骨料、掺加料和水按一定比例配合调制而成的建筑工程材料。在建筑工程中起粘结、衬垫和传递应力的作用。它与普通混凝土的主要区别是组成材料中没有粗骨料。因此，建筑砂浆也称为细骨料混凝土。建筑砂浆的作用主要有以下几个方面：在结构工程中，把单块的砖、石、砌块等胶结起来构成砌体，砖墙的勾缝、大型墙板和各种构件的接缝也离不开砂浆；在装饰工程中，墙面、地面及梁柱结构等表面的抹灰，镶贴天然石材、人造石材、瓷砖、锦砖等也都要使用砂浆。

根据用途不同，建筑砂浆可分为砌筑砂浆、抹面砂浆(普通抹面砂浆、装饰砂浆等)、特种砂浆(防水砂浆、隔热砂浆、耐腐蚀砂浆、吸声砂浆等)。

按所用的胶凝材料不同，建筑砂浆分为水泥砂浆、石灰砂浆、混合砂浆和聚合物水泥砂浆等。

任务二　砂浆的技术要求

砂浆的主要技术性质包括新拌砂浆的性质和硬化后砂浆的性质。砂浆拌和物与混凝土拌和物相似，应具有良好的和易性，对于硬化后的砂浆则要求具有所需要的强度、与基面的黏结强度及较小的变形。

5.2.1　新拌砂浆的和易性

新拌砂浆的和易性指砂浆拌和物容易在粗糙的砖、石、砌块等基面上铺设成均匀的薄层，并能与基面材料很好的粘结，在搅拌运输和施工过程中不易产生分层、析水现象，这种砂浆既便于施工操作，提高劳动生产率，又能保证工程质量。砂浆和易性包括流动性和保水性两个方面的性质。

1. 流动性(稠度)

流动性指砂浆在自重或外力作用下是否易于流动的性能，也称为稠度。

砂浆流动性实质上反映了砂浆的稠度。流动性的大小以砂浆稠度测定仪(见图 5-1)的圆锥体沉入砂浆中的深度(毫米数)来表示。圆锥沉入深度越大，砂浆的流动性越大。若流动性过大，砂浆易分层、析水；若流动性过小，则不便施工操作，灰缝不易填充。所以新拌砂浆应具有适宜的稠度。

砂浆流动性的选择与砌体材料种类及吸水性能、施工条件、砌体的受力特点以及天气情况等有关。对于多孔吸水的砌体材料和高温干燥的天气，则要求砂浆的流动性要大一些(稀一些)；反之，对于密实不吸水的砌体材料和湿冷的天气，则要求砂浆的流动性要小一些(稠一些)。可参考表 5-1 和表 5-2 来选择砂浆流动性。

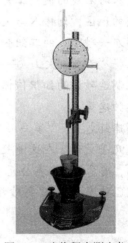

图 5-1　砂浆稠度测定仪

表 5-1　砌筑砂浆流动性要求

砌 体 种 类	砂浆稠度/mm
烧结普通砖砌体	70～90
石砌体	30～50
轻骨料混凝土小型空心砌块砌体	60～90
烧结多孔砖、空心砖砌体	60～80
烧结普通砖平拱式过梁	50～70
空心墙、筒拱	
普通混凝土小型空心砌块砌体	
加气混凝土砌块砌体	

表 5-2　抹面砂浆流动性要求(稠度：mm)

抹灰工程	机械施工	手工操作
准备层	80～90	110～120
底层	70～80	70～80
面层	70～80	90～100
石膏浆面层	—	90～120

影响砂浆流动性的主要因素如下：

(1) 胶凝材料及掺加料的种类和用量；

(2) 砂的粗细程度、形状及级配；

(3) 用水量；

(4) 外加剂种类与掺量；

(5) 搅拌时间等。

2．保水性

砂浆的保水性是指新拌砂浆能够保持水分不容易析出的能力，也表示砂浆中各组成材料是否易分离的性能。

新拌砂浆在存放、运输和使用过程中，都必须保持其水分不致很快流失，才能便于施工操作且保证工程质量。如果砂浆保水性不好，在施工过程中很容易泌水、分层、离析或水分易被基面所吸收，使砂浆变得干稠，致使施工困难，同时影响胶凝材料的正常水化硬化，降低砂浆本身强度以及与基层的黏结强度。因此，砂浆要具有良好的保水性。一般来说，砂浆内胶凝材料充足，尤其是掺加了石灰膏和黏土膏等掺和料后，砂浆的保水性均较好，砂浆中掺入加气剂、微沫剂、塑化剂等也能改善砂浆的保水性和流动性。

但是砌筑砂浆的保水性并非越高越好，对于不吸水基层的砌筑砂浆，保水性太高会使得砂浆内部水分早期无法蒸发释放，从而不利于砂浆强度的增长并且增大了砂浆的干缩裂缝，降低了整个砌体的整体性。

砂浆的保水性用砂浆分层度测定仪测定，以分层度(mm)表示。分层度的测定是将已测定稠度的砂浆入满分层度筒内(分层度筒内径为 150 mm，分为上下两节，上节高度为 200 mm，下节高度为 100 mm，如图 5-2 所示)，轻轻敲击筒周围 1～2 下，刮去多余的砂浆并抹平。静置 30 min 后，去掉上部 200 mm 砂浆，取出剩余 100 mm 砂浆倒出在搅拌锅中拌 2 min 再测稠度，前后两次测得的稠度差值即为砂浆的分层度(以 mm 计)。砂浆合理的分层度应控制在 10 mm～20 mm，分层度大于 20 mm 的砂浆容易离析、泌水、分层或水分流失过快，不便于施工和水泥硬化。一般水泥砂浆分层度不宜超过 30 mm，水泥混合砂浆分层度不宜超过 20 mm。若分层度过小，如分层度为零的砂浆，虽然保水性很强，上下无分层现象，但这种砂浆易发生干缩裂缝，影响黏结力，因此不宜做抹灰砂浆。

图 5-2　分层度筒

5.2.2　硬化后砂浆的性质

1. 抗压强度与强度等级

砂浆强度等级是以 70.7 mm × 70.7 mm × 70.7 mm 的 6 个立方体试块，按标准条件(在温度为(20±1)℃、水泥砂浆的相对湿度在 90%以上，混合砂浆的相对湿度在 60%和 80%之间)养护至 28d 的抗压强度平均值确定的。

根据《砌筑砂浆配合比设计规程》(JGJ/T98—2010)的规定，水泥砂浆及预拌砂浆的强度等级分为 M5、M7.5、M10、M15、M20、M25、M30 等 7 个等级。水泥混合砂浆的强度等级分为 M5、M7.5、M10、M15 等 4 个等级。

砂浆的实际强度除了与水泥的强度和用量有关外，还与基底材料的吸水性有关，因此其强度可分为下列两种情况。

(1) 不吸水基层材料：影响砂浆强度的因素与混凝土基本相同，主要取决于水泥强度和水灰比，即砂浆的强度与水泥强度和灰水比成正比关系。砂浆强度计算公式为

$$f_{mu} = 0.29 f_{ce}\left(\frac{C}{W} - 0.40\right) \tag{5-1}$$

(2) 吸水性基层材料：砂浆强度主要取决于水泥强度和水泥用量，而与水灰比无关。砂浆强度计算公式如下：

$$f_{mu} = f_{ce} \cdot Q_c \cdot \frac{A}{1000} + B \tag{5-2}$$

式中：f_{mu} 为砂浆 28d 的抗压强度(MPa)；f_{ce} 为水泥的实测强度值(MPa)；Q_c 为每立方米砂浆中水泥的用量(kg/m³)；A、B 均为砂浆的特征系数，其中 $A = 3.03$，$B = -15.09$。

2. 黏结性

砌筑砂浆必须具有足够的黏结力，才能将砌筑材料粘结成一个整体，因此，要求砂浆与基材之间应有一定的黏结强度。两者粘结得越牢，整个砌体的整体性、强度、耐久性及抗震性等越好。

一般来说，砂浆抗压强度越高，其与基材的黏结强度越高。此外，砂浆的黏结强度与基层材料的表面状态、清洁程度、湿润状况以及施工养护等条件有很大关系。同时，它还

与砂浆的胶凝材料种类有很大关系，加入聚合物可使砂浆的黏结性大为提高。

实际上，对砌体这个整体来说，砂浆的黏结性较砂浆的抗压强度更为重要。但是，考虑到我国的实际情况，以及抗压强度相对来说容易测定，因此，将砂浆抗压强度作为必检项目和配合比设计的依据。

3. 变形性

砌筑砂浆在承受荷载或在温度变化时会产生变形。如果变形过大或不均匀，则容易使砌体的整体性下降，产生沉陷或裂缝，影响到整个砌体的质量。抹面砂浆在空气中容易产生收缩等变形，变形过大也会使面层产生裂纹或剥离等质量问题。因此要求砂浆具有较小的变形性。

影响砂浆变形性的因素很多，如胶凝材料的种类和用量、用水量、细骨料的种类、级配和质量以及外部环境条件等。

4. 抗冻性

强度等级 M2.5 以上的砂浆常用于受冻融影响较多的建筑部位。当设计中做出冻融循环要求时，必须进行冻融试验，经冻融试验后，质量损失率不应大于 5%，强度损失率不应大于 25%。

任务三　砌 筑 砂 浆

凡用于砌筑砖、石砌体或各种砌块、混凝土构件接缝等的砂浆称为砌筑砂浆。如砌筑基础、墙身、柱、拱等建筑物和构造物。砌筑砂浆在建筑工程中用量最大，它起着粘结砖和砌块，传递荷载，并使应力的分布较为均匀，协调变形的作用，从而提高砌体的强度、稳定性。同时，砌筑砂浆通过填充块状材料之间的缝隙，可提高建筑物保温、隔音、防潮等性能。

5.3.1　砌筑砂浆的组成材料

1. 水泥

水泥是砌筑砂浆的主要胶凝材料，常用水泥均可以用来配制砂浆。水泥品种的选择与混凝土相同，可根据砌筑部位、环境条件等选择适宜的水泥品种。通常对水泥的强度要求并不很高，一般采用中等强度等级的水泥就能够满足要求。在配制砌筑砂浆时，选择水泥强度等级一般为砂浆强度等级的 4~5 倍。但水泥砂浆采用的水泥强度等级不宜大于 32.5 级；水泥混合砂浆采用的水泥强度等级不宜大于 42.5 级。如果水泥强度等级过高，可适当掺入掺和料。不同品种的水泥，不得混合使用。为合理利用资源、节约材料，在配制砂浆时要尽量选用低强度等级水泥或砌筑水泥。对于一些特殊用途的砂浆，如修补裂缝、预制构件嵌缝、结构加固等可采用膨胀水泥。装饰砂浆采用白色与彩色水泥等。

2. 掺和料

为了改善砂浆的和易性和节约水泥，降低砂浆成本，在配制砂浆时，常在砂浆中掺入适量的磨细生石灰、石灰膏、石膏、粉煤灰、黏土膏、电石膏等物质作为掺和料。为了保证砂浆的质量，经常将生石灰先熟化成石灰膏。制成的膏类物质稠度一般为(120±5) mm，如果现场施工时，发现石灰膏稠度与试配时不一致，可参照表 5-3 进行换算。消石灰粉不得直接使用于砂浆中。

表 5-3　石灰膏不同稠度时的换算系数

石灰膏稠度/mm	120	110	100	90	80	70	60	50	40	30
换算系数	1.00	0.99	0.97	0.95	0.93	0.92	0.90	0.88	0.87	0.86

3. 聚合物

在许多特殊的场合可采用聚合物作为砂浆的胶凝材料，由于聚合物为链型或体型高分子化合物，且黏性好，在砂浆中可呈膜状大面积分布，因此可提高砂浆的黏接性、韧性和抗冲击性，同时也有利于提高砂浆的抗渗、抗碳化等耐久性能，但是可能会使砂浆抗压强度下降。常用的聚合物有聚醋酸乙烯酯、甲基纤维素醚、聚乙烯醇、聚酯树脂、环氧树脂等。

4. 细集料

配制砂浆的细集料最常用的是天然砂。砂应符合混凝土用砂的技术性质要求。由于砂浆层较薄，因此砂的最大粒径应有所限制，理论上不应超过砂浆层厚度的 1/4～1/5。例如砖砌体用砂浆宜选用中砂，最大粒径不大于 2.5 mm；石砌体用砂浆宜选用粗砂，砂的最大粒径以不大于 5.0 mm；光滑的抹面及勾缝的砂浆宜采用细砂，其最大粒径不大于 1.2 mm。为保证砂浆质量，尤其在配制高强度砂浆时，应选用洁净的砂。因此对砂的含泥量应予以限制，例如砌筑砂浆的砂含泥量不应超过 5%。

砂的粗细程度对砂浆的水泥用量、和易性、强度及收缩等影响很大。

5. 水

拌制砂浆用水与混凝土拌和用水的要求相同，均需满足《混凝土用水标准》(JGJ63—2006)的规定。

6. 外加剂

为改善新拌及硬化后砂浆的各种性能或赋予砂浆某些特殊性能，常在砂浆中掺入适量外加剂。例如：为改善砂浆和易性，提高砂浆的抗裂性、抗冻性及保温性，可掺入微沫剂、减水剂等外加剂；为增强砂浆的防水性和抗渗性，可掺入防水剂等；为增强砂浆的保温隔热性能，除选用轻质细骨料外，还可掺入引气剂提高砂浆的孔隙率。混凝土中使用的外加剂，对砂浆也具有相应的作用。

5.3.2　砌筑砂浆配合比的设计

砌筑砂浆是将砖、石、砌块等粘结成为砌体的砂浆。砌筑砂浆主要起粘结、传递应力的作用，是砌体的重要组成部分。

砌筑砂浆可根据工程类别及砌体部位的设计要求，确定砂浆的强度等级，然后选定其配合比。一般情况下可以查阅有关手册和资料来选择配合比，但如果工程量较大、砌体部位较为重要或掺入外加剂等非常规材料，为保证质量和降低造价，应进行配合比设计。经过计算、试配、调整，从而确定施工用的配合比。

目前常用的砌筑砂浆有水泥砂浆和水泥混合砂浆两大类。根据《砌筑砂浆配合比设计规程》(JGJ98—2010)规定，现场配制水泥混合砂浆配合比设计或选用步骤如下。

1. 水泥混合砂浆配合比的设计过程

(1) 确定试配强度。砂浆的试配强度可按下式确定：

$$f_{m,0} = kf_2 \tag{5-3}$$

式中：$f_{m,0}$ 为砂浆的试配强度，可精确至 0.1 MPa；f_2 为砂浆强度等级值，可精确至 0.1 MPa；k 为系数，按表 5-4 取值。

表 5-4　砂浆强度标准差 σ 及 k 值

施工水平	强度标准差 σ/MPa							k
	M5	M7.5	M10	M15	M20	M25	M30	
优良	1.00	1.50	2.00	3.00	4.00	5.00	6.00	1.15
一般	1.25	1.88	2.50	3.75	5.00	6.25	7.50	1.20
较差	1.50	2.25	3.00	4.50	6.00	7.50	9.00	1.25

砌筑砂浆现场强度标准差可按下式确定：

$$\sigma = \sqrt{\frac{\sum_{i=1}^{n} f_{m,i}^2 - n\mu_{f_m}^2}{n-1}} \tag{5-4}$$

式中：$f_{m,i}$ 为统计周期内同一品种砂浆第 i 组试件的强度(MPa)；μ_{f_m} 为统计周期内同一品种砂浆 N 组试件强度的平均值(MPa)；N 为统计周期内同一品种砂浆试件的组数，$N \geqslant 25$。

当不具有近期统计资料时，砂浆现场强度标准差 σ 可按表 5-4 取用。

(2) 计算每立方米砂浆中水泥用量。计算公式如下：

$$Q_c = \frac{1000(f_{m,0} - B)}{A \cdot f_{ce}} \tag{5-5}$$

式中：Q_c 为每立方米砂浆中的水泥用量，可精确至 1 MPa；$f_{m,0}$ 为砂浆的试配强度，精确至 0.1 MPa；f_{ce} 为水泥的实测强度，可精确至 0.1 MPa；A、B 均为砂浆的特征系数，其中 $A = 3.03$，$B = -15.09$。

在无法取得水泥的实测强度 f_{ce} 时，可按下式计算：

$$f_{ce} = \gamma_c \cdot f_{ce,k} \tag{5-6}$$

式中：$f_{ce,k}$ 为水泥强度等级对应的强度值(MPa)；γ_c 为水泥强度等级值的富余系数，该值应按实际统计资料确定。无统计资料时取 $\gamma_c = 1.0$。

当计算出水泥砂浆中的水泥用量不足 200 kg/m^3 时，应按 200 kg/m^3 采用。

(3) 水泥混合砂浆的掺和料用量。水泥混合砂浆的掺和料应按下式计算：

$$Q_D = Q_A - Q_c \tag{5-7}$$

式中：Q_D 为每立方米砂浆中掺和料用量，可精确至 1 kg；石灰膏、黏土膏使用时的稠度为 (120±5)mm；Q_c 为每立方米砂浆中水泥用量，可精确至 1 kg；Q_A 为每立方米砂浆中水泥和掺和料的总量，精确至 1 kg；可为 350 kg。

(4) 确定砂子用量。每立方米砂浆中砂子用量 Q_s(kg/m³)应以干燥状态(含水率小于 0.5%)的堆积密度作为计算值，即 1 m³ 的砂浆含有 1 m³ 堆积体积的砂。

(5) 确定用水量。每立方米砂浆中用水量 Q_w(kg/m³)，可根据砂浆稠度要求选用 240 kg～310 kg。

注意：① 混合砂浆中的用水量，不包括石灰膏或黏土膏中的水；

② 当采用细砂或粗砂时，用水量分别取上限或下限；

③ 稠度小于 70 mm 时，用水量可小于下限；

④ 施工现场气候炎热或干燥季节，可酌量增加水量。

2. 水泥砂浆配合比的选用

水泥砂浆各种材料用量可按表 5-5 选用。

表 5-5　水泥砂浆材料用量　　　　　　　　　　　　kg/m³

强度等级	水　泥	砂	用水量
M5	200～230		
M7.5	230～260		
M10	260～290		
M15	290～330	砂的堆积密度值	270～330
M20	340～400		
M25	360～410		
M30	430～480		

注：① M15 及 M15 以下强度等级的水泥砂浆，水泥强度等级为 32.5 级，M15 以上强度等级的水泥砂浆，水泥强度等级为 42.5 级；

② 当采用细砂或粗砂时，用水量分别取上限或下限；

③ 稠度小于 70 mm 时，用水量可小于下限；

④ 施工现场气候炎热或干燥时，可酌量增加用水量；

⑤ 试配强度应按式(5-3)进行计算。

5.3.3　配合比的试配、调整与确定

砂浆试配时应采用工程中实际使用的材料；搅拌采用机械搅拌，搅拌时间自投料结束后算起，水泥砂浆和水泥混合砂浆不得小于 120 s，掺用粉煤灰和外加剂的砂浆不得小于 180 s。

按计算或查表选用的配合比进行试拌，测定其拌和物的稠度和分层度，若不能满足要求，则应调整用水量和掺和料用量，直至符合要求为止。此时的配合比为砂浆基准配合比。

为了保证所测定的砂浆强度在设计要求范围内，试配时应至少采用 3 个不同的配合比，其中一个为基准配合比，另外两个配合比的水泥用量按基准配合比分别增加及减少 10%，在保证稠度和分层度合格的条件下，可将用水量或掺和料用量作相应调整。按《建筑砂浆基本性能试验方法》(JGJ70—2009)的规定成型试件，测定砂浆强度。选定符合试配强度要求并且水泥用量最少的配合比作为砂浆配合比。

砂浆配合比以各种材料用量的比例形式表示如下：

水泥：掺和料：砂：水 = Q_c：Q_d：Q_s：Q_w

例 5-1 砂浆配合比设计实例。要求设计用于砌筑砖墙的 M7.5 等级，稠度为 70 mm～100 mm 的水泥石灰砂浆配合比。工程设计资料：水泥：32.5 MPa 矿渣硅酸盐水泥；石灰膏：稠度为 120 mm；砂：中砂，堆积密度为 1450 kg/m³，含水率为 2%；施工水平：一般。

解 设计步骤：

(1) 计算试配强度 $f_{m,0}$：根据施工水平，查表 5-4，得 $k=1.20$，代入式(5-3)，得

$$f_{m,0} = kf_2 = 1.20 \times 7.5 = 9.0 \text{ MPa}$$

(2) 计算水泥用量 Q_c：由于没有水泥强度的实测值，取

$$f_{ce} = \gamma_c \cdot f_{ce,k} = 1.0 \times 32.5 = 32.5 \text{ MPa}$$

将 $A = 3.03$、$B = -15.09$ 等代入式(5-5)，得

$$Q_c = \frac{1000(f_{m,0} - B)}{A \cdot f_{ce}} = \frac{1000(9.0 + 15.09)}{3.03 \times 32.5} = 245 \text{ kg}$$

(3) 计算石灰膏用量 Q_d：

$$Q_d = Q_A - Q_c = 350 - 245 = 105 \text{ kg}$$

式中，$Q_A = 350$ kg(按水泥和掺和料总量规定选取)。

(4) 根据砂子堆积密度和含水率，计算砂用量 Q_s：

$$Q_s = 1450 \times (1 + 2\%) = 1479 \text{ kg}$$

(5) 选择用水量 Q_w：

$$Q_w = 300 \text{ kg}$$

(6) 试配与调整：经试配不需调整，故该砂浆各材料的用量比例为

水泥：石灰膏：砂：水 = 245：105：1479：300

或

水泥：石灰膏：砂：水 = 1：0.43：6.04：1.22

[工程实例分析 5-1]

砂浆质量问题

现象 某工地自己配制 M10 砂浆砌筑砖墙，把水泥直接倒在砂堆上，再人工搅拌。该砌体灰缝饱满度及黏结性均差。请分析原因。

原因分析 砂浆的均匀性可能有问题。把水泥直接倒在砂堆上，采用人工搅拌的方式往往导致混合不够均匀，使强度波动大，宜加入搅拌机中搅拌。

仅以水泥与砂配制砂浆，使用少量水泥虽可满足强度要求，但往往流动性及保水性较差，而使砌体饱满度及黏结性较差，影响砌体强度。可掺入少量石灰膏、石灰粉或微沫剂等以改善砂浆和易性。

任务四 抹面砂浆

抹面砂浆也称抹灰砂浆，凡涂抹在基底材料表面，兼有保护基层和增加美观作用的砂

浆，均可称为抹面砂浆，其作用是保护墙体不受风雨、潮气等侵蚀，提高墙体防潮、防风化、防腐蚀的能力，同时使墙面、地面等建筑部位平整、光滑、清洁美观。

根据抹面砂浆功能的不同，一般可将抹面砂浆分为普通抹面砂浆、防水砂浆、装饰砂浆和特种砂浆(如绝热、吸声、耐酸、防射线砂浆)等。

与砌筑砂浆相比，抹面砂浆的特点和技术要求有：

(1) 抹面层不承受荷载；

(2) 抹面砂浆应具有良好的和易性，容易涂抹成均匀平整的薄层，便于施工；

(3) 抹面层与基底层要有足够的黏结强度，使其在施工中或长期自重和环境作用下不脱落、不开裂；

(4) 抹面层多为薄层，并分层涂沫，面层要求平整、光洁、细致、美观；

(5) 多用于干燥环境，大面积暴露在空气中。

抹面砂浆的主要组成材料仍是水泥、石灰或石膏以及天然砂等，对这些原材料的质量要求同砌筑砂浆。但根据抹面砂浆的使用特点，对其主要技术要求不是抗压强度，而是和易性及其与基层材料的黏结力。为此，常需多用一些胶结材料，并加入适量的有机聚合物以增强黏结力。另外，为减少抹面砂浆因收缩而引起开裂，常在砂浆中加入一定量纤维材料。

5.4.1　普通抹面砂浆

普通抹面砂浆对建筑物和墙体起到保护作用。它可以抵抗风、雨、雪等自然环境对建筑物的侵蚀，并提高建筑物的耐久性，同时经过抹面的建筑物表面或墙面又可以达到平整、光洁、美观的效果。

常用的普通抹面砂浆有水泥砂浆、石灰砂浆、水泥混合砂浆、麻刀石灰砂浆(简称麻刀灰)、纸筋石灰砂浆(简称纸筋灰)等。

如图 5-3 所示，普通抹面砂浆通常分为两层或三层进行施工。底层抹灰的作用是使砂浆与基底能牢固地粘结，因此要求底层砂浆具有良好的和易性、保水性和较好的黏结强度。中层抹灰主要是找平，有时可省略。面层抹灰是为了获得平整、光洁的表面效果。

各层抹灰面的作用和要求不同，因此每层所选用的砂浆也不一样。同时，不同的基底材料和工程部位，对砂浆技术性能要求也不同，这也是选择砂浆种类的主要依据。

水泥砂浆宜用于潮湿或强度要求较高的部位；混合砂浆多用于室内底层或中层或面层抹灰；石灰砂浆、麻刀灰、纸筋灰多用于室内中层或面层抹灰。水泥砂浆不得涂抹在石灰砂浆层上。

普通抹面砂浆的组成材料及配合比，可根据使用部位及基底材料的特性确定，一般情况下参考有关资料和手册选用。

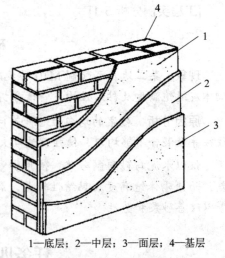

1—底层；2—中层；3—面层；4—基层

图 5-3　抹灰层的组成

5.4.2　装饰砂浆

涂抹在建筑物内外墙表面，以增加建筑物美观效果的砂浆称为装饰砂浆。

装饰砂浆的底层和中层抹灰与普通抹面砂浆基本相同，但是其面层要选用具有一定颜色的胶凝材料和骨料并采用特殊的施工操作方法，使得建筑物表面呈现各种不同的色彩、线条和花纹等装饰效果。

1.装饰砂浆的组成材料

(1) 胶凝材料。装饰砂浆所用胶凝材料与普通抹面砂浆基本相同，只是灰浆类饰面更多地采用白色水泥或彩色水泥。

(2) 骨料。装饰砂浆所用骨料，除普通天然砂外，石碴类饰面常使用石英砂、彩釉砂、着色砂、彩色石碴等。

(3) 颜料。装饰砂浆中的颜料，应采用耐碱和耐晒的矿物颜料。

2.装饰砂浆主要饰面方式

装饰砂浆饰面方式可分为灰浆类饰面和石碴类饰面两大类。

(1) 灰浆类饰面：主要通过水泥砂浆的着色或对水泥砂浆表面进行艺术加工，从而获得具有特殊色彩、线条、纹理等质感的饰面，其主要优点是材料来源广泛，施工操作简便，造价比较低廉，而且通过不同的工艺加工，可以创造不同的装饰效果。常用的灰浆类饰面有拉毛灰、甩毛灰、仿面砖、拉条、喷涂、弹涂。

(2) 石碴类饰面：用水泥(普通水泥、白水泥或彩色水泥)、石碴、水拌成石碴浆，同时采用不同的加工手段除去表面水泥浆皮，使石碴呈现不同的外露形式，以及通过水泥浆与石碴的色泽对比构成不同的装饰效果。

石碴是天然的大理石、花岗石以及其他天然石材经破碎而成，俗称米石。常用的规格有大八厘(粒径为 8 mm)、中八厘(粒径为 6 mm)、小八厘(粒径为 4 mm)。石碴类饰面与灰浆类饰面相比，其色泽较明亮，质感相对丰富，不易褪色，耐光性和耐污染性也较好。常用的石碴类饰面有水刷石、干黏石、斩假石、水磨石等，装饰效果各具特色。在质感方面：水刷石最为粗犷，干黏石粗中带细，斩假石典雅庄重，水磨石润滑细腻。在颜色花纹方面：水磨石色泽华丽、花纹美观；斩假石的颜色与斩凿的灰色花岗石相似；水刷石的颜色有青灰色、奶黄色等；干黏石的色彩取决于石碴的颜色。

5.4.3　防水砂浆

防水砂浆是指用于制作防水层的抗渗性较高的砂浆。砂浆防水层又称刚性防水层，适用于不受振动和具有一定刚度的混凝土或砖、石砌体工程，用于水塔、水池等的防水。防水砂浆主要有以下三种类型。

(1) 水泥砂浆：是由水泥、细骨料、掺和料和水制成的砂浆。普通水泥砂浆多层抹面用作防水层。

(2) 掺加防水剂的防水砂浆：在水泥砂浆中掺入一定量的防水剂而制成的防水砂浆是目前应用最广泛的一种防水砂浆。常用的防水剂有硅酸钠类、金属皂类、氯化物金属盐及有机硅类，加入防水剂的水泥砂浆可提高砂浆的密实性和提高防水层的抗渗能力。

(3) 膨胀水泥和无收缩水泥配制砂浆：由于膨胀水泥具有微膨胀或补偿收缩性能，从而能提高砂浆的密实性和抗渗性。

防水砂浆的配合比为水泥与砂的质量比，一般不宜大于 1∶2.5，水灰比应为 0.50～0.60，稠度不应大于 80 mm。

防水砂浆的施工方法有人工多层抹压法和喷射法等。各种方法都以防水抗渗为目的，减少内部连通毛细孔，提高密实度。

5.4.4　特种砂浆

常见的特种砂浆主要有以下几种。

1. 保温砂浆

保温砂浆是以水泥、石灰、石膏等胶凝材料与膨胀珍珠岩、膨胀蛭石、火山渣或浮石砂、陶砂等轻质多孔骨料，按一定比例配制成的砂浆，具有轻质和良好的保温性能，其导热系数为 0.07 W/(m·K)～0.1 W/(m·K)。

保温砂浆可用于平屋顶保温层和顶棚、内墙抹灰，以及供热管道的保温防护。

2. 吸音砂浆

吸音砂浆一般采用轻质多孔骨料拌制而成，由于其骨料内部孔隙率大，因此吸声性能也十分优良。吸音砂浆还可以在砂浆中掺入锯末、玻璃纤维、矿物棉等材料拌制而成，主要用于室内吸声墙面和顶面。

3. 耐腐蚀砂浆

耐腐蚀砂浆按性能可分为以下三类。

(1) 水玻璃类耐酸砂浆。一般采用水玻璃作为胶凝材料拌制而成，常常掺入氟硅酸钠作为促硬剂。耐酸砂浆主要作为衬砌材料、耐酸地面或内壁防护层等。

(2) 耐碱砂浆。使用 42.5 强度等级以上的普通硅酸盐水泥(水泥熟料中铝酸三钙含量应小于 9%)，细骨料可采用耐碱、密实的石灰岩类(石灰岩、白云岩、大理岩等)、火成岩类(辉绿岩、花岗岩等)制成的砂和粉料，也可采用石英质的普通砂。耐碱砂浆可耐一定温度和浓度下的氢氧化钠和铝酸钠溶液的腐蚀，以及任何浓度的氨水、碳酸钠、碱性气体和粉尘等的腐蚀。

(3) 硫黄砂浆。以硫黄为胶凝材料，加入填料、增韧剂，经加热熬制而成的砂浆。采用石英粉、辉绿岩粉、安山岩粉作为耐酸粉料和细骨料。硫黄砂浆具有良好的耐腐蚀性能，几乎能耐大部分有机酸、无机酸，中性和酸性盐的腐蚀，对乳酸也有很强的耐蚀能力。

4. 防辐射砂浆

防辐射砂浆是采用重水泥(钡水泥、锶水泥)或重质骨料(黄铁矿、重晶石、硼砂等)拌制而成的，可防止各类辐射的砂浆，主要用于射线防护工程。

5. 聚合物砂浆

聚合物砂浆是在水泥砂浆中加入有机聚合物乳液配制而成的，具有黏结力强、干缩率小、脆性低、耐蚀性好等特性，用于修补和防护工程。常用的聚合物乳液有氯丁胶乳液、丁苯橡胶乳液、丙烯酸树脂乳液等。

任务五 干粉砂浆

5.5.1 基本概念

干粉砂浆是指经干燥筛分处理的骨料(如石英砂)、无机胶凝材料(如水泥)和添加剂(如聚合物)等按一定比例进行物理混合而成的一种颗粒状或粉状,以袋装或散装的形式运至工地,加水拌和后即可直接使用的物料,又称做砂浆干粉料、干混料、干拌粉、干混砂浆。有些建筑黏合剂也属于此类。干粉砂浆在建筑业中以薄层发挥粘结、衬垫、防护和装饰作用,在建筑和装修工程中应用得极为广泛。在干粉砂浆出现之前,所使用的砂浆大都在施工现场拌制。因材料来源不固定、储存过程中易变质、配合比例变化大、拌和均匀性差等原因,造成现场拌制砂浆强度不稳定、抗渗抗裂性差、收缩率大,这些是粉刷开裂、起壳、剥落、渗漏等建筑质量问题发生的主要原因。同时,现场配制砂浆不可避免地造成资源浪费和环境污染。

我国干粉砂浆主要分为两大类:一是普通干粉砂浆,包括砌筑砂浆、抹灰砂浆和地面砂浆;二是特种干混砂,包括瓷砖胶黏剂、保温用砂浆、腻子、填缝剂、自流平砂浆、耐磨砂浆、界面处理砂浆、防水砂浆、粉末涂料和修补砂浆等。

5.5.2 现场拌制砂浆与干粉砂浆的比较

砂浆作为一种建筑材料,已有上千年的历史,但砂浆的生产方式却一直沿用上千年的施工现场拌制方式。伴随着建筑技术的发展,对施工工效和建筑质量的要求不断提高,现场拌制砂浆的缺点也逐步显露出来。现场拌制砂浆存在的问题主要有以下几个方面:

(1) 配比设计的随意性较大,严重影响材料的内在质量。由于施工队伍众多,施工单位的技术水平良莠不齐,往往凭经验或从别处借鉴配方,对自己选用的原材料的个性分析不足,又缺乏系统的材料性能检验,造成砂浆性能低下,给工程带来隐患。

(2) 现场计量控制不准造成质量波动。大多数现场仍停留在人工计量的阶段,这样称量误差很大。后果是胶结料少了,会造成强度下降;胶结料多了,一方面会增加成本,同时又会因为水泥的收缩问题而产生裂缝。

(3) 混合均匀性难以保证。现场搅拌一般采用小型砂浆搅拌机,对于微掺量的添加剂分散能力差,常会出现拌和不均匀的现象。

(4) 生产效率低。劳动强度大,劳动时间长,用于单位工程的人工费用增大。

(5) 原材料对砂浆性能的影响增大。不同用途的砂浆,对集料、胶结料有着不同的要求。在施工现场生产,限于条件和工期的限制,不可能一一满足。

(6) 对环境污染大。原料在存放和生产时会形成粉尘、噪音等污染源,对周围环境造成污染。

(7) 影响建筑功能,造成事故隐患。由于没有科学的经验数学模型的指引,砂浆质量的控制只能采用同期制作试件,到养护龄期后进行后期验证的办法。即使有问题,也难以弥补。由此而造成的墙体开裂、渗水、色差及抹灰层空鼓、脱落的现象时有发生。

为此, 对砂浆生产方式进行改革成为必然。砂浆进行工厂化生产, 在依据砂浆用途的选材和配比设计方面, 由更具专业化的工程师进行, 在设施全面的实验室进行系统的检验, 采用电子化计量, 专业化生产管理和专门的混合设备进行集中生产, 就能够有效地解决上述问题。

5.5.3　干粉砂浆的特点和优势

和传统现场搅拌砂浆相比, 干粉砂浆具有如下众多优点。

(1) 品质优异: 干粉砂浆由专业生产厂按照科学的配方, 通过精确的计量, 大规模自动化生产而成, 其搅拌均匀度高, 质量可靠且稳定, 适当的外加剂保证了产品能满足特殊的质量要求。

(2) 品种丰富: 生产的灵活性高, 可按照不同的要求生产各种性能优越的砂浆。

(3) 施工性能良好: 易涂刮, 可免去基材预湿和后期淋水养护等工作, 湿砂浆对其材料的附着力高, 不下垂、不流挂。

(4) 使用方便: 加水搅拌即可直接使用; 便于运输和存放, 随时随地可以定量送货, 用多少, 混合多少, 无损失浪费, 既节约了原材料, 又方便了施工管理; 施工现场避免堆积大量的各种原材料, 减少对周围环境的影响, 尤其在大中城市的建筑翻新改造工程中, 可以解决因交通拥挤、现场狭窄造成的许多问题。

(5) 绿色环保: 产品无毒、无味, 利于健康居住, 是真正的绿色材料; 建筑工地无灰尘, 益于环境, 达到文明施工; 部分产品可以将粉煤灰等工业废料进行再生利用, 减少废弃物对环境的污染, 同时降低生产成本; 在高新技术如纳米技术的应用方面也有非常独到的地方, 如在内外墙用干粉砂浆中添加不同的纳米材料, 可以使内外墙具有净化空气中的废气等以及自动调节室内空气中的湿度、温度等功能; 部分产品的隔热保温技术还可使建筑节能达到50%以上。

(6) 经济性: 节省材料存储费用, 无浪费(现场搅拌约有 20%～30%的材料损失); 适合机械化施工, 缩短建筑周期, 降低建筑造价; 适合薄层施工, 增加建筑实用空间; 解决了传统砂浆的固有缺陷, 因此能保证和提高建筑施工质量, 工程质量明显提高, 大量节省后期维修费用。

在建筑业不断发展, 人们对环境保护和健康居住的要求日益提高的今天, 干粉砂浆这种新型绿色环保建筑材料已逐渐被人们所接受, 并成为世界建材行业中发展最快的一种新产品。

[工程实例分析 5-2]

以硫铁矿渣代建筑砂配制砂浆的质量问题

现象　上海市某中学教学楼为五层内廊式砖混结构, 工程交工验收时质量良好。但使用半年后, 发现砖砌体裂缝, 一年后, 建筑物裂缝严重, 以致成为危房不能使用。该工程砂浆采用硫铁矿渣代替建筑砂。其含硫量较高, 有的高达 4.6%。

原因分析　由于硫铁矿渣中的二氧化硫和硫酸钙与水泥或石灰膏反应, 生成硫铝酸钙或硫酸钙，产生体积膨胀。而其硫含量较多，在砂浆硬化后不断生成此类体和膨胀的水化产物，致使砌体产生裂缝，抹灰层起壳。需说明的是，该段时间上海的硫铁矿渣含硫较高，不仅此项工程出问题，许多使用硫铁矿渣的工程亦出现类似的质量问题，关键是硫含量高。

【创新与拓展】

CA 砂 浆

简介 水泥沥青砂浆(Cement Asphalt Mortar)简称 CA 砂浆，是高速铁路 CRTS 型板式无砟轨道的核心技术，是由水泥、乳化沥青、细骨料、水和多种外加剂等原材料组成，经水泥水化硬化与沥青破乳胶结共同作用形成的一种新型有机与无机复合材料。水泥沥青砂浆利用水泥吸水后水化加速乳化沥青破乳，由水泥水化物和沥青裹砂形成立体网络。它以乳化沥青和水泥这两种性质差异很大的材料作为结合料，其刚度和强度比普通沥青混凝土高，但是比水泥混凝土低，其特点在于刚柔并济，以柔性为主，兼具刚性。水泥沥青砂浆填充于厚度约为 50 mm 的轨道板与混凝土底座之间，其作用是支撑轨道板、缓冲高速列车荷载与减震等，其性能的好坏对板式无砟轨道结构的平顺性、耐久性和列车运行的舒适性与安全性以及运营维护成本等有着重大影响。CA 砂浆已逐渐成为板式无砟轨道道床材料的最佳选择。

目前，我国使用的水泥沥青砂浆有两种，分别是用在 CRTS Ⅰ型板式无砟轨道上的 CRTS Ⅰ型 CA 砂浆和用在 CRTS Ⅱ型板式无砟轨道上的 CRTS Ⅱ型 CA 砂浆。

水泥沥青砂浆的主要性能 水泥沥青砂浆有三大性能：工作性能、力学性能和耐久性。其中，工作性能的优劣主要体现在流动度、扩展度和可工作时间三个方面；力学性能则通过测量其抗折强度、抗压强度和弹性模量来衡量；而评价耐久性的指标是抗冻性和耐疲劳性能。

在工程应用中，测试的内容主要有干料的扩展度、干料的抗压强度和水泥沥青砂浆的膨胀率、扩展度、流动度、分离度、含气量、力学性能、抗冻融性、抗疲劳性等性能。

水泥沥青砂浆在我国的应用情况 我国第一条应用 CRTS Ⅰ型 CA 砂浆的高速铁路是哈大线，第一条应用 CRTS Ⅱ型 CA 砂浆的高速铁路是京津城际客运专线。目前，我国已建成和正在建设的京沪、武广、郑西、沪宁、宁杭等高速铁路都将采用水泥沥青砂浆。

虽然经过在秦沈线、郑西线、武广线和京津城际等路段的铺设实验，得出了一些具体的研究成果，取得了一定的实验数据和相关经验，但总体来说，我国 CA 砂浆研究仍处于起步阶段，在 CA 砂浆耐久性、力学性能等方面研究不足，更缺乏适合我国具体轨道环境的 CA 砂浆的性能指标。当前，国内参与 CA 砂浆研制和技术开发的单位总体不多，而且技术水平参差不齐，国内 CA 砂浆设计技术与国际水平相比无论在理论研究还是在实践工程应用方面都存在一定差距。因此，针对上面所提不足，应该有针对性地对 CA 砂浆进行更加深入的研究。

能 力 训 练 题

一、填空题

1. 混凝土流动性的大小用＿＿＿＿指标来表示，砂浆流动性的大小用＿＿＿＿指标来表示。

2. 混合砂浆的基本组成材料包括＿＿＿＿、＿＿＿＿、＿＿＿＿和＿＿＿＿。

3. 抹面砂浆一般分底层、中层和面层三层进行施工，其中底层起着＿＿＿＿的作用，中层起着＿＿＿＿的作用，面层起着＿＿＿＿的作用。

二、选择题(多项)

1. 新拌砂浆应具备的技术性质是＿＿＿＿。

A. 流动性　　　　　　B. 保水性　　　　　　C. 变形性　　　　　　D. 强度

2. 砌筑砂浆为改善其和易性和节约水泥用量，常掺入＿＿＿＿。

A. 石灰膏　　　　　　B. 麻刀　　　　　　　C. 石膏　　　　　　　D. 黏土膏

3. 用于砌筑砖砌体的砂浆强度主要取决于＿＿＿＿。

A. 水泥用量　　　　　B. 砂子用量　　　　　C. 水灰比　　　　　　D. 水泥强度等级

4. 用于石砌体的砂浆强度主要取决于＿＿＿＿。

A. 水泥用量　　　　　B. 砂子用量　　　　　C. 水灰比　　　　　　D. 水泥强度等级

三、判断题

1. 分层度愈小，砂浆的保水性愈差。

2. 砂浆的和易性内容与混凝土的完全相同。

3. 混合砂浆的强度比水泥砂浆的强度大。

4. 防水砂浆属于刚性防水。

四、简答题

1. 砂浆强度试件与混凝土强度试件有何不同？

2. 为什么地上砌筑工程一般多采用混合砂浆？

五、计算题

某工程要求配制 M5.0 的水泥石灰砂浆，用 32.5 级的普通硅酸盐水泥，含水率为 2%的中砂，其干燥状态下的堆积密度为 1450 kg/m³，试求每方砂浆中各项材料的用量。

项目六 砌体材料

教学要求

了解：砌墙砖的分类；非烧结砖、其他砌块、各种墙板的技术性质及应用；建筑工程中常用石材的技术性能、特点及选用原则。

掌握：烧结砖的主要技术性质及应用，混凝土砌块和加气混凝土砌块的性能及应用特点。

重点：烧结砖的主要技术性质及应用，建筑石材的主要品种及应用。

难点：加气混凝土砌块的性能及应用特点。

【走进历史】

秦砖汉瓦

中国在春秋战国时期陆续创制了方形和长形砖，秦汉时期制砖的技术和生产规模、质量和花式品种都有显著发展，世称"秦砖汉瓦"。

所谓"秦砖汉瓦"，非专指"秦朝的砖、汉代的瓦"，是后世为纪念和说明这一时期建筑装饰的辉煌和鼎盛，而对这一时期的砖、瓦的统称，我们今天建筑中应用的空心砖早在战国时就已被创造用作宫殿、官署或陵园建筑。秦代的砖素有"铅砖"美誉。有的秦砖上刻有文字，字体瘦劲古朴，这种古砖十分少见。瓦当是中国古典建筑物上一种特有的装饰物，俗称瓦头，秦汉瓦当之所以为人们所重视，并不在于其数量巨大，主要在于其丰富精美的纹饰以及古朴苍劲的艺术魅力。两汉瓦当纹饰主要分为两大类，一类是秦时便已出现的卷云纹，另一类便是最吸引视线的文字瓦当，比如"千秋万岁"、"万寿无疆"。字体有小篆、鸟虫篆、隶书、真书等。欣赏每一块瓦当，都是一种艺术享受。不仅可以感受到古人追求富贵、长寿、快乐的美好愿望，更能体会到匠师们独特的艺术风格和中国文字之美。

"秦砖汉瓦"的金碧辉煌虽早已湮没于历史烟云，但作为秦汉时期的鲜明文化符号，它真实再现了博大精深、广袤深邃的华夏文明遗韵，引发人们对那个遥远而陌生的秦汉盛世的好奇心和求知欲，现在通常用它来形容带有中华传统文化风格的古建筑。"秦砖汉瓦"是华夏文明宝库中一颗璀璨的明珠，其精美的文字、奇特的动物形象、华丽诡异的图案，在考古、历史、古文字和美术、书法艺术，以及思想文化方面的研究中，有着其他文物遗迹不可替代的特殊地位，极具艺术欣赏和文化研究价值。

任务一　概　　述

砌体在建筑中起承重、围护或分隔作用。用于砌体的材料品种较多，有砖、砌块、板材、石材等。它们与建筑物的功能、自重、成本、工期以及建筑能耗等均有着直接的关系。

砌体材料较多用作墙体材料(简称墙材)。在房屋建筑中，墙体具有承重、围护、隔断、保温隔热等作用，墙体材料主要是指砖、砌块、墙板等，合理选材对建筑物的功能、安全以及造价等均具有重要意义。

烧结砖在我国已经有两千多年的历史，对于建筑工业的贡献不可磨灭。长期以来，我国以烧结黏土砖为砌体结构材料，由于传统的烧结黏土砖主要以毁田取土烧制，加上其自重大、生产效率低及抗震性能差等缺点，严重影响建筑施工现代化的发展。这也就决定了它终将被历史所淘汰。墙体材料革新是对我国传统墙材的一场大的革命，其社会、经济和环保意义是毋庸置疑的。十几年来，我国新型墙体材料得到了空前发展，涌现出一大批非烧结的新型墙材，如各种混凝土砖(砌块)、墙板、蒸压砖等免烧墙材生产企业，成为墙材行业的重要力量。

天然石材是古老的建筑材料之一，世界上许多古建筑都是由天然石材建造而成的。如：埃及人用石头堆砌出无与伦比的金字塔、太阳神神庙；意大利著名的比萨斜塔全是由石材(大理石)建成的；古希腊人用石材建造的雅典卫城，经历了 2000 多年的风雨，依然耸立在地中海边，成为雅典不朽的象征。

我国对天然石材的使用也有着悠久的历史和丰富的经验。我国在战国时代就有石基、石阶，东汉时有全石建筑，隋唐时代的石窟、石塔、石墓都有杰出的代表作，宋代用石材建造城墙、桥梁(如河北的赵州桥、福建泉州的洛阳桥等)，明、清的宫殿基座、栏杆都是用汉白玉大理石建造的。在现代建筑中，北京的人民英雄纪念碑、人民大会堂、北京火车站等都是大量使用石材的建筑典范。在当代很多建筑创造性地使用石材，取得了独特的效果。

石材是历史最悠久的建筑材料之一，由于其具有相当高的强度、良好的耐磨性和耐久性，并且资源丰富，易于就地取材，因此，在大量使用钢材、混凝土和高分子材料的现代建筑中，石材的使用仍然相当普遍和广泛。

任务二　砌　墙　砖

6.2.1　砖的概述

凡是由黏土、工业废料或其他地方资源为主要原料，以不同的工艺制造的在建筑物中用于承重墙和非承重墙的砖统称为砌墙砖。

砌墙砖可分为普通砖和空心砖两大类。普通砖是没有孔洞或孔洞率(砖面上孔洞总面积占砖面积的百分率)小于15%的砖；而孔洞率等于或大于15%的砖称为空心砖，其中孔的尺寸小而数量多的砖又称为多孔砖。

砌墙砖按照生产工艺分为烧结砖和非烧结砖。烧结砖是经焙烧而制成的，常结合主要原料命名,如烧结页岩砖、烧结煤矸石砖等;非烧结砖是通过非烧结工艺而制成的,如碳化砖、蒸养砖等。

砌墙砖按材质分,有黏土砖、页岩砖、煤矸石砖、粉煤灰砖、灰砂砖、混凝土砖等。

6.2.2 烧结普通砖

烧结普通砖是指以黏土、页岩、煤矸石或粉煤灰等为主要原料,经成型、焙烧而成的实心或孔洞率不大于 15% 的砖。烧结普通砖为矩形体,标准尺寸是 240 mm × 115 mm × 53 mm。根据所用原料不同,可分为烧结黏土砖(N)、烧结页岩砖(Y)、烧结煤矸石砖(M)、烧结粉煤灰砖(F)。

烧结普通砖的生产工艺过程为:原料→配料调制→制坯→干燥→焙烧→成品。

焙烧是制砖的关键过程,焙烧时火候要适当、均匀,以免出现欠火砖或过火砖。欠火砖色浅、断面包心(黑心或白心)、敲击声哑、孔隙率大、强度低、耐久性差。因此,国标规定欠火砖为不合格品。过火砖色较深、敲击声胎、较密实、强度高、耐久性好,但容易出现变形砖(酥砖或螺纹砖),变形砖也为不合格品。

在烧砖时,若使窑内氧气充足,使之在氧化气氛中焙烧,则土中的铁元素被氧化成高价的铁,烧得红砖。若在焙烧的最后阶段使窑内缺氧,则窑内燃烧气氛呈还原气氛,砖中的高价氧化铁(三氧化二铁)被还原为青灰色的低价氧化铁(氧化铁),即烧得青砖。青砖比红砖结实、耐久,但价格较红砖高。

1. 烧结普通砖的技术性能指标

根据国家标准《烧结普通砖》(GB5101—2003)的规定,烧结普通砖的技术要求包括尺寸偏差、外观质量、强度等级、抗风化性、泛霜和石灰爆裂等。强度、抗风化性能及放射性物质合格的砖,根据尺寸偏差、外观质量、泛霜和石灰爆裂等情况分为优等品(A)、一等品(B)、合格品(C)三个质量等级。烧结普通砖优等品用于清水墙的砌筑,一等品、合格品可用于混水墙的砌筑。中等泛霜的砖不能用于潮湿部位。

1) 尺寸偏差

烧结普通砖为矩形块体材料,其标准尺寸为 240 mm × 115 mm × 53 mm。在砌筑时加上砌筑灰缝宽度 10 mm,则 1 m³ 砖砌体需用 512 块砖。每块砖的 240 mm × 115 mm 的面称为大面,240 mm × 53 mm 的面称为条面,115 mm × 53 mm 的面称为顶面。具体参见图 6-1。

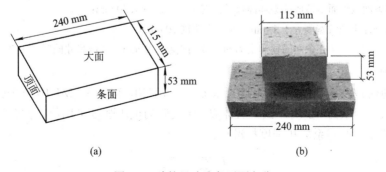

(a)　　　　　　　　　　　　　　　(b)

图 6-1　砖的尺寸及各平面名称

(a) 尺寸图;(b) 实物图

为保证砌筑质量，要求烧结普通砖的尺寸偏差必须符合国家标准(GB5101—2003)的规定，见表 6-1。

表 6-1　烧结普通砖尺寸允许偏差　　　　　　　　mm

公称尺寸	优 等 品		一 等 品		合 格 品	
	样本平均偏差	样本极差≤	样本平均偏差	样本极差≤	样本平均偏差	样本极差≤
240	±2.0	6	±2.5	7	±3.0	8
115	±1.5	5	±2.0	6	±2.5	7
53	±1.5	4	±1.6	5	±2.0	6

2) 外观质量

砖的外观质量包括两条面高度差、弯曲、杂质凸出高度、缺棱掉角、裂纹、完整面等项内容，各项内容均应符合表 6-2 的规定。优等品的颜色应基本一致。

表 6-2　烧结普通砖的外观质量　　　　　　　　mm

项　　目		优等品	一等品	合格品
两条面高度差≤		2	3	4
弯曲≤		2	3	4
杂质凸出高度≤		2	3	4
缺棱掉角的三个破坏尺寸不得同时大于		5	20	30
裂纹长度≤	a. 大面上宽度方向及其延伸至条面的长度	30	60	80
	b. 大面上长度方向及其延伸至顶面的长度或条顶面上水平裂纹的长度	50	80	100
完整面不得少于		二条面和二顶面	一条面和一顶面	—
颜色		基本一致	—	—

注：① 为装饰而加的色差，凹凸面、拉毛、压花等不算作缺陷。

② 凡有下列缺陷者，不得称为完整面：

a. 缺损在条面或顶面上造成的破坏面尺寸同时大于 20 mm×30 mm；

b. 条面或顶面上裂纹宽度大于 1 mm，其长度超过 70 mm；

c. 压陷、粘底、焦花在条面或顶面上的凹陷或凸出超过 2 mm，区域尺寸同时大于 20 mm×30 mm。

3) 强度等级

烧结普通砖按抗压强度分为 MU30、MU25、MU20、MU15、MU10 五个强度等级。测定强度时，试样数量为 10 块，试验后计算 10 块砖的抗压强度平均值，并分别按下列公式计算强度标准差、变异系数和强度标准值：

$$S = \sqrt{\frac{1}{9}\sum_{i=1}^{10}\left(f_i - \overline{f}\right)^2} \tag{6-1}$$

$$\delta = \frac{S}{\overline{f}} \tag{6-2}$$

$$f_k = \overline{f} - 1.8S \tag{6-3}$$

式中：S 为 10 块砖试样的抗压强度标准差(Mpa)；δ 为强度变异系数；$\overline{f}$ 为 10 块砖试样的抗压强度平均值(MPa)；f_i 为单块砖试样的抗压强度测定值(MPa)；f_k 为抗压强度标准值(MPa)。

各强度等级砖的强度值应符合表 6-3 的规定。

表 6-3　烧结普通砖强度等级　　　　　　　　MPa

强度等级	抗压强度平均值 $\overline{f} \geqslant$	变异系数 $\delta \leqslant 0.21$	变异系数 $\delta > 0.21$
		强度标准值 $f_k \geqslant$	单块最小抗压强度值 $f_{min} \geqslant$
MU30	30.0	22.0	25.0
MU25	25.0	18.0	22.0
MU20	20.0	14.0	16.0
MU15	15.0	10.0	12.0
MU10	10.0	6.5	7.5

4) 泛霜

泛霜也称起霜，是砖在使用过程中的盐析现象。砖内过量的可溶盐受潮吸水而溶解，随水分蒸发而沉积在砖的表面，形成白色粉末附着物，常在砖表面形成絮团状斑点，从而使砖表面结构疏松，导致砖的强度降低，影响建筑物的美观。泛霜还会导致砖面与砂浆抹面层剥离。标准规定：优等品无泛霜，一等品不允许出现中等泛霜，合格品不允许出现严重泛霜。

5) 石灰爆裂

当生产黏土砖的原料中含有石灰石时，则焙烧时，石灰石会煅烧成生石灰留在砖内，这时的生石灰为过火生石灰，砖吸水后生石灰消解产生体积膨胀，导致砖发生膨裂破坏，这种现象称为石灰爆裂。石灰爆裂严重影响烧结砖的质量，并降低砌体强度。国家标准《烧结普通砖》(GB5101—2003)规定：优等品砖不允许出现最大破坏尺寸大于 2 mm 的爆裂区域，一等品砖不允许出现最大破坏尺寸大于 10 mm 的爆裂区域，合格品砖不允许出现最大破坏尺寸大于 15 mm 的爆裂区域。

6) 抗风化性能

烧结普通砖的抗风化性是指能抵抗干湿变形、冻融变化等气候作用的性能。它是烧结普通砖的重要耐久性之一。对砖的抗风化性要求应根据各地区的风化程度而定。

烧结普通砖的抗风化性通常以其抗冻性、吸水率及饱和系数等指标判别。饱和系数是指砖在常温下浸水 24 h 后的吸水率与 5 h 的煮沸吸水率之比。部分属于严重风化区的砖必须进行冻融试验，某些地区的砖的抗风化性能符合规定时可不做冻融试验。各种常用砖的抗风化性能见表 6-4。

表6-4　抗风化性能

砖种类	严重风化区				非严重风化区			
	5 h沸煮吸水率/%, ≤		饱和系数, ≤		5 h沸煮吸水率/%, ≤		饱和系数, ≤	
	平均值	单块最大值	平均值	单块最大值	平均值	单块最大值	平均值	单块最大值
黏土砖	18	20	0.85	0.87	19	20	0.88	0.90
粉煤灰砖	21	23			23	25		
页岩砖	16	18	0.74	0.77	18	20	0.78	0.80
煤矸石砖								

注：粉煤灰掺入量(体积分数)小于30%时，按黏土砖规定判定。

2. 烧结普通砖的特点及应用

烧结普通砖是传统的墙体材料，烧结普通砖具有较高的强度，又因多孔结构而具有良好的绝热性、透气性和稳定性，还具有较好的耐久性及隔热、保温等性能，加上其原料广泛、工艺简单，是应用历史最长、范围最广的砌体材料。烧结普通砖广泛应用于砌筑建筑物的墙体、柱、拱、烟囱、沟道及基础等。

由于烧结黏土砖主要以毁田取土烧制，加上其自重大、施工效率低及抗震性能差等缺点，已不能适应建筑发展的需要。建设部已出台禁止使用烧结黏土砖的相关规定。随着墙体材料的发展和推广，烧结黏土砖必将被其他墙体材料所取代。

[工程实例分析 6-1]

烧结普通砖的盐析现象

现象　图6-2和图6-3所示分别为海南某地烧结黏土砖墙和花岗岩石墙。几年后，烧结黏土砖墙出现明显腐蚀，而花岗岩石墙无此现象。请分析原因。

图6-2　普通砖表面的白霜　　　　　　　　图6-3　花岗岩石墙

原因分析　海南等沿海地区气候潮湿，空气中含较多盐、碱等腐蚀介质，因此部分含可溶性盐较高的烧结黏土砖出现盐析，并导致砖的使用寿命缩短，而且结晶膨胀还会引起砖的表层酥松，甚至剥落。而花岗岩表观密度大、内部结构致密、孔隙率小、吸水率低、耐盐碱腐蚀能力强、耐久性好。

思考　实际工程中采取哪些措施可以减少这种现象的发生？

[工程实例分析6-2]

某砖混结构浸水后倒塌

现象 南方某县城于1998年8月7号至10日遭受洪灾,某住宅楼底部车库进水,12日上午倒塌,墙体破坏后部分呈粉末状,该楼为五层半砖砌体承重结构。在残存北纵墙基础上随机抽取20块砖进行试验。自然状态下实测其抗压强度平均值为5.85 MPa,低于设计要求的MU10砖抗压强度。从砖厂成品堆中随机抽取了砖测试,抗压强度十分离散,高的达21.8 MPa,低的仅5.1 MPa。请对其砌体材料进行分析讨论。

原因分析 砖的质量差。设计要求使用MU10砖,而在施工时使用的砖大部分为MU7.5,现场检测结果砖的强度低于MU7.5。该砖厂土质不好,砖匀质性差;砖的软化系数小,且被积水浸泡过,强度大幅度下降,故部分砖破坏后呈粉末状;砌筑砂浆强度低,黏结力差。故浸水后房屋倒塌。

6.2.3 烧结多孔砖和烧结空心砖

烧结普通砖具有自重大、体积小、生产能耗高、施工效率低等缺点,用烧结多孔砖和烧结空心砖代替烧结普通砖,可使建筑物自重减轻30%左右,节约原料20%~30%,节省燃料10%~20%,且烧成率高,造价降低20%,施工效率提高40%,并能改善砖的绝热和隔声性能。一些较发达国家多孔砖占砖总产量的70%~90%。所以,推广使用多孔砖和空心砖是加快我国墙体材料改革,促进墙体材料工业技术进步的重要措施之一。

烧结多孔砖和烧结空心砖的生产工艺与烧结普通砖相同,但由于坯体有孔洞,增加了成型的难度,对原料的可塑性要求更高。

1. 烧结多孔砖

烧结多孔砖是以黏土、页岩或煤矸石为主要原料烧制的主要用于结构承重的多孔砖,其主要技术要求如下:

1) 规格要求

烧结多孔砖有190 mm × 190 mm × 90 mm(M型)和240 mm × 115 mm × 90 mm(P型)两种规格,见图6-4。多孔砖大面有孔,孔多而小,孔洞率在15%以上,其孔洞尺寸为:圆孔直径小于22 mm,非圆孔内切圆直径小于15 mm,手抓孔为(30~40)mm × (75~85)mm。

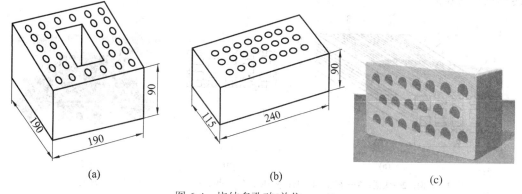

(a)   (b)   (c)

图6-4 烧结多孔砖(单位:mm)

(a) M型;(b) P型;(c) 实物图

2) 强度等级

根据砖的抗压强度将烧结多孔砖分为 MU30、MU25、MU20、MU15、MU10 五个强度等级，各强度等级的强度值应符合国家标准的规定(见表 6-5)。

表 6-5 烧结多孔砖强度等级(GB13544－2000)   MPa

强度等级	抗压强度平均值 f，$\geqslant$	变异系数 $\delta \leqslant 0.21$	变异系数 $\delta > 0.21$
		强度标准值 f_k，$\geqslant$	单块最小抗压强度值 f_{min}，$\geqslant$
MU30	30.0	22.0	25.0
MU25	25.0	18.0	22.0
MU20	20.0	14.0	16.0
MU15	15.0	10.0	12.0
MU10	10.0	6.5	7.5

3) 其他技术要求

除了上述技术要求外，烧结多孔砖的技术要求还包括冻融、泛霜、石灰爆裂、抗风化性能等。各质量等级的烧结多孔砖的泛霜、石灰爆裂性能要求与烧结普通砖相同。

根据尺寸偏差、外观质量、孔型及孔洞排列、泛霜、石灰爆裂等状况，将强度和抗风化性能合格的砖，分为优等品(A)、一等品(B)和合格品(C)三个质量等级。

4) 应用

烧结多孔砖强度较高，主要用于多层建筑物的承重墙体和高层框架建筑的填充墙和分隔墙。

2. 烧结空心砖

烧结空心砖是以黏土、页岩或粉煤灰为主要原料烧制成的主要用于非承重部位的空心砖，烧结空心砖自重较轻，强度较低，多用作非承重墙，如多层建筑内隔墙或框架结构的填充墙等。烧结空心砖的主要技术要求如下：

1) 规格要求

烧结空心砖的外形为直角六面体，有 290 mm × 190 mm × 90 mm 和 240 mm × 180 mm × 115 mm 两种规格。砖的壁厚应大于 10 mm，肋厚应大于 7 mm。空心砖顶面有孔，孔大而少，孔洞为矩形条孔或其他孔形，孔洞平行于大面和条面，孔洞率一般在 35%以上。空心砖形状见图 6-5。

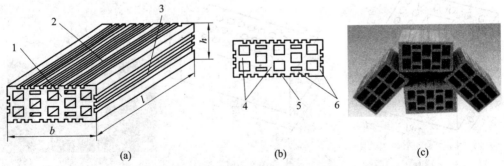

1—顶面；2—大面；3—条面；4—肋；5—壁；6—外壁；l—长度；b—宽度；h—高度

图 6-5 烧结空心砖外形

(a) 尺寸图；(b) 截面图；(c) 实物图

2) 强度等级

根据空心砖大面的抗压强度，将烧结空心砖分为 MU10.0、MU7.5、MU5.0、MU3.5、MU2.5 五个强度等级，各产品等级的强度应符合国家标准的规定(见表6-6)。

表 6-6 烧结空心砖强度等级(GB13545－2003)

强度等级	抗压强度/MPa			密度等级范围/(kg/m³)
	抗压强度平均值 $\bar{f}$，$\geqslant$	变异系数$\delta\leqslant0.21$ 强度标准值f_k，$\geqslant$	变异系数$\delta>0.21$ 单块最小抗压强度值f_{min}，$\geqslant$	
MU10.0	10.0	7.0	8.0	≤1100
MU7.5	7.5	5.0	5.8	
MU5.0	5.0	3.5	4.0	
MU3.5	3.5	2.5	2.8	
MU2.5	2.5	1.6	1.8	≤800

3) 密度等级

按砖的体积密度不同，把空心砖分成 800、900、1000 和 1100 四个密度等级。

4) 其他技术要求

除了上述技术要求外，烧结空心砖的技术要求还包括冻融、泛霜、石灰爆裂、吸水率等。产品的外观质量、物理性能均应符合标准规定。各质量等级的烧结空心砖的泛霜、石灰爆裂性能要求与烧结普通砖相同。

强度、密度、抗风化性能和放射性物质合格的砖和砌块，根据尺寸偏差、外观质量、孔洞排列及其物理性能(结构、泛霜、石灰爆裂、吸水率)可分为优等品(A)、一等品(B)和合格品(C)三个质量等级。

6.2.4 蒸压(养)砖

非烧结砖是不经过焙烧而制成的砖，如碳化砖、免烧免蒸砖、蒸压砖等。目前应用最为广泛的是蒸压砖。

蒸压砖属硅酸盐制品，是以石灰和含硅材料(砂子、粉煤灰、煤矸石、炉渣和页岩等)加水拌和、成型、蒸养或蒸压而制成的。目前常使用的主要有粉煤灰砖、灰砂砖和煤渣砖，其规格尺寸与烧结普通砖相同。

1. 蒸压粉煤灰砖

粉煤灰砖是以粉煤灰和石灰为主要原料，加水混合拌成坯料，经陈化、轮碾、加压成型，再经常压或高压蒸汽养护而制成的一种墙体材料。

粉煤灰砖根据抗压强度和抗折强度分为 MU20、MU15、MU10、MU7.5 四个强度等级，按尺寸偏差、外观质量、强度和干燥收缩率分为优等品(A)、一等品(B)和合格品(C)。在易受冻融和干湿交替作用的建筑部位必须使用一等砖。

粉煤灰砖出窑后，应存放一段时间后再用，以减少相对伸缩量。当粉煤灰砖用于易受冻融作用的建筑部位时，要进行抗冻性检验，并采取适当措施，以提高建筑耐久性；用于砌筑建筑物时，应适当增设圈梁及伸缩缝或采取其他措施，以避免或减少收缩裂缝的产生；在长期高温作用下，灰砂砖中的氢氧化钙和水化硅酸钙会脱水，石英会分解，故不宜用于长期受热高于200℃的地方；受急冷急热或有酸性介质侵蚀的地方也应避免使用。

2. 蒸压灰砂砖

灰砂砖是用石灰和天然砂为主要原料，经混合搅拌、陈化、轮碾、加压成型、蒸压养护而制得的墙体材料，按抗压强度和抗折强度分为 MU25、MU20、MU15、MU10 四个强度等级。根据尺寸偏差、外观质量、强度及抗冻性分为优等品(A)、一等品(B)和合格品(C)三个等级。

灰砂砖表面光滑平整，使用时应注意提高砖与砂浆之间的黏结力；其耐水性良好，但抗流水冲刷的能力较弱，可长期在潮湿、不受冲刷的环境使用；MU15 级以上的砖可用于基础及其他建筑部位，MU10 级砖只可用于防潮层以上的建筑部位；另外，不得使用于长期受高于 200℃ 温度作用、急冷急热和酸性介质侵蚀的建筑部位。

3. 煤渣砖

煤渣砖是以煤渣为主要原料，加入适量石灰、石膏等材料，经混合、压制成型、蒸汽或蒸压养护而制成的实心砖，颜色呈黑灰色。

根据《煤渣砖》的规定，煤渣砖的公称尺寸为 240 mm × 115 mm × 53 mm，按其抗压强度和抗折强度分为 MU25、MU20、MU15、MU10 四个强度级别，各级别的强度指标应满足煤渣砖的强度指标(JC/T 525—2007)的规定。

煤渣砖可用于一般工业与农用建筑的墙体和基础。但应注意：用于基础或易受冻融和干湿交替作用的建筑部位必须使用 MU15 及以上的砖；不得用于长期受 200℃ 以上或受急冷急热或有侵蚀性介质侵蚀的建筑部位。

[工程实例分析 6-3]

灰砂砖墙体裂缝

现象　大庆某石油基地库房砌筑采用蒸压灰砂砖，由于工期紧，灰砂砖亦紧俏，出厂 4d 的灰砂砖即砌筑。8月完工，后发现墙体有较多垂直裂缝，至11月底裂缝基本固定。

原因分析　首先是砖出厂到上墙时间太短，灰砂砖出釜后含水量随时间而减少，20 多天后才基本稳定。出釜时间太短必然导致灰砂砖干缩大。其次受气温影响。砌筑时气温很高，而几个月后气温明显下降，温差导致变形。最后是因为该灰砂砖表面光滑，砂浆与砖的黏结程度低。还需要说明的是，灰砂砖砌体的抗剪强度普遍低于普通黏土砖。

任务三　建 筑 砌 块

砌块是用于砌筑的、形体大于砌墙砖的人造块材，一般为直角六面体，按产品主规格的尺寸可分为大型砌块(高度大于 980 mm)、中型砌块(高度为 380 mm~980 mm)和小型砌块(高度大于 115 mm、小于 380 mm)。砌块高度一般不大于长度或宽度的 6 倍，长度不超过高度的 3 倍。根据需要也可生产各种异形砌块。

　　砌块的分类方法很多，若按用途可分承重砌块和非承重砌块；按有无孔洞可分为实心砌块(无孔洞或空心串小于 25%)和空心砌块(空心率＞25%)；按材质又可分为硅酸盐砌块、轻骨料混凝土砌块、混凝土砌块等。其中以混凝土空心小型砌块产量最大，应用最广。

　　砌块是一种新型墙体材料，可以充分利用地方资源和工业废料，并可节省黏土资源和改善环境。由于砌块的制作原料可以使用炉渣、粉煤灰、煤矸石等工业废渣，可以节省大量的土地资源和能源，具有生产工艺简单，原料来源广，适应性强，制作及使用方便灵活，还可改善墙体功能等特点，是代替黏土砖的理想砌筑材料，因而成为我国建筑改革墙体材料的一个重要的途径，因此发展较快。

　　砌块建筑是墙体技术改革的一条有效途径，其特点如下：

　　(1) 具备砖的优点，砌筑轻便灵活，适应性强，可通过插筋、铺设钢筋网片、设置圈梁等措施满足抗震要求。

　　(2) 砌块生产工艺简单，建厂投资少，易实现机械化生产，原料来源广。

　　(3) 砌块施工效率高。小型空心砌块可直接用人工砌筑，一个工人每工日可砌 100 块(相当于 1000 块标准砖)；中型砌块采用小型机具即可施工，提高机械化程度。

6.3.1　蒸压加气混凝土砌块

　　蒸压加气混凝土砌块是以钙质材料(水泥、石灰等)、硅质材料(砂、矿渣、粉煤灰等)以及加气剂(铝粉等)，经配料、搅拌、浇注、发气、切割和蒸压养护而成的多孔轻质块体材料。

1. 主要技术性质

1) 尺寸规格

砌块的尺寸规格一般有 A、B 两个系列，见表 6-7。

表 6-7　砌块的尺寸规格

项　　目	A 系列	B 系列
长度/mm	600	600
高度/mm	200、250、300	240、300
宽度/mm	100、125、150、200…(以 25 递增)	120、180、240、300…(以 60 递增)

2) 砌块的强度等级与密度等级

根据国家标准(GB/T11968—2006)，砌块按抗压强度分为 A1.0、A2.0、A2.5、A3.5、A5.0、A7.5、A10 七个强度等级，见表 6-8。按干体积密度分为 B03、B04、B05、B06、B07、B08 六个级别，见表 6-9。按外观质量、尺寸偏差、体积密度、抗压强度分为优等品(A)、合格品(B)两个等级。

表 6-8　加气混凝土砌块的强度等级

强度等级	立方体抗压强度/MPa		强度等级	立方体抗压强度/MPa	
	平均值≥	单块最小值≥		平均值≥	单块最小值≥
A1.0	1.0	0.8	A5.0	5.0	4.0
A2.0	2.0	1.6	A7.5	7.5	6.0
A2.5	2.5	2.0	A10.0	10.0	8.0
A3.5	3.5	2.8			

表 6-9　蒸压加气混凝土砌块的表观密度指标

表观密度级别		B03	B04	B05	B06	B07	B08
干体积密度 /(kg/m³)	优等品≤	300	400	500	600	700	800
	合格品≤	325	425	525	625	725	825

2. 应用

加气混凝土砌块质量轻,具有保温、隔热、隔音性能好,抗震性强,热导率低,传热速度慢,耐火性好,易于加工,施工方便等特点,是应用较多的轻质墙体材料之一,适用于低层建筑的承重墙、多层建筑的间隔墙和高层框架结构的填充墙,作为保温隔热材料也可用于复合墙板和屋面结构中。在无可靠的防护措施时,该类砌块不得用于水中、高湿度、有碱化学物质侵蚀等环境中,也不得用于建筑物的基础和温度长期高于 80℃的建筑部位。

6.3.2　混凝土空心砌块

混凝土空心砌块主要是以普通混凝土拌和物为原料,经成型、养护而成的空心块体墙材,有承重砌块和非承重砌块两类。为减轻自重,非承重砌块可用炉渣或其他轻质骨料配制。常用混凝土砌块外形见图 6-6。

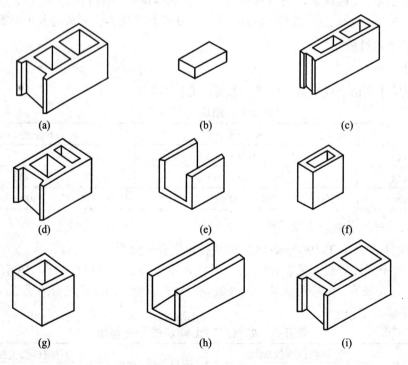

图 6-6　几种混凝土空心砌块外形示意图

1. 混凝土小型空心砌块

1) 尺寸规格

混凝土小型空心砌块主规格尺寸为 390 mm × 190 mm × 190 mm,一般为单排孔,也有双排孔，其空心率为 25%～50%。其他规格尺寸可由供需双方协商。

2) 强度等级

混凝土小型空心砌块按砌块抗压强度分为 MU3.5、MU5.0、MU7.5、MU10.0、MU15.0、MU20.0 六个强度等级，具体指标见表 6-10。

表 6-10 混凝土小型空心砌块的抗压强度(GB8239—1997)

强度等级		MU3.5	MU5.0	MU7.5	MU10.0	MU15.0	MU20.0
抗压强度 /MPa	平均值≥	3.5	5.0	7.5	10.0	15.0	20.0
	单块 最小值≥	2.8	4.0	6.0	8.0	12.0	16.0

3) 应用

该类小型砌块适用于地震设计烈度为 8 级及 8 级以下地区的一般民用与工业建筑物的墙体，其出厂时的相对含水率必须满足标准要求；在施工现场堆放时，必须采取防雨措施；砌筑前不允许浇水预湿。

2. 轻集料混凝土小型空心砌块

轻集料混凝土小型空心砌块是以陶粒、膨胀珍珠岩、浮石、火山渣、煤渣、自燃煤矸石等各种轻粗细集料和水泥按一定比例配制，经搅拌、成型、养护而成的空心率大于 25%、体积密度小于 1400 kg/m³ 的轻质混凝土小砌块。

该砌块的主规格为 390 mm×190 mm×190 mm，其他规格尺寸可由供需双方协商，强度等级为 MU1.5、MU2.5、MU3.5、MU5.0、MU7.5、MU10.0，其各项性能指标应符合国家标准的要求。

轻集料混凝土小型空心砌块是一种轻质高强、能取代普通黏土砖的很有发展前景的一种墙体材料，它不仅可用于承重墙，还可用于既承重又保温或专门保温的墙体，更适合于高层建筑的填充墙和内隔墙。

[工程实例分析 6-4]

蒸压加气混凝土砌块砌体裂缝

现象 某工程用蒸压加气混凝土砌块砌筑外墙，该蒸压加气混凝土砌块出釜一周后即砌筑，工程完工一个月后，墙体出现裂纹。

原因分析 该外墙属于框架结构的非承重墙，所用的蒸压加气混凝土砌块出釜仅一周，其收缩率仍较大，在砌筑完工干燥过程中继续产生收缩，墙体在沿着砌块与砌块交接处就会产生裂缝。

[工程实例分析 6-5]

黏土砖和加气混凝土砌块吸水后的比较

现象 将黏土砖与加气混凝土砌块分别在水中浸泡 2 分钟后，再分别敲开，如图 6-7

和图 6-8 所示,观察新断面中孔的大小、形状分布及水渗透的程度,请分析其吸水率不同的原因。

图 6-7　黏土砖吸水

图 6-8　加气混凝土砌块吸水

原因分析　由新断面可见,水已渗入实心黏土砖内部,而仅渗透入加气混凝土砌块表面。之所以有这样的差异,是其孔结构不同造成的。加气混凝土砌块为多孔结构,其孔是封闭的、不连通的小孔,故水难以渗透其内部。实心黏土砖虽也是多孔结构,但其孔径大,且有大量连通孔存在。封闭不连通的小孔可以有效地阻止水的渗透;孔径大且存在连通孔则为水的渗透提供了条件。

思考　为什么混凝土掺入引气剂能改善混凝土的抗渗性?

任务四　墙 用 板 材

以板材为围护墙体的建筑体系具有质轻、节能、施工方便、使用面积大、开间布置灵活等特点,因此墙用板材具有良好的发展前景。墙用板材常见的品种有水泥类墙用板材、植物纤维类板材、石膏类墙用板材、复合墙板等。

6.4.1　水泥类墙用板材

水泥类的墙用板材具有较好的力学性能和耐久性,生产技术成熟,产品质量可靠,可用于承重墙、外墙和复合墙板的外层面,其主要缺点是体积密度大、抗拉强度低(大板在起吊过程中易受损)。生产中可制作预应力空心板材以减轻自重和改善隔音隔热性能,也可制作以纤维等增强的薄型板材,还可在水泥类板材上制作成具有装饰效果的表面层(如花纹线条装饰、露骨料装饰、着色装饰等)。

1. 轻集料混凝土配筋板

轻集料混凝土配筋板可用于非承重外墙板、内墙板、楼板、屋面板和阳台板等。

2. 玻璃纤维增强低碱度水泥轻质板(GRC 板)

GRC 板是以低碱水泥为胶结料,耐碱玻璃纤维或其网格布为增强材料,膨胀珍珠岩为骨料(也可用炉渣、粉煤灰等),并配以发泡剂和防水剂等,经配料、搅拌、浇注、振动成型、脱水、养护而成的,可用于工业和民用建筑的内隔墙及复合墙体的外墙面。

3. 纤维增强低碱度水泥建筑平板

纤维增强低碱度水泥建筑平板是以低碱水泥、耐碱玻璃纤维为主要原料，加水混合成浆，经制浆、抄取、制坯、压制、蒸养而成的簿型平板，其中，掺入石棉纤维的称为 TK 板，不掺的称为 NTK 板。它的质量轻、强度高、防潮、防火、不易变形，可加工性(锯、钻、钉及表面装饰等)好，适用于各类建筑物的复合外墙和内隔墙，特别是高层建筑有防火、防潮要求的隔墙。

4. 水泥木丝板

水泥木丝板是以木材下脚料经机械刨切成均匀木丝，加入水泥、水玻璃等经成型、冷压、养护、干燥而成的薄型建筑平板。它具有自重轻、强度高、防火、防水、防蛀、保温、隔音等性能，可进行锯、钻、钉、装饰等加工，主要用于建筑物的内外墙板、天花板、壁橱板等。

5. 水泥刨花板

水泥刨花板以水泥和木板加工的下脚料——刨花为主要原料，加入适量水和化学助剂，经搅拌、成型、加压、养护而成，其性能和用途同水泥木丝板。

6.4.2 石膏类墙用板材

石膏制品有许多优点，石膏类板材在轻质墙体材料中占有很大比例，主要有纸面石膏板、石膏纤维板、石膏空心板和石膏刨花板等。

1. 纸面石膏板

纸面石膏板材是以石膏芯材与牢固结合在一起的护面纸组成的，分普通型、耐水型和耐火型三种。由建筑石膏及适量纤维类增强材料和外加剂为芯材，与具有一定强度的护面纸组成的石膏板为普通纸面石膏板；若在芯材配料中加入防水、防潮外加剂，并用耐水护面纸，即可制成耐水纸面石膏板；若在配料中加入无机耐火纤维和阻燃剂等，即可制成耐火纸面石膏板。

纸面石膏板常用的规格如下：

长度：1800 mm、2100 mm、2400 mm、2700 mm、3000 mm、3300 mm、3600 mm。

宽度：900 mm 和 1200 mm。

厚度：普通纸面石膏板为 9 mm、12 mm、15 mm 和 18 mm；

耐水纸面石膏板为 9 mm、12 mm 和 15 mm；

耐火纸面石膏板为 9 mm、12 mm、15 mm、18 mm、21 mm 和 25 mm。

纸面石膏板的体积密度为 800 kg/m^3～950 kg/m^3，导热系数约为 0.20 W/(m·K)，隔声系数为 35 dB～50 dB，抗折荷载为 400 N～800 N，表面平整、尺寸稳定。它具有自重轻、隔热、隔声、防火、抗震，可调节室内湿度，加工性好，施工简便等优点，但其用纸量较大、成本较高。

普通纸面石膏板可作室内隔墙板、复合外墙板的内壁板、天花板等。耐水型板可用于相对湿度较大(≥75%)的环境，如厕所、盥洗室等。耐火型纸面石膏板主要用于对防火要求较高的房屋建筑中。

2. 石膏纤维板

石膏纤维板材是以纤维增强石膏为基材的无面纸石膏板材，常用无机纤维或有机纤维为增强材料,与建筑石膏、缓凝剂等经打浆、铺装、脱水、成型、烘干而制成。它可节省护面纸,具有质轻、高强、耐火、隔声、韧性高的性能,可加工性好,其尺寸规格和用途与纸面石膏板相同。

3. 石膏空心板

石膏空心板的外形与生产方式类似于水泥混凝土空心板。它是以熟石膏为胶凝材料,适量加入各种轻质集料(如膨胀珍珠岩、膨胀蛭石等)和改性材料(如矿渣、粉煤灰、石灰、外加剂等),经搅拌、振动成型、抽芯模、干燥而成的,其长度为 2500 mm~3000 mm,宽度为 500 mm~600 mm,厚度为 60 mm~90 mm。该板生产时不用纸和胶,安装墙体时不用龙骨,设备简单,较易投产。

石膏空心板的体积密度为 600 kg/m³~900 kg/m³,抗折强度为 2 MPa~3 MPa,导热系数约为 0.22 W/(m·K),隔声指数大于 30 dB,具有质轻,比强度高,隔热、隔声、防火、可加工性好等优点,且安装方便。石膏空心板适用于各类建筑的非承重内隔墙,但若用于相对湿度大于 75%的环境中,则板材表面应作防水等相应处理。

4. 石膏刨花板

石膏刨花板材是以熟石膏为胶凝材料,木质刨花为增强材料,添加所需的辅助材料,经配合、搅拌、铺装、压制而成的。它具有上述石膏板材的优点,适用于非承重内隔墙和作装饰板材的基材板。

6.4.3 复合墙用板材

以单一材料制成的板材,常因材料本身的局限性而使其应用受到限制。如质量较轻、隔热、隔声效果较好的石膏板、加气混凝土板等因其耐水性差或强度较低所限,通常只能用于非承重的内隔墙。而水泥混凝土类板材虽有足够的强度和耐久性,但其自重大,隔声保温性能较差。为克服上述缺点,常用不同材料组合成多功能的复合墙体以满足需要。

常用的复合墙板主要由承受(或传递)外力的结构层(多为普通混凝土或金属板)和保温层(矿棉、泡沫塑料、加气混凝上等)及面层(各类具有可装饰性的轻质薄板)组成,其优点是承重材料和轻质保温材料的功能都得到合理利用,实现物尽其用,开拓材料来源。复合墙体构造见图 6-9。

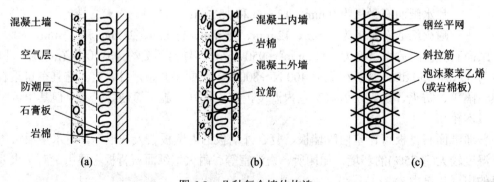

图 6-9　几种复合墙体构造

(a) 拼装复合墙;(b) 混凝土夹心板;(c) 泰柏板

1. 混凝土夹心板

混凝土夹心板以 20 mm～30 mm 厚的钢筋混凝土作内外表面层，中间填以矿渣毡或岩棉毡、泡沫混凝土等保温材料，夹层厚度视热工计算而定，内外两层面板以钢筋件连接，用于内外墙。

2. 泰柏板

泰柏板是以钢丝焊接成的三维钢丝网骨架与高热阻自熄性聚苯乙烯泡沫塑料组成的芯材板，两面喷(抹)涂水泥砂浆而成的。

泰柏板的标准尺寸为 1220 mm × 2440 mm，标准厚度为 100 mm。由于所用钢丝网骨架构造及夹芯层材料、厚度的差别等，该类板材有多种名称，如 GY 板(夹芯为岩棉毡)、三维板、3D 板、钢丝网节能板等，但它们的性能和基本结构均相似。

该类板轻质高强、隔热隔声、防火防潮、防震、耐久性好、易加工、施工方便，适用于自承重外墙、内隔墙、屋面板、3 m 跨距内的楼板等。

[工程实例分析 6-6]

某砖混结构住宅顶层墙体出现正八字裂缝

现象 南方某县城一个四层砖混结构的平屋面住宅(如图 6-10 所示)在竣工两年后，在顶层墙体出现正八字裂缝，请分析原因。

原因分析 由于平屋面和墙体所受高温和太阳辐射不同，温度差异大，如有的地区夏季屋面上表面最高温度可达 60℃，而顶层内墙体的平均最高温度仅为 30℃左右。其他各层楼板和墙体的温度逐层降低。为此，建筑物的变形出现明显差异，其中顶层盖顶板与墙体的变形差异最大，顶板对墙体产生水平推力，导致墙体开裂，形成八字裂缝。需

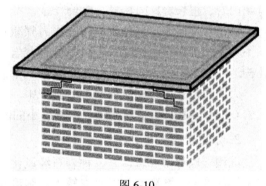

图 6-10

要说明的是，在屋面上设通风隔热层，可大大减少顶板与墙体温差，对防止墙体开裂有利。屋面板表面的保温防水材料宜用浅色材料，减少吸收辐射热。

任务五 建 筑 石 材

6.5.1 概述

石材是具有一定的物理、化学性能，可用作建筑材料的岩石。天然石材资源丰富，使用历史悠久，是古老的建筑材料之一。世界上许多的古建筑都是由天然石材建造而成的，如埃及的金字塔、意大利著名的比萨斜塔。我国对天然石材的使用也有悠久的历史和丰富的经验，如河北的赵州桥、北京人民英雄纪念碑等。

　　由于天然石材具有抗压强度高，耐久性和耐磨性好，资源分布广，便于就地取材等优点而被广泛接触。但天然石材也具有性质较脆、抗拉强度低、表观密度大、硬度高等特点，因此开采和加工都比较困难。

　　建筑石材有天然石材和人造石材两大类。由天然岩石开采的、经过或不经过加工而制得的材料，称为天然石材。用无机或有机胶结料、矿物质原料及各种外加剂配制而成的称为人造石材，如人造大理石、人造花岗石等。天然石材的特点是成本低、气孔小、强度大、加工困难。人造石材可加工成任意形状，并可控制其性能。

6.5.2　天然岩石的分类

　　天然岩石是由各种不同地质作用所形成的天然固态矿物组成的集合体。矿物是在地壳中受各种不同的地质作用，所形成的具有一定的化学组成和物理性质的单质或化合物。根据岩石的成因，按地质分类法，天然岩石可分为岩浆岩、沉积岩和变质岩。

1. 岩浆岩

　　岩浆岩又称做火成岩，是由地壳内的岩浆在地下或喷出地面后冷凝而成的岩石，根据岩浆冷却程度不同又分为深层岩、喷出岩、火山岩。

　　深层岩是地壳深处的岩浆，在其上部覆盖压力的作用下经缓慢冷凝而形成的岩石。它的结构致密，结晶完整，具有抗压强度高、吸水率小、抗冻性和耐久性好等特点。深层岩有花岗岩、正长岩、闪长岩、辉长岩等。

　　喷出岩是岩浆喷出地表后，在压力骤减和迅速冷却的条件下形成的岩石，其特点是结晶不完全，多呈细小结晶或玻璃质结构，岩浆中所含气体在压力骤减时会在岩石中形成多孔构造。建筑中用到的喷出岩有玄武岩、辉绿岩、安山岩等。

　　火山岩是火山爆发时岩浆被喷到空中，在压力骤减和急速冷却条件下形成的多孔散粒状岩石。有多孔玻璃质结构且表观密度小的散粒状火山岩，如火山灰、火山渣、浮石等。

2. 沉积岩

　　沉积岩也称水成岩，是各种岩石经风化、搬运、沉积和再造作用而形成的岩石。沉积岩呈层状构造，孔隙率和吸水率较大，强度和耐久性较岩浆岩低。沉积岩按照生成条件又分为机械沉积岩、生物沉积岩和化学沉积岩三种。

　　机械沉积岩是风化破碎后的岩石又经风、雨、河流及冰川等搬运、沉积、重新压实或胶结而成的岩石，主要有砂岩、砾岩和页岩等，其中常用的是砂岩。

　　生物沉积岩是由各种有机体死亡后的残骸沉积而成的岩石，如硅藻土等。

　　化学沉积岩是由溶解于水中的矿物经聚积、反应、结晶、沉积而成的岩石，如石膏、白云石、菱镁矿等。

3. 变质岩

　　变质岩是地壳中原有的各种岩石，在地层的压力和温度的作用下，在固体状态下发生再结晶的作用，而使其矿物成分、结构构造以至化学成分部分或全部改变而形成的新岩石。根据原岩石的种类不同，可分为正变质岩和副变质岩。

　　正变质岩由岩浆岩变质而成，性能一般较原岩浆岩差，如片麻岩。

　　副变质岩由沉积岩变质而成，性能一般较原沉积岩好，如大理岩、石英岩等。大理岩结构致密，表观密度大，硬度不大，纯的为雪白色，磨光后美观。石英岩呈晶体结构，致密，强度大，耐久性好，但硬度大，加工困难。

6.5.3　石材的技术性质

1. 表观密度

石料表观密度的大小常间接反映出石材的致密程度及孔隙多少。表观密度大于 1800 kg/m^3 的石材称为重质石材，主要用作建筑物的基础、地面、路面、桥梁、挡土墙及水工构筑物等；表观密度小于或等于 1800 kg/m^3 的石材称为轻质石材，主要用作墙体材料等。

2. 吸水性

天然石材的吸水率一般较小，但由于形成条件、密实程度等情况的不同，石材的吸水率波动也较大。吸水率低于 1.5% 的岩石称为低吸水性岩石。吸水率介于 1.5%～3% 的岩石称为中吸水性岩石。吸水率高于 3.0% 的岩石称为高吸水性岩石。

石材的吸水性对其强度与耐水性有很大影响。石材吸水后，会降低颗粒之间的黏结力，从而使强度降低。有些岩石还容易被水溶蚀，其耐水性也较差。

3. 耐水性

当石材中含有黏土或易溶于水的物质时，在吸水饱和情况下，强度会明显下降。石材的耐水性以软化系数表示。软化系数大于或等于 0.9 的为高耐水性石材，软化系数为 0.7～0.9 的属中耐水性石材，软化系数为 0.60～0.70 的属低耐水性石材。一般软化系数小于 0.8 的石材不允许用于重要建筑。

4. 抗冻性

石材的抗冻性是用冻融循环次数表示的。石材在吸水饱和状态下，经反复冻融循环，若无贯穿裂缝，且质量损失不超过 5%，强度损失不超过 25%，则认为其抗冻性合格，其允许的冻融循环次数就是抗冻等级。石材的抗冻能力主要与其吸水性、矿物组成及冻结情况等有关。通常，吸水率越低，抗冻性越好。

5. 耐热性

石材的耐热性主要取决于石材的化学成分和矿物组成。含有石膏的石材，温度超过 100℃ 时结构开始破坏；含有碳酸镁的石材，温度高于 625℃ 时结构会发生破坏；含有碳酸钙的石材，温度达到 827℃ 时结构才开始破坏；而由石英组成的石材，如花岗岩等，当温度超过 700℃ 时，由于石英受热膨胀，强度会迅速下降。

6. 抗压强度

岩石是典型的脆性材料，它的抗压强度很大，但抗拉强度很小，这是岩石区别于钢材和木材的主要特征之一。石材的抗压强度主要取决于矿石的矿物组成、结构与构造特征、胶结物质的种类与均匀性等。用于砌体结构的石材的抗压强度采用边长为 70 mm 的立方体试件进行测试，并以三个试件破坏强度的平均值表示。根据抗压强度的大小，石材共分九个强度等级：MU100、MU80、MU60、MU50、MU40、MU30、MU20、MU15、MU10。

7. 硬度

石材的硬度主要与其组成矿物的硬度和构造有关，其硬度多以摩氏硬度或肖氏硬度表示。抗压强度越高，其硬度越高；硬度越高，其耐磨性和抗刻划性越好，但其表面加工更困难。

8. 耐磨性

石材的耐磨性与其组成矿物的硬度、结构构造、石材的抗压强度等因素有关。石材的组成矿物越坚硬、结构越致密、抗压强度越高，其耐磨性越好。石材的耐磨性用单位面积磨耗量来表示。对于可能遭受磨损作用的场所，如地面、路面等，应采用高耐磨性的石材。

6.5.4　石材的工艺性质

石材的工艺性质，主要指其开采和加工过程的难易程度及可能性，包括加工性、磨光性与抗钻性等。

由于用途和使用条件不同，对石材的性质及其所要求的指标均有所不同。工程中用于基础、桥梁、隧道以及石砌工程的石材，一般规定其抗压强度、抗冻性与耐水性必须达到一定指标。

石材的加工性主要是指对岩石开采、锯解、切割、凿琢、磨光和抛光等加工工艺的难易程度。凡强度、硬度、韧性较高的石材，都不易加工；质脆而粗糙，有颗粒交错结构，含有层状或片状构造，以及也已风化的岩石，都难以满足加工要求。

磨光性是指石材能否磨成平整光滑表面的性质。致密、均匀、细粒的岩石，一般都有良好的磨光性，可以磨成光滑亮洁的表面。疏松多孔、有鳞片状构造的岩石，磨光性不好。

抗钻性指对石材钻孔的难易程度。影响抗钻性的因素很复杂，一般石材的强度越高、硬度越大，越不易钻孔。

6.5.5　常用石材

1. 建筑饰面石材

1) 花岗石

岩石学所说的花岗岩指由石英、长石及少量的云母和暗色矿物组成全晶质的岩石；而建筑上所说的花岗石泛指具有装饰功能并可磨光、抛光的各类岩浆岩及少量其他类岩石，包括花岗岩、闪长岩、正长岩、辉长岩、辉绿岩、玄武岩(basalt)、安山岩、片麻岩等。花岗岩呈块状构造或粗晶嵌入玻璃质结构中的斑状构造，强度高、硬度大。

2) 大理石

岩石学所说的大理岩是由石灰岩或白云岩变质而成的，主要造岩矿物是方解石或白云石；而建筑上所说的大理石泛指具有装饰功能并可磨光、抛光的各种沉积岩和变质岩，包括大理岩、致密石灰岩、白云岩、石英岩、蛇纹岩、砂岩、石膏岩等。大理石质地均匀、硬度小、易于加工和磨光。天然大理石板质地坚硬、颜色变化多样、光泽自然柔和，形成独特的天然美，被广泛地用于高档卫生间、洗手间的洗漱台面和各种家具的台面。

2. 砌筑用石材

石砌体采用的石材质地坚实，无风化剥落和裂纹。用于清水墙、柱表面的石材，应色泽均匀。石材表面的污垢、水锈等杂质，砌筑前应清除干净。石材按其加工后的外形规则程度，可分为料石和毛石。

料石是用毛料加工成较为规则的、具有一定规格的六面体石材。按料石表面加工的平整程度可分为以下四种：毛料石、粗料石、半细料石和细料石。

料石常由致密的砂岩、石灰岩、花岗岩等开采凿制，至少应有一个面的边角整齐，以便相互合缝。料石常用于砌筑墙身、地坪、踏步等；形状复杂的料石制品可用于柱头、柱基、窗台板、栏杆和其他装饰品等。

毛石是在采石场爆破后直接得到的形状不规则的石块，按其表面的平整程度分为乱毛石和平毛石两类。乱毛石是指形状不规则的石块；平毛石是指形状不规则，但有两个平面大致平行的石块。毛石应呈块状，一般要求石块中部厚度不小于 150 mm，长度为 300 mm～400 mm，质量约为 20 kg～30 kg，其强度不宜小于 10 MPa，软化系数不应小于 0.75，常用于砌筑基础、勒脚、墙身、堤坝、挡土墙等，也可用于配制片石混凝土等。

3. 板材

石材板材是天然岩石经过荒料开采、锯切、磨光等加工过程制成的板状装饰面材。石材板材具有构造致密、强度大的特点，因此具有较强的耐潮湿性，是地面、台面装修的理想材料。板材根据形状可分为普通型板材和异型板材；根据表面加工程度的不同可分为粗面板材、细面板材、镜面板材三类。

在日常生活中较为常见的石材板材是大理石板材和花岗石板材。

(1) 大理石板材：是用大理石荒料经锯切、研磨、抛光等加工而成的石板。大理石板材主要用于建筑物室内饰面。大理石抗风化能力差，易受空气中二氧化硫的腐蚀，而使表面层失去光泽，变色并逐渐破损，故较少用于室外。通常，只有汉白玉、艾叶青等少数几种致密、质纯的品种可用于室外。

(2) 花岗石板材：是由火成岩中的花岗岩、闪长岩、辉长岩、辉绿岩等荒料加工而成的石板。该类板材的品种、质地、花色繁多。由于花岗石板材质感丰富，具有华丽高贵的装饰效果，且质地坚硬，耐久性好，因此是室内外高级饰面材料，可用于各类高级建筑物的墙、柱、地、楼梯、台阶等的表面装饰及服务台、展示台及家具等。

4. 颗粒状石材

碎石指天然岩石或卵石经过机械破碎、筛分制成的，粒径大于 4.75 mm 的颗粒状石料，主要用于配制混凝土以及作为道路及基础垫层、铁路路基、庭院和室内水景用石。

卵石指母岩经自然条件风化、磨蚀、冲刷等作用而形成的表面较光滑的颗粒状石料。用途同碎石，也可以作为装饰混凝土的骨料。

石渣是将天然大理石及其他天然石材破碎后加工而成的，具有多种光泽，常用作人造大理石、水磨石、斩假石、水刷石、干黏石的骨料。石渣应颗粒坚硬，有棱角、洁净，不含有风化的颗粒，使用时要冲刷干净。

6.5.6 石材选用原则

在建筑设计和施工中，应根据适用性和经济性等原则选用石材。

(1) 适用性。主要考虑石材的技术性能是否能满足使用要求。可根据石材在建筑物中的用途和部位及所处环境，选定主要技术性质能满足要求的岩石。

（2）经济性。天然石材的密度大，运输不便、运费高，应综合考虑地方资源，尽可能做到就地取材。难于开采和加工的石料，将使材料成本提高，选材时应注意。

（3）安全性。由于天然石材是构成地壳的基本物质，因此可能存在含有放射性的物质。石材中的放射性物质主要是指镭、钍、铀等三种放射性元素，在衰变中会产生对人体有害的物质。

任务六　人造石材

人造石材具有天然石材的花纹、质感和装饰效果，而且花色、品种、形状等多样化，并具有质量轻、强度高、耐腐蚀、耐污染、施工方便等优点。目前常用的人造石材有以下四类。

6.6.1　水泥型人造石材

以白色、彩色水泥或硅酸盐、铝酸盐水泥为胶结料，砂为细骨料，碎大理石、花岗石或工业废渣等为粗骨料，必要时再加入适量的耐碱颜料，经配料、搅拌、成型和养护后，再进行磨平抛光而制成，如各种水磨石制品。该类产品的规格、色泽、性能等均可根据使用要求制作。

6.6.2　聚酯型人造石材

以不饱和聚酯为胶结料，加入石英砂、大理石渣、方解石粉等无机填料和颜料，经配制、混合搅拌、浇筑成型、固化、烘干、抛光等工序而制成。

目前，国内外人造大理石、花岗石以聚酯型为多，该类产品光泽好、颜色浅，可调配成各种鲜明的花色图案。不饱和聚酯的黏度低，易于成型，且在常温下固化较快，便于制作形状复杂的制品。与天然大理石相比，聚酯型人造石材具有强度高、密度小、厚度薄、耐酸碱腐蚀及美观等优点，但其耐老化性能不及天然花岗石，故多用于室内装饰。

6.6.3　复合型人造石材

复合型人造石材是由无机胶结料和有机胶结料共同组合而成的。例如，在廉价的水泥型板材上复合聚酯型薄层，组成复合型板材，以获得最佳的装饰效果和经济指标；也可将水泥型人造石材浸渍于具有聚合性能的有机单体中并加以聚合，以提高制品的性能和档次。有机单体可用苯乙烯、甲基丙烯酸甲酯、醋酸乙烯、丙烯酯、二氯乙烯、丁二烯等。

6.6.4　烧结型人造石材

烧结型人造石材是把斜长石、石英、辉石石粉和赤铁矿以及高岭土等混合成矿粉，再配以 40% 左右的黏土混合制成泥浆，经制坯、成型和艺术加工后，再经 1000℃ 左右的高温焙烧而成的，如仿花岗石瓷砖、仿大理石陶瓷艺术板等。

【创新与拓展】

墙体材料革新与建筑节能

我国的耕地面积仅占国土面积约 10%，不到世界平均水平的一半。我国房屋建筑材料中 70%是墙体材料，其中黏土砖占据主导地位，生产黏土砖每年耗用黏土资源达 10 多亿立方米，约相当于毁田 50 万亩，同时，我国每年生产黏土砖消耗 7000 多万吨标准煤。如果实心黏土砖产量继续增长，不仅增加墙体材料的生产能耗，而且导致新建建筑的采暖和空调能耗大幅度增加，将严重加剧能源供需矛盾。推进墙体材料革新和推广节能建筑是保护耕地和节约能源的迫切需要，可提高资源利用效率和保护环境。采用优质新型墙体材料建造房屋，建筑功能将得到有效改善，舒适度显著上升，可以提高建筑的质量和居住条件，满足经济社会发展和人民生活水平提高的需要。

另一方面，我国每年产生各类工业固体废物 1 亿多吨，累计堆存量已达几十亿吨，占用了大量土地，其中所含的有害物质严重污染着周围的土壤、水体和大气环境。

请思考如何加快新型墙体材料发展，特别是如何利用固体废物制造有利于建筑节能的新型墙体材料。

能 力 训 练 题

一、名词解释

天然石材和人造石材　烧结砖　红砖与青砖

二、填空题

1. 用于墙体的材料，主要有＿＿＿＿、＿＿＿＿和＿＿＿＿三类。

2. 砌墙砖按有无孔洞和孔洞率大小分为＿＿＿＿、＿＿＿＿和＿＿＿＿三种；按生产工艺不同分为＿＿＿＿和＿＿＿＿。

3. 烧结普通砖按照所用原材料不同主要分为＿＿＿＿、＿＿＿＿、＿＿＿＿和＿＿＿＿四种。

4. 烧结普通砖的标准尺寸为＿＿＿＿mm×＿＿＿＿mm×＿＿＿＿mm。＿＿＿＿块砖长、＿＿＿＿块砖宽、＿＿＿＿块砖厚，分别加灰缝(每个按 10 mm 计)，其长度均为 1 m。理论上，1 m³ 砖砌体大约需要砖＿＿＿＿块。

5. 烧结普通砖按抗压强度分为＿＿＿＿、＿＿＿＿、＿＿＿＿、＿＿＿＿、＿＿＿＿五个强度等级。

6. 尺寸偏差和抗风化性能合格的烧结普通砖，根据＿＿＿＿和＿＿＿＿分为＿＿＿＿、＿＿＿＿和＿＿＿＿三个质量等级。

7. 烧结多孔砖常用规格分为＿＿＿＿型和＿＿＿＿型两种；孔洞一般为＿＿＿＿孔，主要用于砌筑六层以下建筑物的＿＿＿＿墙体。

8. 烧结空心砖是以＿＿＿＿、＿＿＿＿、＿＿＿＿为主要原料，经焙烧而成的孔洞率大于或等于＿＿＿＿的砖，其孔的尺寸＿＿＿＿而数量＿＿＿＿，为＿＿＿＿孔，一般用于砌筑＿＿＿＿墙体。

9. 建筑工程中常用的非烧结砖有＿＿＿＿、＿＿＿＿、＿＿＿＿等。

10. 砌块按用途分为＿＿＿＿和＿＿＿＿；按有无孔洞可分为＿＿＿＿和＿＿＿＿。

11. 建筑工程中常用的砌块有＿＿＿＿、＿＿＿＿、＿＿＿＿等。

12. 墙用板材按照使用材料不同可分为＿＿＿类、＿＿＿类、＿＿＿类和＿＿＿墙板等。

三、简述题

1. 烧结普通砖在砌筑前为什么要浇水使其达到一定的含水率？

2. 烧结普通砖按焙烧时的火候可分为哪几种？各有何特点？

3. 烧结多孔砖、空心砖与实心砖相比，有何技术经济意义？

项目七　建筑金属材料

教学要求

　了解：钢材的冶炼方法和分类，建筑工程常用钢材的化学成分对钢材性能的影响。

　掌握：钢材的力学性能、工艺性能。

　重点：建筑钢材的标准与选用。

　难点：屈强比概念的理解与应用。

【走进历史】

人类最早用来建桥的金属材料是铁

　人类最早用来建桥的金属材料是铁，我国早在汉代(公元 65 年)，曾在四川泸州用铁链建造了规模不大的吊桥。世界上第一座铸铁桥为 1779 年在英国建造的 Coalerookdale 桥，该桥 1934 年已禁止车辆通行。1878 年，英国人曾用铸铁在北海的 Tay 湾上建造全长 3160 m、单跨 73.5 m 的跨海大桥，采用梁式桁架结构，在石材和砖砌筑的基础上以铸铁管做桥墩，建成不到两年，一次台风夜袭，加之火车冲击荷载的作用，铸铁桥墩脆断，桥梁倒塌，车毁人亡，教训惨痛。此后，人们研究和比较了钢材与铸铁，发现钢材不仅具有高的抗压强度，还具有高的抗拉强度和抗冲击韧性，更适于建桥。于是，人类于 1791 年首次使用钢材建造人行桥。人类在总结了两百多年使用钢材建桥的经验后，现在悬索桥已成为特大跨径桥梁的主要形式。

任务一　建筑钢材

　土木工程中所使用的各种材料统称为土木工程材料。土木材料的品种很多，一般分为金属材料和非金属材料两大类，金属材料包括黑色金属(钢、铁)与有色金属，土木工程中用量最大的金属材料是钢材。

1. 钢的概述

　钢是由生铁冶炼而成的。生铁是由铁矿石、熔剂(石灰石)、燃料(焦炭)在高炉中经过还原反应和造渣反应而得到的一种铁碳合金，其中碳、磷和硫等杂质的含量较高。生铁脆、强度低、塑性和韧性差，不能用焊接、锻造、轧制等方法加工。炼钢是把熔融的生铁进行氧化，使含碳量降低到预定的范围，其他杂质含量降低到允许范围。理论上凡含碳量在 2% 以下，含有害杂质较少的铁碳合金可称为钢。

建筑工程上所用的钢筋、钢丝、型钢、钢板和钢管等通称为建筑钢材。作为一种常用的建筑材料,钢材的主要优点是:强度高,表现为抗拉、抗压、抗弯及抗剪强度都很高,可用于钢结构中制作各种构件。在钢筋混凝土结构中,钢筋能弥补混凝土抗拉弯、抗剪和抗裂性能较低的缺点;塑性好,在常温下钢材能承受较大的塑性变形;质地均匀、性能可靠,钢材性能的利用率比其他非金属材料要高得多,若对钢材实行热处理,还可根据所需要的性能进行改性。由于建筑钢材具有一系列的优良性能,因此被广泛地应用于建筑工程中,但钢材也存在易锈蚀及耐火性差的缺点。

2. 钢材的分类

钢按化学成分可分为碳素钢和合金钢两大类。碳素钢即合金元素含量极少的一类钢材,根据含碳量可分为低碳钢(含碳量小于 0.25%)、中碳钢(含碳量为 0.25%～0.6%)、高碳钢(含碳量大于 0.6%)。合金钢中含有一种或多种特意加入或超过碳素钢限量的化学元素,如锰、硅、钒、钛等。这些元素称为合金元素。合金元素用于改善钢的性能,或者使其获得某些特殊性能。合金元素总含量小于 5%的钢为低合金钢,为 5%～10%的钢为中合金钢,大于10%的为高合金钢。按冶炼方法钢又分为平炉钢、氧气转炉钢和电炉钢三种。

按用途分为结构钢(用于建筑结构及机械制造)、工具钢(用于制造各种工具,如金属切削刀具、模具和一般刀具)、特殊性能钢(如不锈钢、耐热钢、耐酸钢等)。

按钢材中硫、磷的含量,将碳素钢和低合金钢分为普通质量、优质和特殊质量三个等级;合金钢分为优质和特殊质量两个等级。在建筑工程中常用的是普通质量和优质碳素钢以及普通低合金钢。

按脱氧程度不同分类:脱氧充分者为镇静钢和特殊镇静钢;脱氧不充分者为沸腾钢;介于二者之间的为半镇静钢。

任务二　建筑钢材的技术性能

钢材作为主要的受力结构材料,不仅需要具有一定的力学性能,同时还要求具有容易加工的性能,其主要的力学性能有拉伸性能、冲击韧性、疲劳强度及硬度。而冷弯性能和可焊接性能则是钢材重要的工艺性能。只有了解和掌握了钢材的各种性能,才能正确、合理、经济地选择和使用钢材。

7.2.1　钢材的力学性能

钢材的力学性能包括拉伸性能、冲击韧性、疲劳强度和硬度。

1. 拉伸性能

拉伸性能是建筑钢材最重要的力学性能。当钢材受拉,产生应力的同时,相应地产生应变。应力和应变的关系反映出钢材的主要力学特征。如图 7-1 所示,从低碳钢(软钢)的应力—应变关系中可看出,低碳钢从受拉到拉断,经历了四个阶段:弹性阶段(OA)、屈服阶段(AB)、强化阶段(BC)和颈缩阶段(CD)。

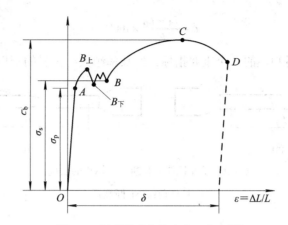

图 7-1 低碳钢受拉的应力—应变图

1) 弹性阶段

在图中 OA 段，应力较低，应力与应变成正比例关系，卸去外力，试件恢复原状，无残余形变，这一阶段称为弹性阶段。弹性阶段的最高点(A 点)所对应的应力称为弹性极限，用 σ_p 表示，在弹性阶段，应力和应变的比值为常数，这个常数称为弹性模量，用 E 表示，即 $E = \sigma / \varepsilon$。弹性模量是反映材料产生弹性变形难易程度的指标。弹性模量越大，产生相同的应变，需要的应力越大。

2) 屈服阶段

当应力超过弹性极限后，应变的增长比应力快，此时，除产生弹性变形外，还产生塑性变形。当应力达到 $B_上$ 点时，即使应力不再增加，塑性变形仍明显增长，钢材出现了"屈服"现象，这一阶段称为屈服阶段。在屈服阶段中，应力会有波动，出现上屈服点($B_上$)和下屈服点($B_下$)。由于下屈服点比较稳定且容易测定，因此，采用下屈服点对应的应力作为钢材的屈服极限(σ_s)或屈服强度。钢材受力达到屈服强度后，变形迅速增长，尽管尚未断裂，已不能满足使用要求，故结构设计中以屈服强度作为容许应力取值的依据。

3) 强化阶段

图 7-1 中 BC 段为强化阶段，此时应力超过屈服点，钢材内部组织重新建立平衡，又恢复了抵抗外力的能力，应力—应变关系曲线又出现了上升。最高点 C 对应的应力称为抗拉强度，用 σ_b 表示。

抗拉强度是钢材拉伸过程中最大的强度值。屈服强度和抗拉强度的比值称为屈强比。屈强比是反映钢材利用率及结构安全可靠性的指标。屈强比越小，钢材的利用率越低，结构越安全；反之，屈强比越大，钢材的利用率越高，但其结构安全可靠性降低。所以，在选用屈强比时要两者兼顾。建筑结构中合理的屈强比一般为 0.6~0.75。

4) 颈缩阶段

在钢材达到 C 点后，试件薄弱处的断面将显著减小，塑性变形急剧增加，产生"颈缩"现象而断裂(如图 7-2 所示)。

试件拉断后，在断口处拼接，量出标距长度 L_1。原标距长度 L_0，L_1 与 L_0 之差为塑性变形值，它与试件原标距长度 L_0(mm)之比称为伸长率(δ)。δ 的计算公式如下：

$$\delta = \frac{L_1 - L_0}{L_0} \times 100\%$$

伸长率是表示钢材塑性的一个重要指标。伸长率越大，钢材的塑性越好。

图 7-2　试件拉伸前和断裂后标距的长度

(a) 拉伸前；(b) 断裂后

2. 冲击韧性

钢材的冲击韧性是处在简支梁状态的金属试样在冲击负荷作用下折断时的冲击吸收功。钢材的冲击韧性与钢材的化学成分、组织状态，以及冶炼、加工都有关系。例如，钢材中磷、硫含量较高，存在偏析、非金属夹杂物和焊接中形成的微裂纹等都会使冲击韧性显著降低。冲击韧性随温度的降低而下降，其规律是：开始下降缓和，当达到一定温度范围时，突然下降很多而呈脆性，这种性质称为钢材的冷脆性。

3. 疲劳强度

受交变荷载反复作用时，钢材在应力低于其屈服强度的情况下突然发生脆性断裂破坏的现象称为疲劳破坏。疲劳破坏是在低应力状态下突然发生的，所以危害极大，往往造成灾难性的事故。

在一定条件下，钢材疲劳破坏的应力值随应力循环次数的增加而降低。钢材在无穷次交变荷载作用下而不至引起断裂的最大循环应力值，称为疲劳强度极限，实际测量时常以 2×10^6 次应力循环为基准。一般来说，钢材的抗拉强度高，其疲劳强度极限也较高。

4. 硬度

硬度指金属材料抵抗硬物压入表面的能力，是材料局部抵抗塑性变形的能力，常用的测定方法为布氏法，其指标为布氏硬度。钢材的布氏硬度与抗压强度有较强的相关性，抗压强度越高，布氏硬度值越大。

7.2.2　钢材的工艺性能

钢材应具有良好的工艺性能，以满足施工工艺的要求。冷弯性能和焊接性能是钢材重要的工艺性能。

1. 冷弯性能

冷弯性能是指钢材在常温下承受弯曲变形的能力。冷弯试验是将钢材按规定弯曲角度与弯心直径弯曲(见图 7-3)，检查受弯部位的外拱面和两侧面，不发生裂纹、起层或断裂为合格。弯曲角度越大，弯心直径对试件厚度(或直径)的比值愈小，则表示钢材冷弯性能越好。

冷弯是钢材处于不利变形条件下的塑性，与表示在均匀变形下的塑性(断后伸长率)不同。在同一程度上，冷弯更能反映钢的内部组织状态、内应力及夹杂物等缺陷。

一般来说，钢材的塑性愈大，其冷弯性能愈好。

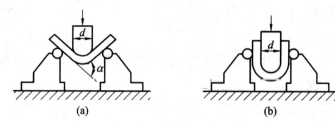

d—弯心直径；a—试件厚度或直径

图 7-3　钢材冷弯示意图

(a) 规定弯曲角度；(b) 弯心直径弯曲

2. 焊接性能

建筑工程中，钢材间的连接绝大多数采用焊接方式来完成，因此要求钢材具有良好的可焊接性能。

在焊接中，由于高温作用和焊接后急剧冷却作用，焊缝及附近的过热区将发生晶体组织及结构变化，从而产生局部变形及内应力，使焊缝周围的钢材产生硬脆倾向，降低了焊接的质量。可焊性良好的钢材，焊缝处性质应与钢材尽可能相同，焊接才能牢固可靠。

钢的化学成分、冶炼质量及冷加工等都可影响焊接性能。含碳量小于 0.25% 的碳素钢有良好的可焊性。含碳量超过 0.3% 的碳素钢可焊性变差。硫、磷及气体杂质会使可焊性降低，加入过多的合金元素也将降低可焊性。对于高碳钢及合金钢，为改善焊接质量，一般需要采用预热和焊后处理以保证质量。此外，正确的焊接工艺也是保证焊接质量的重要措施。

钢筋焊接应注意：冷拉钢筋的焊接应在冷拉之前进行；焊接部位应清除铁锈、熔渣、油污等；应尽量避免不同国家的进口钢筋之间或进口钢筋与国产钢筋之间的焊接。

7.2.3　化学成分对钢性能的影响

1. 碳

碳是决定钢材性能的主要元素。当含碳量低于 0.8% 时，随着含碳量的增加，钢材的强度和硬度增加，而塑性、韧性、可焊件及耐腐蚀性等均降低，并使钢的冷脆性及时效敏感性增加。

2. 硅、锰

硅、锰均为钢中的有益元素，是为脱氧去硫而专门加入的。硅为钢中的主要合金元素，当含硅量小于 1% 时，可提高钢的强度及硬度，对塑性及韧性无明显影响；但当其含量超过 1% 时，钢的冷脆性及可焊性变差。锰能消除钢的热脆性，改善热加工性能，当其含量为 0.8%～1% 时，可显著提高钢的强度和硬度，塑性及韧性几乎不降低，但当其含量大于 1% 时，在提高钢强度的同时，钢的塑性及韧性有所降低，可焊性变差。

3. 磷、硫

磷、硫为钢中的有害元素，是在炼钢时随原料及燃料带入的。磷可使钢的强度、硬度提高，但塑性、韧性显著降低，特别是使钢的低温冲击韧性降低得更为显著。磷还能使钢的冷弯性能、可焊性能变差。硫会降低钢的各种性能,钢中含有一定量的硫,在加热时易引起脆裂,称为热脆性。

4. 氧、氮

氧、氮也是钢中的有害元素,它会降低钢的塑性、韧性、可焊性及冷加工性能。

5. 铝、锰、钒、铌

铝、锰、钒、铌均为炼钢时的强脱氧剂,也是常用的合金元素,可改善钢的组织、细化晶粒,显著提高钢的强度并改善韧性。

[工程实例分析 7-1]

高强螺栓拉断

现象　广东某国际展览中心包括展厅、会议中心和一栋 16 层的酒店,总建筑面积 42 000 m²。1989 年建成投入使用,1992 年降大暴雨,其中 4 号展厅网架倒塌。在倒塌现场发现大量高强螺栓被拉断或折断,部分杆件有明显压屈,但未发现杆件拉断及明显颈缩现象,也未发现杆件焊缝拉开。另外,网架建成后多次发现积水现象,事故现场两排水口表面均有堵塞。

原因分析　首先是由于 4 号展厅除承担本身雨水外,还要承担会议中心屋面流下来的雨水。由于溢流口、雨水斗设置不合理,未能有效排水导致网架积水超载。在此情况下,高强螺栓超过极限承载力而被拉断,其根本原因是高强螺栓安全度低于杆件安全度、安全度不足。

[工程实例分析 7-2]

北海油田平台倾覆

现象　1980 年 3 月 27 日,北海爱科菲斯科油田的 A.L.基尔兰德号平台突然从水下深部传来一次震动,紧接着一声巨响,平台立即倾斜,短时间内翻于海中,致使 123 人丧生,造成巨大的经济损失。

原因分析　现代海洋钢结构如移动式钻井平台,特别是固定式桩基平台,在恶劣的海洋环境中受风浪和海流的长期反复作用和冲击振动;在严寒海域长期受流冰等的冲击碰撞;另外,低温作用以及海水腐蚀介质的作用等都给钢结构平台带来极为不利的影响。突出问题就是海洋钢结构的脆性断裂和疲劳破坏。

上述事故的调查分析显示,事故原因是撑竿支座疲劳裂纹萌生、扩展,导致撑竿迅速断裂。由于撑竿断裂,使相邻 5 个支杆过载而遭破坏,接着所支撑的承重脚柱遭破坏,使平台 20 min 内全部倾覆。

任务三　建筑钢材的技术标准与选用

建筑钢材主要采用碳素结构钢和低合金高强度结构钢两种。

7.3.1　建筑用钢材

碳素结构钢是碳素钢中的一类，可加工成各种型钢、钢筋和钢丝，适用于一般结构和工程。国家标准《碳素结构钢》具体规定了它的牌号表示方法、技术要求、试验方法、检验规则等。

1. 碳素结构钢

1) 牌号表示方法

《碳素结构钢》(GB/T700—2006)规定，钢的牌号由代表屈服点的字母、屈服点数值、质量等级符号、脱氧程度符号等四个部分按顺序组成。其中，以"Q"代表屈服点，按屈服强度(MPa)的大小分为 Q195、Q215、Q235、Q275 四种；按硫、磷等杂质的含量多少分为 A、B、C、D 四个质量等级；脱氧程度以 F 表示沸腾钢，Z 及 TZ 分别表示镇静钢与特种镇静钢，且 Z 与 TZ 在钢的牌号中可以省略。

2) 技术要求

碳素结构钢的技术要求包括化学成分、力学性能、冶炼方法、交货状态及表面质量五方面，应分别符合表 7-1～表 7-3 所示的要求。

表 7-1　碳素结构钢的化学成分

牌号	统一数字代号[①]	等级	厚度(或直径)/mm	脱氧方法	化学成分(质量分数)/(%)，≤				
					C	Si	Mn	P	S
Q195	U11952	—	—	F、Z	0.12	0.30	0.50	0.035	0.040
Q215	U12152	A	—	F、Z	0.15	0.35	1.20	0.035	0.050
	U12155	B	—	F、Z					0.045
Q235	U12352	A	—	F、Z	0.22	0.35	1.40	0.045	0.050
	U12355	B	—	F、Z	0.20[②]				0.045
	U12358	C	—	Z	0.17			0.040	0.040
	U12359	D	—	TZ				0.035	0.035
Q275	U12752	A	—	F、Z	0.24	0.35	1.50	0.045	0.050
	U12755	B	≤40	Z	0.21			0.045	0.045
			>40		0.22				
	U12758	C	—	Z	0.20			0.040	0.040
	U12759	D	—	TZ				0.035	0.035

注：① 表中为镇静钢、特殊镇静钢牌号的统一数字，沸腾钢牌号的统一数字代号如下：Q195F-U11950；Q215AF-U12150，Q215BF-U12153；Q235AF-U12350，Q235BF-U12353；Q275AF-U12750。

② 经需方同意，Q235B 的含碳量可不大于 0.22%。

表 7-2 碳素结构钢的力学性能

牌号	等级	屈服强度[①]R_{eH}/(N/mm²)，≥						抗拉强度[②]R_m/(N/mm²)	断后伸长率 A/(%)，≥					冲击试验(V形缺口)温度/℃	冲击吸收功(纵向)/J，≥
		厚度(或直径)/mm							厚度(或直径)/mm						
		≤16	>16~40	>40~60	>60~100	>100~150	>150~200		≤40	>40~60	>60~100	>100~150	>150~200		
Q195	—	195	185	—	—	—	—	315~430	33	—	—	—	—	—	—
Q215	A	215	205	195	185	175	165	335~450	31	30	29	27	26	—	—
	B													+20	27
Q235	A	235	225	215	215	195	185	370~500	26	25	24	22	21	—	—
	B													+20	27[③]
	C													0	
	D													−20	
Q275	A	275	265	255	245	225	215	410~540	22	21	20	18	17	—	—
	B													+20	27
	C													0	
	D													−20	

注：① Q195 的屈服强度值仅供参考，不作交货条件。

　　② 厚度大于 100 mm 的钢材，其抗拉强度下限允许降低 20 N/mm²。宽带钢(包括剪切钢板)抗拉强度上限不做交货条件。

　　③ 厚度小于 25 mm 的 Q235B 级钢材，如供方能保证冲击吸收功值合格，经需方同意，可不作检验。

表 7-3 碳素结构钢的工艺性能

牌　号	试样方向	冷弯试验 180°，$B = 2a$[①]	
		钢材厚度(或直径)[②]/mm	
		≤60	>60~100
		弯心直径 d	
Q195	纵	0	—
	横	0.5a	
Q215	纵	0.5a	1.5a
	横	a	2a
Q235	纵	a	2a
	横	1.5a	2.5a
Q275	纵	1.5a	2.5a
	横	2a	3a

注：① B 为试样宽度，a 为试样厚度(或直径)。

　　② 钢材厚度(或直径)大于 10 mm 时，弯曲试验由双方协商确定。

3) 各类牌号钢材的性能和用途

碳素结构钢随着牌号的增大，含碳量的增加，钢的强度及硬度相应提高，而塑性、韧性及可焊性则相应降低。Q235 具有较高的强度，较好的塑性、韧性及可焊性，能满足一般建筑用钢的要求，在建筑工程中应用最为广泛，主要用于做钢结构屋架、闸门、钢管、桥梁和钢筋混凝土结构中的钢筋等；Q195、Q215 强度低，但塑性及韧性较好，容易加工，主要用于承受荷载较小的焊接结构及制造钢钉、柳丁、螺栓及铁丝等；Q275 具有较高的强度，但塑性、韧性及可焊件较差，可用于制作螺栓配件、机械零件及工具等。

2. 低合金高强度结构钢

为改善钢材的力学性能、工艺性能和使其具有某些特殊性能，在碳素结构钢的基础上加入一种或几种合金元素(总含量小于 5%)，就可制成低合金高强度结构钢。与碳素钢相比，在满足塑性、韧性及可焊性要求的条件下，低合金钢具有更高的屈服强度和抗拉强度且耐磨性、耐腐蚀性较好，它不仅可以减轻钢结构的自重，而且易于加工及施工，成本与碳素钢相近。在相同的使用条件下，低合金钢可比碳素钢节约钢材 20%～30%。低合金高强度结构钢在建筑工程中主要用于各种重型结构、大跨度结构及高层结构等。

1) 低合金结构钢的牌号及其表示方法

根据国家标准《低合金高强度结构钢》(GB/T1591—2008)的规定，低合金高强度结构钢按力学性能和化学成分分为 Q345、Q390、Q420、Q460、Q500、Q550、Q620、Q690 八个牌号，又按硫、磷等含量划分为 A、B、C、D、E 五个质量等级，其质量依次提高。低合金高强度钢中所加合金元素主要有锰、硅、钒、铁、铬、镍等。如 Q345B 表示屈服强度不小于 345 MPa，质量等级为 B 级的低合金高强度结构钢。

2) 低合金结构钢的应用

低合金结构钢主要应用于轧制各种型钢(角钢、槽钢、工字钢)、钢板、钢管及钢筋，广泛用于钢结构和钢筋混凝土结构中。采用低合金高强度结构钢，可以减轻结构自重，节约钢材，增加使用寿命，特别适用于各种重型结构、大跨度结构、高层结构及桥梁工程等，其技术经济效果更为显著。

7.3.2　钢结构用钢材

钢结构构件一般应直接选用各种型钢，构件之间的连接方式有铆接、螺栓联结及焊接。型钢有热轧、冷轧成型两种。钢板也有热轧(厚度为 0.35 mm～200 mm)及冷轧(厚度为 0.2 mm～5 mm)两种。

1. 热轧型钢

热轧型钢有角钢、工字钢、槽钢、T 型钢、H 型钢等。

我国建筑用热轧型钢主要采用碳素结构钢，其强度适中，塑性和可焊性较好，成本低，适合建筑工程使用。在钢结构设计规范中，推荐使用低合金钢，主要有 Q345(16Mn)及 Q390(15MnV)两种，用于大跨度、承受动荷载的钢结构中。

2. 冷弯薄壁型钢

冷弯薄壁型钢通常使用 2 mm～6 mm 薄钢板冷弯或模压而成，有角钢和槽钢等开口薄壁型钢及方形、矩形等空心薄壁型钢，主要用于轻型钢结构。

3. 钢板和压型钢板

用光面轧辗轧制而成的扁平钢材，以平板状态供货的称为钢板；以卷状供货的称为钢带。钢板可用热轧或冷轧的方式生产。热轧钢板按厚度不同可分为中厚板(厚度大于 4 mm)和薄板(厚度为 0.35 mm～4 mm)两种，冷轧钢板只有薄板(厚度为 0.2 mm～4 mm)一种。

建筑用钢板和钢带主要是碳素结构钢。一些重型结构、大跨度桥梁及高压容器等也采用低合金钢板。一般厚度可用焊接结构；薄板可用作屋面及墙面维护结构，或用作涂层钢板的原材料；钢板还可用来弯曲为型钢。

薄钢板经冷压或冷轧成波形、双曲形、V 形等形状，称为压型钢板。彩色钢板(又称有机涂层薄钢板)、镀锌薄钢板、防腐薄钢板等都可用来制作压型钢板，其特点是单位质量轻、强度高、抗震性能好、施工快、外形美观等，主要用于围护结构、楼板、屋面等。

任务四　钢筋混凝土用钢

7.4.1　钢筋混凝土用钢的种类

混凝土具有较高的抗压强度，但抗拉强度很低。使用钢筋增强混凝土可大大扩展混凝土的应用范围，而混凝土可对钢筋起保护作用。钢筋混凝土结构中使用的钢筋主要由碳素结构钢和优质碳素钢制成，其种类有以下几种。

1. 热轧钢筋

用加热的钢坯轧制成的条形钢筋，称为热轧钢筋。热轧钢筋是建筑工程中用量最大的钢材品种之一，主要用于钢筋混凝土结构和预应力钢筋混凝土结构的配筋。

从表面形状来分，热轧钢筋有光圆和带肋两大类。热轧光圆钢筋，其横截面为圆形，表面光滑；带肋钢筋，其横截面通常也为圆形，且表面通常带有两条纵肋和沿长度方向均匀分布的横肋。钢筋的表面形状如图 7-4 所示。

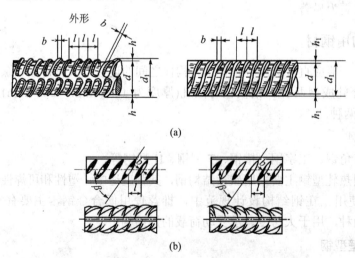

图 7-4　钢筋表面形状

(a) 等高肋钢筋；(b) 月牙肋钢筋

根据《钢筋混凝土用钢第 1 部分：热轧光圆钢筋》(GB1499.1－2008)及《钢筋混凝土用钢 第 2 部分：热轧带肋钢筋》(GB1499.2－2007)的规定：热轧光圆钢筋的牌号由 HPB 与屈服强度特征值构成，有 HPB235、HPB300 两个牌号；热轧带肋钢筋的牌号由 HRB 与屈服强度特征值构成，有 HRB335、HRB400、HRB500 等牌号。

随着牌号的增大，热轧钢筋的屈服强度和抗拉强度相应提高，塑性、冷弯性能相应降低，冲击韧性相应降低。

热轧光圆钢筋的强度较低，但塑性及焊接性能很好，便于进行各种冷加工，广泛用作普通钢筋混凝土构件的受力筋及构造筋。

HRB335 和 HRB400 钢筋强度较高，塑性和焊接性能也较好，广泛用作大、中型钢筋混凝土结构的受力钢筋。

HRB500 钢筋强度高，但塑性和焊接性能较差，可用作预应力钢筋。

2. 冷轧带肋钢筋

冷轧带肋钢筋是使用低碳钢热轧圆盘条钢筋经冷轧后，在其表面有沿长度方向均匀分布的三面或两面横肋的钢筋。

(1) 冷轧带肋钢筋的牌号表示方法。根据《冷轧带肋钢筋》(GB13788－2008)的规定：冷轧带肋钢筋的牌号由 CRB 和抗拉强度最小值表示，有 CRB550、CRB650、CRB800、CRB970 四个牌号。

(2) 冷轧带肋钢筋的性能与应用。

与热轧圆盘条相比，冷轧带肋钢筋的强度提高了 17%左右；与冷拔低碳钢丝相比，冷轧带肋钢筋的伸长率高，塑性好。由于表面带肋，冷轧带肋钢筋提高了钢筋与混凝土之间的黏结力，是一种比较理想的预应力钢材。冷轧带肋钢筋 CRB550 宜用于普通钢筋混凝土结构，其他牌号的钢筋宜用于预应力混凝土结构。

3. 热处理钢筋

热处理是指将钢材按一定规则加热、保温和冷却，改变其组织，从而获得需要性能的一种工艺过程。热处理钢筋是钢厂将热轧带肋钢筋经淬火和高温回火调质处理而成的钢筋，其特点是塑性降低不大，但强度提高很多，综合性能比较理想。

热处理钢筋主要用于预应力混凝土轨枕，可代替碳素钢筋。由于其具有制作方便，质量稳定、锚固性好、节省钢材等优点，已开始用于预应力混凝土工程中。

4. 冷拔低碳钢丝

冷拔低碳钢丝是将直径为 6.5 mm～8 mm 的 Q235 圆盘条通过截面小于钢筋截面的钨合金拔丝而成。

冷拔低碳钢丝按其力学性能分为甲级和乙级两种。甲级低碳钢丝根据抗拉强度分为 I、E 两组。甲级低碳钢丝主要用于小型预应力混凝土，而乙级低碳钢丝用作普通钢筋(非预应力钢筋)，也可用于焊接和绑扎骨架、网片和箍筋。

5. 预应力混凝土用钢丝

预应力混凝土用钢丝是以优质碳素结构钢盘条为原料，经淬火奥氏体化、酸洗、冷拉制成的用作预应力混凝土骨架的钢丝。

预应力混凝土用钢丝的抗拉强度比钢筋混凝土用热轧光圆钢筋、热轧带肋钢筋高许多，在构件中采用预应力钢丝可收到节省钢材、减少构件截面和节省混凝土的效果，主要用在桥梁、吊车梁、大跨度屋架、管桩等预应力钢筋混凝土构件中。

6. 钢绞线

钢绞线由多根圆形断面钢丝捻制而成。钢绞线按左捻制成并经回火处理消除内应力。钢绞线按应力松弛性能可分为两级：Ⅰ级松弛(代号Ⅰ)、Ⅱ级松弛(代号Ⅱ)。公称直径有 9.0 mm、12.0 mm、15.0 mm 三种规格。

与其他配筋材料相比，钢绞线具有强度高、柔性好、质量稳定、成盘供应不需接头等优点，适用于作大型建筑、公路或铁路桥梁、吊车梁等大跨度预应力混凝土构件的预应力钢筋，广泛地应用于大跨度、重荷载的结构工程中。

7.4.2　钢材的选用原则

1. 荷载性质

对经常承受动力和振动荷载的结构，因容易产生应力集中，导致破坏，所以应选用材质较高的钢材。

2. 使用温度

经常处于低温状态的结构，钢材容易发生冷脆断裂，特别是焊接结构，冷脆倾向更加显著，所以要求钢材具有良好的塑性和低温冲击韧性。

3. 连接方式

当温度及受力性质改变时，容易引起焊接结构焊缝附近的母体金属出现冷、热裂纹，促使结构早期破坏。所以，焊接结构对于钢材的化学成分和机械性能要求比较严格。

4. 钢材厚度

钢材力学性能一般随着厚度的增大而降低，钢材经多次轧制后，钢的内部结晶组织更为紧密，强度更高，质量更好。因此，一般结构用钢材的厚度不宜超过 40 mm。

5. 结构重要性

选择钢材要考虑结构使用的重要性，如大跨度结构与重要的建筑物结构，必须选用质量更好的钢材。

[工程实例分析 7-3]

韩国首尔大桥倒塌

现象　1994 年 10 月 21 日，韩国首尔汉江圣水大桥中段 50 m 长的桥体像刀切一样坠入江中，造成多人死亡。该桥由韩国最大的建筑公司之一的东亚建设产业公司于 1979 年建成。

原因分析　事故原因调查团经 5 个多月的各种试验和研究，于次年 4 月 2 日提出了事故报告。事故原因主要有以下两方面：一是东亚建筑公司没有按图纸施工，在施工中偷工减料，使用了疲劳性能很差的劣质钢材，这是事故的直接原因；二是因为缩短了工期及首尔市政当局在交通管理上出现了疏漏，这是大桥倒塌的主要原因。当时所设计的负载限制为32 t，实际建成后，随着交通流量逐年增加，造成超常负荷，倒塌时的负载已达到了 43.2 t。

任务五　钢材的防锈蚀与防火

7.5.1　钢材的锈蚀

钢材在使用中会经常与环境中的介质接触，由于环境介质的作用，其中的铁因与介质产生化学作用或电化学作用而逐步被破坏，从而导致钢材腐蚀，亦可称为锈蚀。钢材的腐蚀，轻者使钢材性能下降，重者导致结构破坏，造成工程损失。尤其是钢结构，在使用期间应引起重视。

钢材锈蚀的破坏性主要表现：锈蚀膨胀导致砂浆保护层和混凝土开裂；使钢结构断面减小，承载能力降低，甚至由于局部腐蚀引发应力集中，导致钢结构突然垮塌，造成严重的后果。

钢材在如下条件下会发生锈蚀：有水存在、有 O_2 存在、有电流作用。钢材受腐蚀的原因很多，主要影响因素有环境湿度、侵蚀介质性质及数量、钢材材质及表面状况等。根据钢材与环境介质的作用分为化学腐蚀和电化学腐蚀两类。

1. 化学腐蚀

化学腐蚀是因金属与干燥气体及非电解质液体反应而产生的，通常由于氧化作用，使金属形成疏松的氧化物而引起腐蚀。在干燥环境中，腐蚀进行得很慢，但在环境湿度高时，腐蚀速度加快。这种腐蚀也可由二氧化碳或二氧化硫的作用而产生氧化铁或硫化铁，使金属光泽消退而颜色发暗，影响装饰性。

2. 电化学腐蚀

这种腐蚀是指钢材与电解质溶液相接触而产生电流，形成腐蚀电池，故称为电化学腐蚀。钢材中含有铁素体、渗碳体及游离石墨等成分，由于这些成分的电极、电位不同，铁素体活泼，易失去电子，使铁素体与渗碳体在电解质中形成原电池的两极，铁素体为阳极，渗碳体为阴极。由于阴阳两极的接触，产生电子流，阳极的铁素体失去电子成为 Fe^{2+} 离子，进入溶液，电子流向阴极，在酸性电解质中 H^+ 得到电子变成 H_2 而逸出。在中性介质中，由于氧的还原作用使水中含有 OH^-，随之生成不溶于水的 $Fe(OH)_2$，进一步氧化成 $Fe(OH)_3$ 及其脱水产物 Fe_2O_3，即红褐色铁锈。

3. 锈蚀的防止

钢材产生锈蚀的重要因素是水和空气中的氧，因此防止钢材锈蚀的基本方法是使钢材与水和空气隔绝。钢材锈蚀的防止主要有以下几种方法。

(1) 制成合金钢。在钢中加入能提高抗腐蚀能力的元素，如将镍、铬加入到铁合金中可制得不锈钢等，这种方法最有效，但成本很高。

(2) 保护膜法。利用保护膜使钢材与周围介质隔离，从而避免或减缓外界腐蚀性介质对钢材的破坏作用。例如在钢材的表面喷刷涂料、搪瓷、塑料等，或以金属镀层作为保护膜，如镀锌、锡、铬等。目前常用的防止钢材锈蚀的方法是采用表面刷防锈漆。常用底漆有红丹、环氧富锌漆、铁红环氧漆等，面漆有灰铅油、醇酸磁漆及酚醛磁漆等。

(3) 阴极保护法。实施阴极保护对预应力混凝土来说，就是使全部预应力钢筋都成为阴极，即钢筋表面不存在阳极区，防止了作为阳极过程的钢筋的溶解，并改善了钢筋的界面性能，增强了界面对钢筋的有效保护作用，使钢筋原有的钝化膜更为完整和稳定。

阴极保护有外加电流法和牺牲阳极法。外加电流法是向被保护的金属通入直流电，使其成为阴极，即强制辅助阳极为阴极来实现保护；牺牲阳极法是在需要保护的金属上连接一种电位更负、更容易受到腐蚀的金属(常用锌合金、铝合金、镁合金等)，由它提供电流，即牺牲阳极，使其腐蚀来达到保护的目的。

(4) 提高混凝土的密实度及碱度。钢筋混凝土中钢筋的砂浆保护层应大于规范规定的厚度，使混凝土密实；限制水灰比及氯盐外加剂的使用，可以采用掺加防锈剂(重铬酸钾等)的方法。

7.5.2　钢材的防火

钢材在火灾高温作用下会迅速变软，强度损失很快。以钢材制作的构件，如梁、柱、屋架，若不加以保护或保护不力，在火灾中有可能失去承载能力而引起整个建筑物的倒塌。例如：1973 年 5 月 3 日天津市体育馆，由烟头掉进通风管道引燃甘蔗渣和木板等可燃物，火势迅速蔓延，仅 19 分钟，3500 m^2 的主馆屋顶拱型钢屋架全部坍落。2001 年发生在美国的"911"恐怖袭击事件中，世贸大厦在飞机燃油燃烧的高温作用下，短短数十分钟，轰然倒塌，造成近 3000 人伤亡，举世震惊。

当建筑物采用钢结构时，如果未做表面防火处理，由于耐火极限仅 15 min 左右即失去支撑能力，与国家有关防火规范对建筑构件的耐火极限要求相差很远，因此进行钢结构建筑设计和施工时应做防火处理。钢结构的防火保护方法主要有涂覆防火涂料法、包封法以及水冷却法。

1. 涂覆防火涂料法

钢结构防火涂料是施涂于建筑物及构筑物的钢结构表面，能形成耐火隔热保护层，以提高钢结构耐火极限的涂料，分为厚型、薄型、超薄型等几种。厚型涂料呈颗粒状，涂层厚度通常在 8 mm 以上，施工方法为喷涂，高温时依靠涂料本身的厚度及较低的导热率起到对钢构件隔热的作用。薄型和超薄型涂料涂层较薄，有一定装饰效果，施工方法可喷可刷，高温时涂层膨胀增厚保护钢构件，具有重量轻、施工较简便，适用于隐蔽结构和裸露的钢梁、斜撑等钢构件。

2. 包封法

包封法是将钢结构用防火隔热材料包封起来，使钢结构免受火灾高温作用。常用的防火隔热材料有石膏、矿棉、岩棉、玻璃纤维、蛭石、珍珠岩以及混凝土等。这些隔热防火材料有的能吸热，有的能释放结晶水，而有的导热能力小、隔热作用强，等等。

3. 水冷却法

对空心钢柱可在内部充循环冷却水，火灾时传递给钢柱的热量被内部冷却水带走，使钢柱温度不会升得很高。这种办法的最大缺点是设备费用高，需设置蓄水池、冷却系统，还必须采取防锈措施，因此实际应用受到限制。

任务六　有色金属材料

7.6.1　铝及铝合金

1. 纯铝

纯铝是一种轻金属，密度小，为 2.7 g/cm³，大约是铜密度的 1/3。纯铝的熔点为 660.37℃，具有较强的导电性和导热性，在大气中较易与氧化合形成一层致密的三氧化二铝薄膜，阻止铝继续氧化，故铝的耐腐蚀性能好。纯铝的塑性很好，伸长率 δ 为 50%，但其强度较低，σ_b = 50 MPa，经冷加工变形可使其强化，抗拉强度提高到 150 MPa～250 MPa，但其伸长率会降低 2%～6%。纯铝的强度不高，伸长率好，可加工成铝板和各种铝型材。在建筑中，铝用作门框、窗框、百叶、门扇板、门窗把手、栏杆等，以及做装饰材料。铝具有良好的反辐射性能，加工成厚 0.006 mm～0.025 mm 的铝箔，可作为复合保温材料的热辐射层，也可做隔蒸汽材料。

2. 铝合金

在纯铝中加入一定量的某些合金元素可制成各种不同的铝合金。通常加入的合金元素有镁、锰、铜、锌、硅等。铝合金按加工方法可以分为铸造铝合金(ZL)和变形铝合金。各种变形铝合金的牌号分别用汉语拼音字母和顺序号代表，顺序号不直接表示合金元素的含量。

(1) 防锈铝(LF)。防锈铝系铝镁或铝锰的合金，其特点是耐腐蚀性较高，抛光性好，能长期保持其光亮的表面，其强度比纯铝高，塑性及焊接性能良好，但切削加工性不良，可用于承受中等或低荷载及要求耐腐蚀及光洁表面的构件、管道等。

(2) 硬铝(LY)。硬铝是由铝和铜或再加入镁、锰等组成的合金。工程上主要将含铜 3.8%～4.8%、镁 0.4%～0.8%、锰 0.4%～0.8%、硅小于等于 0.8% 的铝合金称为硬铝。硬铝经热处理强化后，可获得较高的强度和硬度，耐腐蚀性好。硬铝在建筑上可用于承重结构或其他装饰构件，其强度极限可达 330 MPa～490 MPa，伸长率为 12%～20%，布氏硬值可达 1000 MPa，是发展轻型结构的好材料。

(3) 超硬铝(LC)。超硬铝是铝和锌、镁、铜等的合金。经热处理强化后，其强度和硬度比普通硬铝更高，塑性及耐腐蚀性中等，切割加工性和点焊性能良好，但在负荷状态下易受腐蚀，常用包铝方法保护，可用于承重构件和高荷载零件。

(4) 锻铝(LD)。锻铝是铝和镁、硅及铜的合金。除具有较高的强度外，它还有良好的高温塑性及焊接性，但易腐蚀，适宜作承受中等荷载的构件。

铝合金在建筑工程中应用广泛：用锻铝加工成的型材，可作为高层及大跨度建筑的结构材料；硬铝和超硬铝可加工成门、窗框、屋架、活动墙等铝合金构件和产品；铸造铝常用于制作建筑五金配件等。

7.6.2　铜及铜合金

1. 纯铜

纯铜的新鲜断口呈玫瑰红色，表面的氧化铜膜呈紫红色，又称紫铜。纯铜的熔点为

1083℃，密度为 8.93 g/cm³，其强度较低，σ_b = 200 MPa～250 MPa，伸长率 δ = 45%～50%。纯铜有较高的导电性、导热性，并耐腐蚀。纯铜经热、冷加工可制成各种板材、线材与带材，广泛用于电气工业、仪表工业和造船工业等。当其压延成薄片(紫铜片)和线材后，会是土建工程中良好的止水材料。纯铜按所含杂质多少分为 4 级，牌号为 T1、T2、T3、T4。"T"为铜的汉语拼音字头，数字愈大，则纯度愈低。目前在土建工程中一般仅使用铜合金。

2. 铜合金

铜合金分为黄铜和青铜两大类。铜合金与纯铜相比，强度、硬度高，耐磨、耐腐蚀性能好，提高了在工业中的应用价值。工业用黄铜是铜和锌组成的合金，牌号是用"H"加铜含量表示，如 H90，即黄铜中只含 10%的 Zn，其余都为铜。由于黄铜有良好的塑性及抗腐蚀性，因此易于冷加工成各种板材、管材和带材，以及各种工艺品，也可用作散热器、冷凝器管道等。黄铜粉俗称金粉，作装饰涂料用。青铜是指铜合金中除铜铸合金之外的其他铜基合金，如铜锡合金称为锡青铜，铜铝合金称为铝青铜等。青铜在大气、海水和无机盐溶液中有较高的抗腐蚀性，在港口航道的结构部件中做耐腐蚀件。

3. 铜材的验收与保管

铜材的验收应对照出厂质量保证书、试验报告及发货单，全部点数、检尺和过秤、查对标牌等，其质量、规格应符合有关标准及协议条款的规定。铜板外观须平整、光滑，无气泡层、裂纹或缩孔与夹杂物，边缘无缺口，表面不得有明显污点及化学附着物。

铜材保管时，应放在干燥通风的库房内，按品种、规格、批号分别存放在垫木上，不得与酸、碱、盐类化学药品等存放在一起。铜在干燥空气中，表面会形成褐色的氧化亚铜薄膜，对铜有保护作用；铜受潮易生绿色铜锈，须用干布擦净，不宜涂油。铜锈有毒，在搬运保管过程中应注意防护。

【创新与拓展】

钢结构建筑的防火、防袭击

钢结构建筑有许多优点，与钢筋混凝土建筑相比，有更好的抗震、防腐、耐久、环保和节能效果；可实现构架的轻量化和构件的大型化，施工亦较为简便。但钢结构建筑也存在不少缺点，其中较突出的一点是防火问题。美国纽约的世贸大厦为钢结构，2001 年 9 月 11 日被恐怖分子袭击而倒塌，这给人们提出了钢结构防火、防袭击破坏的新课题。一些钢结构建筑原已考虑到防火问题，为此在钢材表面涂防火涂料层，以延缓钢结构构件温度升高至临界屈服或破坏温度的时间，提高结构的耐火极限和建筑物的防火等级，同时兼备减少热损失、节能的作用。但已涂覆防火涂料的世贸大厦遇袭后短时间即坍塌，故解决此问题不应仅仅着眼于防火涂料的改进，从发散思维的角度还可考虑钢材本身的性能改进，如通过与无机非金属材料的复合，提高钢结构材料本身的防火能力；还可设想研究材料或结构本身的自灭火性能，或者考虑如何综合多因素选用土木工程材料，以增强重要建筑的防火、防袭击的能力等。

能 力 训 练 题

一、名词解释

弹性模量　屈服强度　疲劳破坏　钢材的冷加工

二、填空题

1. _____和_____是衡量钢材强度的两个重要指标。

2. 低碳钢从受拉到拉断，经历了四个阶段：_____、_____、_____和_____。

3. 按冶炼时脱氧程度分类，钢可以分成_____、_____、_____和特殊镇静钢。

4. 冷弯检验：按规定的_____和_____进行弯曲后，检查试件弯曲处外面及侧面不发生断裂、裂缝或起层，即认为冷弯性能合格。

三、选择题

1. 钢材抵抗冲击荷载的能力称为_____。

A. 塑性　　　　　　B. 冲击韧性　　　　　C. 弹性　　　　　　D. 硬度

2. 钢的含碳量为_____。

A. 小于2.06%　　　B. 大于3.0%　　　　　C. 大于2.06%　　　D. 小于1.26%

3. 伸长率是衡量钢材的_____指标。

A. 弹性　　　　　　B. 塑性　　　　　　　C. 脆性　　　　　　D. 耐磨性

4. 普通碳塑结构钢随钢号的增加，钢材的_____。

A. 强度增加、塑性增加　　　　　　　　B. 强度降低、塑性增加

C. 强度降低、塑性降低　　　　　　　　D. 强度增加、塑性降低

5. 在低碳钢的应力应变图中，有线性关系的是_____阶段。

A. 弹性阶段　　　　B. 屈服阶段　　　　　C. 强化阶段　　　　D. 颈缩阶段

四、是非判断题

1. 一般来说，钢材硬度愈高，强度也愈大。

2. 屈强比愈小，钢材受力超过屈服点工作时的可靠性愈大，结构的安全性愈高。

3. 一般来说，钢材的含碳量增加，其塑性也增加。

4. 钢筋混凝土结构主要是利用混凝土受拉、钢筋受压的特点。

五、问答题

1. 为何说屈服点σ_s、抗拉强度σ_b和伸长率δ是建筑用钢材的重要技术性能指标？

2. 钢材的冷加工强化有何作用和意义？

项目八　木　材

教学要求

　　了解：木材的分类及其结构；常用木材及木质材料制品；木材的防腐与防火；木材在装饰工程中的主要用途。

　　掌握：木材的主要性质；影响木材强度的因素；含水率对木材强度影响的规律。

　　重点：木材的各向异性、湿胀干缩性及含水率等对木材所有性质的影响。

　　难点：平衡含水率与纤维饱和点的概念及其实用意义。

【走进历史】

中国最早的木结构建筑——应县木塔

　　举世闻名的应县木塔全名为佛宫寺释迦塔，建于辽清宁二年(公元 1056 年)，至今已有近千年历史，是我国现存最高、最古老的一座木结构塔式建筑，也是我国古建筑中的瑰宝和世界木结构建筑的典范。属中国第一，世界无双。应县木塔之所以能千年不倒，除精巧的结构和当地易于木材保存的独特气候外，对建筑材料的精心选择也是一个关键。

　　木塔在设计和施工上匠心独具，结构上采用双层环形套筒空间框架。上层柱脚插在下层柱头的枋上，并向内递收，形成一层比一层小的优美轮廓。全塔在结构上没用一个铁钉子，全靠构件互相铆榫咬合。应县木塔在设计上大胆继承了汉、唐以来富有民族特点的重楼形式，充分利用了传统建筑技巧，广泛了采用斗拱结构。全塔共用 54 种斗拱，其种类之多，属国内罕见，被世人称为"斗拱博物馆"。每个斗拱都有一定的组合形式，有的将梁、坊、柱结成一个整体，每层都形成了一个八边形中空结构层。应县木塔的设计科学严密、构造完美、巧夺天工，是一座既有民族风格、民族特点，又符合宗教要求的建筑，在我国古代建筑艺术中可以说达到了最高水平，即使是现在，它也有较高的研究价值。

　　因此，应县木塔被古人誉为"远看擎天柱，近似百尺莲"。它的第一层南北开门，四周设有回廊，塔内各层装有木制楼梯，游人可拾级而上；第二层以上都设有平座栏杆，形成回廊，供游人凭眺。

任务一　木材的分类和构造

　　木材作为建筑材料已有悠久的历史，它曾与钢材、水泥并称三大主要建筑材料。木材具有很多优点，如质地较软，易于加工；比强度大，轻质高强；弹性、韧性好，抵抗冲击和震动效果好；导热性低，隔热、保温性能好；纹理美观，易于着色和油漆，装饰效果好，所以仍被广泛用做装饰与装修材料。由于具有这些独特的优点，在出现众多新型土木工程材料的今天，木材仍在工程中占有重要地位。

木材也有缺点：构造不均匀，呈各向异性；天然缺陷多(木节、斜纹、裂缝等)，易腐朽、虫害等；具有湿涨干缩的特点，易干裂，翘曲等；养护不当，易腐朽，霉烂和虫蛀等；耐火性差，易燃烧等；树木生长缓慢，成才周期长，致使在应用上受到限制，因此，对木材的节约使用和综合利用是十分重要的。

8.1.1　木材的分类

建筑工程中实用的木材是由树木加工而成的，木材属于天然建筑材料。树木按照树种可分为针叶树和阔叶树两大类。

针叶树树干通直而高大，易得大材，纹理平顺，材质均匀，木质较软而易于加工，故又称软木材。常用树种有松、杉、柏等。阔叶树树干通直部分一般较短，材质较硬，较难加工，故又名硬木材。常用树种有榆木、水曲柳等。它们的主要特点、应用以及代表的树种如表 8-1 所示。

表 8-1　针叶树和阔叶树木材的主要特点及应用

种　类	特　点	用　途	树　种
针叶树	树叶呈针状，树干直而高大，木质较软，易于加工，强度高，表观密度较小，胀缩变形较小	多用作承重构件、门窗等	松树、柏树、杉树等
阔叶树	树叶宽大呈片状，多为落叶树。树干通直部分较短，木质较硬，加工难，表观密度较大，易胀缩、翘曲、开裂	多用于装饰，次要承重构件、胶合板等	榆树、桦树、水曲柳等

8.1.2　木材的构造

木材的构造是决定木材性质的主要因素。一般对木材构造的研究可以从宏观和微观两方面进行。

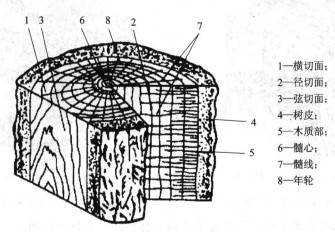

1—横切面；
2—径切面；
3—弦切面；
4—树皮；
5—木质部；
6—髓心；
7—髓线；
8—年轮

图 8-1　木材的宏观构造

1. 宏观构造

宏观构造指用肉眼或低倍放大镜所看到的木材组织,如图 8-1 所示。由于木材是各向异性的,为便于了解木材的构造,将树木切成三个不同的切面。横切面是指垂直于树轴的切面,径切面是指通过树轴的切面,弦切面是指和树轴平行与年轮相切的切面。

从木材三个不同切面观察木材的宏观构造可以看出,树干由树皮、木质部、髓心组成。一般树的树皮覆盖在木质部外面,起保护树木的作用。髓心是树木最早形成的部分,贯穿整个树木的干和枝的中心,材性低劣,易于腐朽,不适宜作结构材。土木工程使用的木材均是树木的木质部分,木质部分的颜色不均,一般接近树干中心部分,含有色素、树脂、芳香油等,材色较深,水分较少,对菌类有毒害作用,称为心材。靠近树皮部分,材色较浅,水分较多,含有菌虫生活的养料,易受腐朽和虫蛀,称为边材。

在横切面上,深浅相间的同心圆称为年轮。树木生长呈周期性,在一个生长周期内(一般为一年)所生长的一层木材环轮称为一个生长轮,即年轮。在同一生长年中,春天细胞分裂速度快,细胞腔大壁薄,所以构成的木质较疏松颜色较浅,称为早材或春材。夏秋两季细胞分裂速度慢,细胞腔小壁厚,所以构成的木质较致密、颜色较深,称为晚材。一年中形成的早晚材合称为一个年轮。

2. 微观结构

木材的微观构造是指借助光学显微镜观察到的结构。各种木材的显微构造是各式各样的。

针叶树和阔叶树的微观构造是不同的。在显微镜下观察,木材是由无数管状细胞紧密结合而成的,如图 8-2 和 8-3 所示。它们绝大部分纵向排列,少数横向排列。每个细胞都分为细胞壁和细胞腔两个部分,细胞壁由若干层细纤维组成,细胞之间纵向联结比横向联结牢固,所以细胞壁纵向强度高,横向强度低。组成细胞壁的细纤维之间有极小的空隙,能吸附和渗透水分。

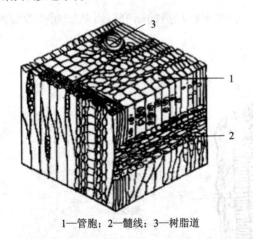
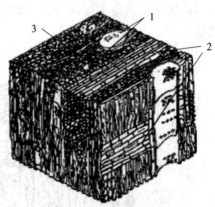

1—管胞;2—髓线;3—树脂道   1—导管;2—髓线;3—木纤维

图 8-2 针叶树木马尾松微观构造   图 8-3 阔叶树木柞木微观构造

细胞组织的构造在很大程度上决定了木材的性质,如木材的细胞壁愈厚、腔愈小,木材愈密实,体积密度和强度也就愈大,同时胀缩程度也愈大。

[工程实例分析 8-1]

客厅木地板所选用的树种

现象 某客厅采用白松实木地板装修，使用一段时间后多处磨损。

原因分析 白松属针叶树材，其木质软、硬度低、耐磨性差。虽受潮后不易变形，但用于走动频繁的客厅则不妥，可考虑改用质量好的复合木地板，其板面坚硬耐磨，可防高跟鞋、家具的重压、磨刮。

任务二 木材的主要性质

8.2.1 木材的水分和含水率

木材的吸水能力很强，木材中的含水量以含水率表示，即木材中所含水的质量占干燥木材质量的百分数。

木材中的水分按其与木材的结合形式和存在位置分为自由水、吸附水和化学结合水。自由水是存在于木材细胞腔和细胞间隙中的水分。木材干燥时，自由水首先蒸发，自由水影响木材的体积密度、保水性、抗腐蚀性和燃烧性。吸附水是存在于细胞壁中的水分。因为细胞壁具有较强的亲水性，且能吸附和渗透水分，所以水分进入木材后首先被吸入细胞壁。吸附水是影响木材强度和胀缩的主要因素。化学结合水是木材中化学成分中的结合水，它随树种的不同而异。水分进入木材后，首先被吸入了细胞壁，成为了吸附水，吸附饱和后，多余的水分成为自由水。木材在干燥的时候首先失去自由水，然后失去吸附水。

1. 纤维饱和点

湿木材在空气中干燥时，当自由水蒸发完毕而吸附水尚处于饱和时的含水率，称为纤维饱和点，其大小随树种而异，通常木材纤维饱和点在 25%～35% 之间波动，常以 30% 作为木材纤维饱和点。当木材中的含水率低于木材纤维饱和点时，木材的强度、体积等许多性质会发生变化。木材的纤维饱和点是木材物理、力学性质的转折点。

2. 平衡含水率

木材的含水率是随着环境温度和湿度的变化而改变的。当木材长期处于一定温度和湿度时，其含水率趋于一个定值，表明木材表面的蒸气压与周围空气的压力达到平衡，此时的含水率称为平衡含水率。木材的平衡含水率是木材进行干燥时的重要指标。我国的平衡含水率平均为 15%(北方约为 12%、南方约为 18%)。

8.2.2 木材的湿胀与干缩

日常生活中，常常可以看到一些木制品在使用一段时间后，会发生裂缝和翘曲；阴雨天气时，门窗不易打开也不易关上。这些都是由于木材干缩湿胀所致的。木材中所含水分的蒸发会引起木材的收缩，木材吸入水分会引起木材的膨胀。

木材具有显著的湿胀干缩性。当木材从潮湿状态干燥至纤维饱和点时，细胞腔内的自由水蒸发不改变其尺寸；继续干燥，细胞壁中吸附水蒸发，细胞壁收缩，从而引起木材体积收缩；反之，干燥木材吸湿时将发生体积膨胀，直到含水量达到纤维饱和点为止。细胞壁愈厚，胀缩愈大。因而，体积密度大、夏材含量多的木材胀缩变形较大。

由于木材构造不均匀，因此各方向、各部位的胀缩程度也不同。其中，弦向的胀缩最大，径向次之，纵向最小，边材大于心材。由于复杂的构造原因，木材弦向收缩总是大于径向的，干缩会使木材翘曲开裂、接榫松弛、拼缝不严，湿胀则造成凸起。为了避免这种情况，在木材加工制作前必须预先进行干燥处理，使木材的含水率比使用地区平衡含水率低 2%～3%。

8.2.3　木材的强度及影响因素

1. 木材的各种强度

由于木材的构造各向不同，其强度呈现出明显的各向异性，因此木材的强度有很强的方向性。

木材的强度按受力状态分为抗压、抗拉、抗弯和抗剪四种，而抗压、抗拉、抗剪强度又分为顺纹和横纹。

木材受剪切作用时，由于作用力对于木材纤维方向的不同，可分为顺纹剪切、横纹剪切和横纹切断三种，如图 8-4 所示。木材的顺纹抗压、抗拉强度均比相应的横纹强度大得多，这与木材细胞结构及细胞在木材中的排列有关。

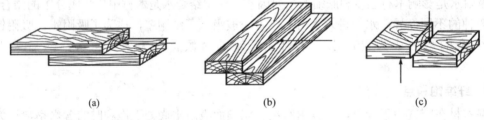

图 8-4　木材的剪切

(a) 顺纹剪切；(b) 横纹剪切；(c) 横纹切断

当木材的顺纹抗压强度为 1 时，木材理论上各强度大小的比值关系见表 8-2。

表 8-2　木材各种强度间的关系

抗压强度		抗拉强度		抗弯强度	抗剪强度	
顺纹	横纹	顺纹	横纹		顺纹	横纹
1	1/10～1/3	2～3	1/20～1/3	1.5～2	1/7～1/3	1/2～1

2. 影响木材强度的因素

影响木材强度的因素主要有含水率、环境温度、负荷时间、木材的疵病、表观密度等。

1) 含水率的影响

木材含水率对强度影响极大(见图 8-5)。在纤维饱和点以下时，水分减少，木材多种强度随之增加，其中抗弯和顺纹抗压强度提高较明显，对顺纹抗拉强度影响则较小。在纤维饱和点以上，强度基本为一恒定值。

2) 环境温度的影响

木材强度随环境温度的升高会降低，试验表明，温度从 25℃升至 50℃时，将因木纤维和木纤维间胶体的软化等原因，使木材抗压强度降低 20%～40%，抗拉和抗剪强度下降 12%～20%。此外，木材长时间受干热作用可能出现脆性。因此，长期处于高温的建筑物，不宜采用木结构，但在木材加工中，常通过蒸煮的方法来暂时降低木材的强度，以满足某种加工的需要(如胶合板的生产)。

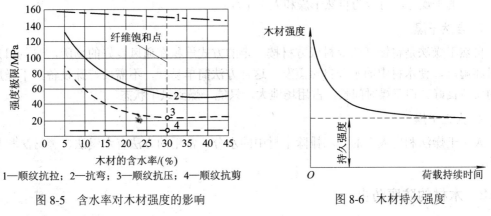

1—顺纹抗拉；2—抗弯；3—顺纹抗压；4—顺纹抗剪

图 8-5 含水率对木材强度的影响　　　　图 8-6 木材持久强度

3) 负荷时间的影响

木材极限强度表示抵抗短时间外力破坏的能力，木材在长期荷载作用下所能承受的最大应力称为持久强度。由于木材受力后将产生塑性流变，使木材强度随荷载时间的增长而降低，木材的持久强度仅为极限强度的 50%～60%(见图 8-6)。

4) 木材的疵病

木材在生长、采伐及保存过程中，会产生内部和外部的缺陷，这些缺陷统称为疵病。木材的疵病主要有木节、斜纹、腐朽及虫害等，这些疵病将影响木材的力学性质，但同一疵病对木材不同强度的影响也不尽相同。

木节分为活节、死节、松软节和腐朽节等几种，活节影响最小。木节使木材顺纹抗拉强度显著降低，对顺纹抗压强度影响最小。在木材受横纹抗压和剪切时，木节反而增加其强度。斜纹为木纤维与树轴成一定夹角，斜纹严重降低木材的顺纹抗拉强度，抗弯强度次之，对顺纹抗压强度影响较小。

裂纹、腐朽和虫害等疵病，会造成木材构造的不连续性或破坏其组织，因此严重影响木材的力学性质，有时甚至能使木材完全失去使用价值。

任务三　木材的防护

为了保持木材的尺寸和形状，延长使用寿命，木材在加工和使用前必须进行干燥处理和防腐处理。

8.3.1　木材的干燥

木材是一种具有多孔性、吸湿性的生物材料，所以会含有一定数量的水分。木材中水分的多少随着树种、树龄和砍伐季节而异。为了保证木材与木制品的质量和延长使用寿命，必须采取适当的措施使木材中的水分(含水率)降低到一定的程度。要降低木材的含水率，须提高木材加工时的温度，使木材中的水分蒸发及向外移动，在一定流动速度的空气中，使水分迅速地离开木材，达到干燥的目的。

木材在加工和使用之前进行干燥处理，可以提高强度、防止收缩、开裂和变形，减轻自重及防腐防虫，从而改善木材的使用性能和寿命。

木材的干燥方法可分为自然干燥和人工干燥：

1. 自然干燥

自然干燥法是将锯开的板材或方材按一定的方式堆积在通风良好的场所，避免阳光的直射和雨淋，使木材中的水分自然蒸发。这种方法简单易行，不需要特殊设备，干燥后木材的质量良好。但干燥时间长，占用场地大，只能干燥到风干状态。

2. 人工干燥

人工干燥法利用人工的方法排除木材中的水分，常用的方法有水浸法、蒸材法和热炕法等。

8.3.2　木材的防腐防虫

作为建筑工程材料，腐蚀和虫蛀大大地缩短了木材的使用寿命，并限制了它的应用范围。采取措施来提高木材的耐久性，对木材的合理使用具有十分重要的意义。

1. 木材的腐蚀

木材的腐蚀是由真菌侵入所致，真菌侵入将改变木材的颜色和结构使细胞壁受到破坏，从而导致木材物理力学性能降低，使木材松软或成粉末，此即为木材的腐蚀。引起木材变质腐蚀的真菌分三种，即霉菌、变色菌和腐朽菌。霉菌只寄生于木材表面，对木材不起破坏作用；通常称为发霉。变色菌以细胞腔内淀粉、糖类等为养料，不破坏细胞壁，故对木材的破坏作用也很小，但损害木材外观质量。而腐蚀菌是以细胞壁物质分解为养料，进行繁殖、生长，初期使木材仅颜色改变；以后真菌逐渐深入内部，木材强度开始下降；至腐朽后期丧失强度。故木材的腐蚀主要来自于腐蚀菌。

真菌是在一定的条件下才能生存和繁殖的，其生存繁殖的条件：一是水分，木材的含水率为 18% 时即能生存，为 30%～60% 时最宜生存、繁殖；二是温度，真菌最适宜生存繁殖的温度为 15℃～30℃，高出 60℃ 时无法生存；三是氧气，有 5% 的空气即可生存；四是养分，如木质素、淀粉、糖类等。

2. 木材的防腐

木材的腐蚀是真菌侵害所致。真菌在木材中生存和繁殖必须具备三个条件，即水分、适宜的温度和空气中的氧。所以木材完全干燥和完全浸入水中(缺氧)都不易腐朽。

通常防止木材腐蚀的措施有两种。一是破坏真菌生存的条件，最常用的办法是：使木结构、木制品和储存的木材处于经常保持通风干燥的状态，并对木结构和木制品表面进行油漆处理，油漆涂层既使木材隔绝了空气，又隔绝了水分。二是将化学防腐剂注入木材中，使真菌无法寄生。木材防腐剂种类很多，一般分水溶性防腐剂、油质防腐剂和膏状防腐剂三类。

　　木材除受真菌侵蚀而腐朽外，还会遭受昆虫的蛀蚀。常见的蛀虫有白蚁、夫牛等。防止木材虫蛀的方法主要是采用化学药剂处理。木材防腐剂也能防止昆虫的危害。

8.3.3　木材的防火

　　木材属易燃物质，应进行防火处理，以提高其耐火性。所谓木材的防火，就是将木材经过具有阻燃性能的化学物质处理后，变成难燃的材料，以达到遇小火能自熄，遇大火能延缓或阻滞燃烧蔓延的目的，从而赢得扑救的时间。常采用以下措施对木材进行防火处理：用防火浸剂对木材进行浸渍处理；将防火涂料刷或喷洒于木材表面构成防火保护层。

　　防火处理能推迟或消除木材的引燃过程，降低火焰在木材上蔓延的速度，延缓火焰破坏的速度，从而给灭火或逃生提供时间。

[工程实例分析 8-2]

木地板腐蚀原因分析

　　现象　某大学教学楼办公设备将放置于 5 楼现浇钢筋混凝土楼板上，铺炉渣混凝土 40 mm，再铺木地板。完工后设备未及时进场，门窗关闭了一年，当设备进场时，发现木板大部分腐蚀，人踩即断裂。

　　原因分析　炉渣混凝土中的水分封闭于木地板内部，慢慢浸透到未做防腐、防潮处理的木楞栅和木地板中，门窗关闭使木材含水率较高，此环境条件正好适合真菌的生长，导致木材腐蚀。

[工程实例分析 8-3]

天安门顶梁柱质量分析

　　现象　天安门城楼建于明朝，清朝重修，经历数次战乱，屡遭炮火袭击，天安门依然巍然屹立。20 世纪 70 年代初重修，从国外购买了上等良木更换顶梁柱，一年后柱根便糟朽，不得不再次大修。

　　原因分析　因为这些木材拖于船后从非洲运回，饱浸海水，上岸后工期紧迫，不顾木材含水率高，在潮湿的木材上涂漆，水分难以挥发，使其受到真菌的腐蚀。

任务四　木材及其制品的应用

　　木材按供应形式可分为原条、原木、板材和方材。原条是指已经除去皮、根、树梢的，但尚未按一定尺寸加工的材料。原木是原条按一定尺寸加工而成的具有规定直径和长度的材料，可直接在建筑中作木桩、搁栅、楼梯和木柱等。板材和方材是原木经锯解加工而成的木材，宽度为厚度的三倍和三倍以上的为板材，宽度不足厚度的三倍者为方材。

　　木质人造板是利用木材、木质纤维、木质碎料或其他植物纤维为原料，加胶粘剂和其他添加剂制成的板材。常用的木质人造板有胶合板、胶合木、木屑板、木丝板、刨花板等。不少人造板存在游离甲醛释放的问题，国家标准 GB18580－2001《室内装饰装修用人造板及其制品中甲醛释放限量》对此作出了规定，以防止室内环境受到污染。

图 8-7　胶合板　　　　　　　　　　　图 8-8　胶合木

(1) 胶合板。胶合板是将一组单板按相邻层木纹方向互相垂直组坯胶合而成的板材，如图 8-7 所示。

(2) 胶合木。用较厚的零碎木板胶合成大型木构件，称为胶合木。胶合木可以使小材大用，短材长用，并可使优劣不等的木材放在要求不同的部位，也可克服木材缺陷的影响。可用于承重结构，如图 8-8 所示。

(3) 刨花板。刨花板是利用施加或未施加胶料的木质刨花或木质纤维材料(如木片、锯屑和亚麻等)压制的板材，如图 8-9 和图 8-10 所示。

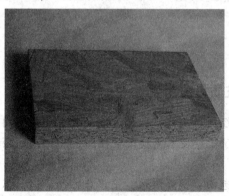

图 8-9　定向刨花板　　　　　　　　　图 8-10　贴面刨花板

(4) 木屑板、木丝板、水泥木屑板。利用木材加工的木屑、木丝、刨花拌以黏结剂压制而成。用于保温绝热和吸音。

[工程实例分析 8-4]

木屋架开裂失效

现象　某单位食堂的 20.5 m 跨度方木屋架，下弦用三根方木羊排螺栓连接，上弦由两根方木平接。使用两年后，上下弦方木产生严重裂缝，成为危房。

原因分析 上下弦方木因干燥收缩而产生严重裂缝，且连接螺栓通过大裂缝，使连接失效，以至成为危房。

【创新与拓展】

木材的防火改性

木材具有许多的优点。它是天然可再生资源，加工方便，可灵活建造各种形式舒适的家居。1995 年的日本神户大地震中，10.1 万幢房屋倒塌，8.9 万幢房屋受损。但神户市由 2 m × 4 m 板材建造的木结构房屋，96.8%只是轻微受损，或安然无恙。此外，在日本阪神大地震和中国台北地震中，现代木结构房屋完好无损，而周围其他材料建造的楼房大多数倒塌。

但木材也存在不少缺点，如易燃等。请思考如何对木材进行防火改性。

建议对此问题可从多方面考虑。如以类比思维来考虑，还可拓宽思维空间，根据木材的特点设想全新的改性方案。

拓宽思维空间，从材料的结构、种类、用途等，对木材进行改性。如木材具有明显的各向异性及缺陷，其使用因此受到诸多限制。因此，将木材制成单板后再通过胶粘剂粘结成胶合板，即可克服木材的这一问题。而目前制成的胶合板所采用的胶粘剂普遍采用脲醛和酚醛等。它们在使用的过程都会或多或少地释放出甲醛。这是一种已被公认的致癌物质。是否可以用不释放甲醛的黏结剂，如无机胶粘剂用于木材的改性？

类比思维即将其他材料的改性思路，移植到木材的改性。

橡胶的改性常采用掺入炭黑和白炭黑来改善其强度等性能。木材的耐磨性较差，将木材表面涂刷或者浸渍某些耐磨性好的材料以提高木材的耐磨性，你认为是否可行？

能力训练题

一、名词解释

木材的纤维饱和点 木材的平衡含水率

二、填空题

1. 木材在长期荷载作用下不致引起破坏的最大强度称为_____。

2. 木材随环境温度的升高其强度会_____。

三、选择题(多项选择)

1. 木材含水率变化对以下哪两种强度影响较大？_____。

A. 顺纹抗压强度   B. 顺纹抗拉强度   C. 抗弯强度   D. 顺纹抗剪强度

2. 木材的疵病主要有_____。

A. 木节   B. 腐朽   C. 斜纹   D. 虫害

四、是非判断题

1. 木材的持久强度等于其极限强度。

2. 真菌在木材中的生存和繁殖必须具备适当的水分、空气和温度等条件。

3．针叶树材强度较高，表观密度和胀缩变形较小。

五、问答题

1．有不少住宅的木地板使用一段时间后出现接缝不严，但亦有一些木地板出现起拱。请分析原因。

2．常言道，木材是"湿千年，干千年，干干湿湿二三年"。请分析其中的道理。

3．某工地购得一批混凝土模板用胶合板，使用一定时间后发现其质量明显下降。经送检，发现该胶合板是使用脲醛树脂作胶粘剂。请分析原因。

项目九 防水材料

教学要求

　　了解：石油沥青的鉴别、石油沥青和煤沥青的性质和使用上的不同；建筑防水材料的分类、性质和常用产品及应用范围。

　　掌握：建筑石油沥青的主要性能及选用；常用的防水材料的主要技术性能和应用；屋面防水材料的选择和应用。

　　重点：沥青的主要性能及分类，常用的防水材料的主要技术性能和应用。

　　难点：改性沥青的定义和性能。

【走进历史】

防水材料的演变历史

　　中国建筑防水历史可追溯到上万年前，今天五花八门的防水材料在古代是没有的。现在我们一起回顾一下屋面防水材料的演变历史。

　　约一万年前的古代，人类从洞穴里走出，建造最原始、最简陋的茅草屋。当时的防水材料是茅草，它之所以能防水，依赖于茅草屋顶的大坡度，但雨水会从草缝中渗入，防水效果不好，因此，必须研制真正的更有效的防水材料。

　　瓦的诞生使屋面发生了巨大的变革，从而成为屋面防水的主要材料，统治屋面四五千年，古代瓦材料本身是构造防水，瓦瓦搭接是有缝的，总有搭接不当的地方，雨水易渗入。早期的瓦吸水率很高，于是加强对瓦质的研究，如瓦上余釉烧结成完全不吸水的琉璃，这样防水效果更好了，"秦砖汉瓦"还研制出铜瓦、铁瓦等一些含有防水材料的高级瓦。20世纪70年代初翻修天安门城楼时，在屋脊上也发现宽3米、厚3毫米的青铅皮，用作防水层。这些现象表明防水逐渐由构造防水向材料防水转移。

　　直到19世纪出现比瓦更好的油毛毡防水材料，瓦才渐渐失去了作为防水功能的辉煌。近百年来，西方吸取阿拉伯地区使用沥青的经验，研制出油毛毡。铺贴油毛毡整体封闭，不留一丝孔隙，雨水滞留在屋面上数日也不会渗入。油毛毡的诞生使屋面构造也发生了剧变，彻底从构造防水转入到材料防水，为屋面上的多功能利用提供了前提条件。当然油毡并不是完美的卷材，人们又致力于研制比油毡更耐久，物理性能更好的卷材，于是高分子卷材、改性沥青卷材，如雨后春笋，配合各种卷材的涂料亦纷至沓来，防水设计和施工技术日益提高。

　　由茅草到瓦再到油毛毡防水，从穴居巢处到高层建筑、智能化建筑，防水机理由构造防水进至材料防水，人类的居住环境，生存环境发生巨大的变化，尤其在过去的三十多年间，在新产品、施工技术和对机理的认识方面发生了急剧变化，这个时期防水技术的提高比以往任何时候都快，各种高功能防水材料大量涌现，很快占据主导地位，世界的建筑防水材料发生了革命性的变化。

任务一 概　述

防水材料是指能够防止雨水、地下水与其他水分对房屋建筑和各种构筑物的渗透、渗漏和侵蚀的重要功能性材料，是建筑工程中不可缺少的建筑材料之一。防水是建筑物的一项主要功能，防水材料是实现这一功能的物质基础。防水材料的主要作用是防潮、防漏、防渗，避免水和盐分对建筑物的侵蚀，保护建筑构件。由于基础的不均匀沉降、结构的变形、建筑材料的热胀冷缩和施工质量等原因，建筑物的外壳总要产生许多裂缝，防水材料能否适应这些缝隙的位移、变形是衡量其性能优劣的重要标志。防水材料质量的好坏直接影响到人们的居住环境、生活条件及建筑物的寿命。

建筑工程中的防水材料有刚性防水材料和柔性防水材料两大类。以水泥混凝土自防水为主，外掺各种防水剂、膨胀剂等共同组成的水泥混凝土或砂浆自防水结构，称为刚性防水材料。柔性防水材料(本章主要介绍的防水材料)以其防水性能可靠，能适应各种不同用途和各种外形的防水工程，在国内外得到广泛应用。

近年来，我国的建筑防水材料发展很快，由传统的沥青基防水材料向高聚物改性防水材料和合成高分子防水材料发展，克服了传统防水材料温度适应性差、耐老化时间短、抗拉强度和延伸率低、使用寿命短等缺陷，使防水材料由低档向中、高档，品种化、系列化方向迈进了一大步；在防水设计方面，由过去的单一材料向不同性能的材料复合应用发展，在施工方法上也由热熔法向冷贴法方向发展。

传统的防水材料是以纸胎石油沥青油毡为代表，它的抗老化能力差，纸胎的延伸率低，易腐烂。油毡胎体表面沥青耐热性差，当气温变化时，油毡与基底、油毡之间的接头容易出现脱离和开裂的现象，形成水路联通和渗漏。新型的防水材料，大量应用高聚物改性沥青材料来提高胎体的力学性能和抗老化性。应用合成材料、复合材料能增强防水材料的低温柔韧性、温度敏感性和耐久性，极大提高了防水材料的物理化学性能。

针对建筑工程性质的要求，不同品种的防水材料具有不同的性能，要保证防水材料的物理性、力学性和耐久性，它们必须具备如下性能：

(1) 耐候性，对自然环境中的光、冷、热等具有一定的承受能力，冻融交替的环境下，在材料指标时间内不开裂、不起泡。

(2) 抗渗性，特别在建筑物内外存在一定水压力差时，抗渗是衡量防水材料功能性的重要指标。

(3) 整体性，在热胀冷缩的作用下，柔性防水材料应具备一定适应基层变形的能力。刚性防水材料应能承受温度应力变化，与基层形成稳定的整体。

(4) 强度，在一定荷载和变形条件下，能够保持一定的强度，保持防水材料不断裂。

(5) 耐腐蚀性，防水材料有时会接触液体物质，包括水、矿物水、溶蚀性水、油类、化学溶剂等，因此防水材料必须具有一定的抗腐蚀能力。

依据防水材料的外观形态，防水材料一般分为防水卷材、防水涂料、密封材料和防水剂四大类，这四大类材料根据其组成不同又可划分为上百个品种。本章主要介绍这四类防水材料及其常见品种的组成、性能特点及应用。

任务二 防水材料的原材料——沥青

9.2.1 沥青的分类

沥青是一种憎水性的有机胶凝材料，它是由一些极其复杂的高分子碳氢化合物及其非金属(氧、氮、硫等)衍生物所组成的混合物。在常温下呈黑色或黑褐色的固体、半固体或是液体状态。沥青几乎完全不溶于水，具有良好的不透水性，能与混凝土、砂浆、砖、石料、木材、金属等材料牢固地粘结在一起，且具有一定的塑性，能适应基材的变形；具有较好的抗腐蚀能力，能抵抗一般酸、碱、盐等的腐蚀；具有良好的电绝缘性。因此，沥青材料及其制品被广泛应用于建筑工程的防水、防潮、防渗、防腐及道路工程。一般用于建筑工程中的沥青有石油沥青和煤沥青两种。石油沥青的技术性质优于煤沥青，在工程中应用更为广泛。

沥青按其产源不同可分为地沥青和焦油沥青，其分类如表9-1所示。

表9-1 沥青的分类

沥青	地沥青	天然沥青	石油在天然条件下，长时间地球物理作用下所形成的产物
		石油沥青	石油经炼制加工后所得到的产品
	焦油沥青	煤沥青	由煤干馏所得到的煤焦油再加工所得
		页岩沥青	由页岩炼油所得的工业副产品

9.2.2 石油沥青

石油沥青是天然原油经蒸馏提炼出各种轻质油(如汽油、柴油等)及润滑油以后的残留物，再经加工而得的产品。

1. 石油沥青的分类

根据目前我国现行的标准，石油沥青按原油的成分分为石蜡基沥青和混合基沥青。按石油加工方法不同分为残留沥青、蒸馏沥青、氧化沥青、裂解沥青和调和沥青。按照用途分为道路石油沥青、建筑石油沥青、防水防潮石油沥青和普通石油沥青四类。

2. 石油沥青的组分

石油沥青的化学成分非常复杂，很难把其中的化合物逐个分离出来，且化学组成与技术性质之间没有直接的关系。因此，为了便于研究，通常将其中的化合物按化学成分和物理性质比较接近的，划分为若干个组，这些组称为组分。各组分的含量多少会直接影响沥青的性质。一般分为油分、树脂、地沥青质三大组分，此外还有一定的石蜡固体。

1) 油分

油分赋予沥青以流动性，油分越多，沥青的流动性就越大。油分含量的多少直接影响沥青的柔软性、抗裂性及施工难度。油分在一定条件下可以转化为树脂甚至沥青质。

2）树脂

树脂又分为中性树脂和酸性树脂，中性树脂使沥青具有一定的塑性、可流动性和黏结性，其含量增加，沥青的黏结力和延伸性增加。沥青树脂中还含有少量的酸性树脂，它是沥青中活性最大的部分，能改善沥青对矿质材料的浸润性，特别是提高了与碳酸盐类岩石的粘附性，增加了沥青的可乳化性。

3）地沥青质

地沥青质也叫沥青质，决定着沥青的热稳定性和黏结性。含量越多，软化点越高，也越硬、脆。也就是说，当沥青质含量增加时，沥青的黏度和黏结力也增加，硬度和温度稳定性会有所提高。

石油沥青的性质与各组分之间的比例密切相关。液体沥青中油分、树脂多，流动性好，而固体沥青中树脂、沥青质多，特别是沥青质多，所以热稳定性和黏性好。

石油沥青中的这几个组分的比例，并不是固定不变的，在热、阳光、空气及水等外界因素作用下，组分在不断改变，即由油分向树脂、树脂向沥青质转变，油分、树脂逐渐减少，而沥青质逐渐增多，使沥青流动性、塑性逐渐变小，脆性增加直至脆裂。这个现象称为沥青材料的老化。

此外，石油沥青中常常含有一定的石蜡，会降低沥青的黏性和塑性，同时增加沥青的温度敏感性，所以石蜡是石油沥青的有害成分。

3. 石油沥青的技术性质

1）黏滞性

黏滞性是指石油沥青在外力作用下抵抗变形的能力。它是沥青材料最为重要的性质。工程上，对于半固体或固体的石油沥青用针入度指标表示。针入度越大，表示沥青越软，黏度越小。

沥青的黏滞性与其组分及所处的温度有关。当沥青质含量较高、并含有适量的树脂且油分含量较少时，沥青的黏滞性较大。在一定的温度范围内，当温度升高，黏滞性随之降低，反之则增大。

一般采用针入度表示石油沥青的黏滞性，针入度值越小，表明黏度越大，塑性越好。针入度是在温度为 25℃时，以附重 100 g 的标准针，经 5 s 沉入沥青试样中的深度，每 1/10 mm 定为 1 度，其测试示意图如图 9-1 所示。针入度一般在 5～200 度之间，是划分沥青牌号的主要依据。

液体石油沥青的黏滞性用黏滞度(也称标准黏度)指标表示，它表征了液体沥青在流动时的内部阻力。

黏滞度是在规定温度 t(20℃、25℃、30℃或 60℃)，由规定直径 d(3 mm、5 mm 或 10 mm)的孔中流出 50 ml 沥青所需的时间秒数。黏滞度测定示意如图 9-2 所示。

2）塑性

塑性通常也称延性或延展性，是指石油沥青受到外力作用时产生变形而不被破坏的性能，用延度表示。延度越大，塑性越好，柔性和抗裂性越好。

沥青塑性的大小与它的组分和所处温度紧密相关。沥青的塑性随温度升高(降低)而增大

(减小)；沥青质含量相同时，树脂和油分的比例将决定沥青的塑性大小，油分、树脂含量愈多，沥青延度越大，塑性越好。

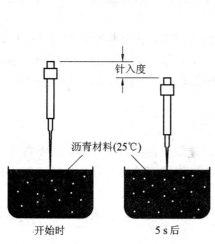

图 9-1　针入度测定示意图

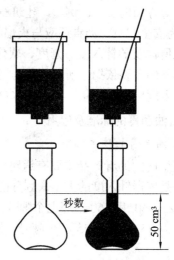

图 9-2　黏度测定示意图

3) 温度稳定性

温度稳定性也称温度敏感性，是指石油沥青的黏滞性和塑性随温度升降而变化的性能，是沥青的重要指标之一。变化程度越小，沥青的温度稳定性越大。温度稳定性用软化点来表示，通过"环球法"试验测定。软化点越高，沥青的耐热性越好，温度稳定性越好。

在工程上使用的沥青，要求有较好的温度稳定性，否则容易发生沥青材料夏季流淌或冬季变脆甚至开裂等现象。所以在选择沥青的时候，沥青的软化点不能太低也不能太高。太低，夏季易融化发软；太高，品质太硬，就不易施工，而且冬季易发生脆裂现象。可以通过加入滑石粉、石灰石粉等矿物掺和料来减小沥青的温度稳定性，沥青中含蜡量多时，会增大其温度敏感性，因而多蜡沥青不能用于建筑工程。

4) 大气稳定性

大气稳定性是指石油沥青在大气综合因素(热、阳光、氧气和潮湿等)长期作用下抵抗老化的性能。大气稳定性好的石油沥青可以在长期使用中保持其原有性质。石油沥青在热、阳光、氧气和水分等因素的长期作用下，石油沥青中低分子组分向高分子组分转化，即沥青中油分和树脂相对含量减少，地沥青质逐渐增多，从而使石油沥青的塑性降低，黏度提高，逐渐变得脆硬，直至脆裂，失去使用功能，这个过程称为"老化"。

石油沥青的大气稳定性以加热蒸发损失百分率或蒸发后针入度比来表示。加热蒸发损失百分率越小或蒸发后针入度比越大沥青的大气稳定性越好。

5) 其他性质

为全面评定石油沥青的品质和保证施工安全，还应了解石油沥青的溶解度、闪点和燃点。溶解度是指石油沥青在三氯乙烯、四氯化碳或苯中溶解的百分率。不溶解的物质会降低石油沥青的性能(如粘性等)，因而溶解度可以表示石油沥青中有效物质含量。

闪点(也称闪火点)是指沥青加热挥发出可燃气体，与火焰接触闪火时的最低温度。

燃点(也称着火点)是指沥青加热挥发出的可燃气体和空气混合，与火焰接触能持续燃烧时的最低温度。

闪点和燃点的高低表明沥青引起火灾或爆炸的可能性的大小，它关系到运输、储存和加热使用等方面的安全。例如，建筑石油沥青闪点约230℃，在熬制时一般温度为185℃～200℃，为安全起见，沥青还应与火焰隔离。

以上所论及的针入度、延度、软化点是评价黏稠石油沥青性能最常用的指标，也是划分沥青标号的主要依据，所以统称为沥青的"三大指标"。此外，还有溶解度、蒸发损失、蒸发后针入度比、含蜡量、闪点和水分等，这些都是全面评价石油沥青性能的依据。

4. 石油沥青的标准及应用

1) 石油沥青的技术标准

我国生产的沥青产品主要有道路石油沥青、建筑石油沥青、普通石油沥青等。沥青产品的牌号是依据针入度的大小来划分的(见表9-2)，道路石油沥青分为200、180、140、100甲、100乙、60甲、60乙等七个牌号；建筑石油沥青分为40、30及10三个牌号，普通石油沥青分为75、65及55三个牌号。同一种沥青中牌号越小，沥青越硬，牌号越大，沥青越软。

表9-2　石油沥青的技术指标

质量标准	道路石油沥青							建筑石油沥青			普通石油沥青		
	200	180	140	100甲	100乙	60甲	60乙	40	30	10	75	65	55
针入度(25℃, 100 g)/0.1 mm	201~300	161~200	121~160	91~120	81~120	51~80	41~80	36~50	25~35	10~25	75	65	55
延伸度(25℃)≥/cm 不小于	—	100	100	90	60	70	40	3.5	2.5	1.5	2	1.5	1
软化点(环球法)/℃不低于	30~45	35~45	38~48	42~52	42~52	45~55	45~55	60	70	95	60	80	100
溶解度(三氯乙烯，三氯甲烷或苯)(%)不小于	99							99.5			98		
蒸发损失(160℃, 5 h)(%)不大于	1	1	1	1	1	1	1	1	1	1	—	—	—
蒸发后针入度比(‰)不小于	50	60	60	65	65	70	70	65	65	65	—	—	—
闪点(开口)/℃不低于	180	200	230	230	230	230	230	230	230	230	230	230	230

2) 石油沥青的选用

选用石油沥青的原则是工程性质(房屋、道路、防腐)及当地气候条件、所处工程部位(层面、地下)等。在满足上述要求的前提下，尽量选用牌号高的石油沥青，以保证有较长的使用年限。因为牌号高的沥青比牌号低的沥青含油分多，其挥发、变质所需时间较长，不易变硬，所以抗老化能力强，耐久性好。

通常情况下，建筑石油沥青多用于建筑屋面工程和地下防水工程、沟槽防水，以及作为建筑防腐蚀材料；道路石油沥青多用来拌制沥青砂浆和沥青混凝土，用于道路路面、车间地坪及地下防水工程。根据工程需要，还可以将建筑石油沥青与道路石油沥青掺和使用。

一般屋面用的沥青，其软化点应比本地区屋面可能达到的最高温度高 20℃~25℃，以避免夏季流淌，如可选用 10 号或 30 号石油沥青。一些不易受温度影响的部位或气温较低的地区，可选用牌号较高的沥青，如地下防水防潮层，可选用 60 号或 100 号沥青。几种牌号的石油沥青的应用如表 9-3 所示。

表 9-3　几种石油沥青的应用

品　种	牌　号	主　要　应　用
道路石油沥青	200、180、140、100 甲、100 乙、60 甲、60 乙	主要在道路工程中作胶凝材料
建筑石油沥青	30、10	主要用于制造油纸、油毡、防水涂料和嵌缝膏等，使用在防水及防腐工程中
普通石油沥青	75、65、55	含蜡量较高，黏结力差，一般不用于建筑工程中

当某一牌号的石油沥青不能满足工程技术要求时，可采用两种牌号的石油沥青进行掺配。两种沥青掺配的比例可用下式估算：

$$较软沥青掺量(\%) = \frac{较硬沥青软化点 - 要求的沥青软化点}{较硬沥青软化点 - 较软沥青软化点} \times 100\%$$

$$较硬沥青的掺量(\%) = 100 - 较软沥青的掺量$$

按确定的配比进行试配，测定掺配后沥青的软化点，最终掺量以试配结果(掺量-软化点曲线)来确定。如果有三种沥青进行掺配，可先计算两种的掺量，然后再与第三种沥青进行掺配。

9.2.2　煤沥青

煤沥青是炼焦或生产煤气的副产品。烟煤干馏时所挥发的物质冷凝为煤焦油，煤焦油经分馏加工，提取出各种油质后的产品即为煤沥青。煤沥青可分为硬煤沥青与软煤沥青两种。

硬煤沥青是从煤焦油中蒸馏出轻油、中油、重油及蒽油之后的残留物，常温下一般呈硬的固体；软煤沥青是从煤焦油中蒸馏出水分、轻油及部分中油后得到的产品。煤沥青与石油沥青相比具有表 9-4 所示的特点。煤沥青的许多性能都不及石油沥青。煤沥青塑性、温度稳定性较差，冬季易脆，夏季易于软化，老化快。加热燃烧时，烟呈黄色，有刺激性臭味，煤沥青中含有酚，所以有毒性，易污染水质，因此在建筑工程中很少应用，主要应用于防腐及路面工程。

使用煤沥青时，应严格遵守国家规定的安全操作规程，防止中毒。煤沥青与石油沥青一般不宜混合使用。

表9-4　石油沥青与煤沥青的主要区别

性　质	石 油 沥 青	煤 沥 青
密度/(g/cm³)	近于1.0	1.25～1.28
燃烧	烟少、无色、有松香味、无毒	烟多、黄色、臭味大、有毒
锤击	韧性较好	韧性差，较脆
颜色	呈灰亮褐色	浓黑色
溶解	易溶于煤油与汽油中，呈棕黑色	难溶于煤油与汽油中，呈黄绿色
温度稳定性	较好	较差
大气稳定性	较好	较差
防水性	好	较差(含酚、能溶于水)
抗腐蚀性	差	强

9.2.3　改性沥青

建筑工程上使用的沥青性能要求比较全面。例如既要求在低温条件下富有弹性和塑性，又要求在高温条件下具有足够的强度和热稳定性，还要求使用寿命长，抗老化性能好以及与掺和料、基体材料有较强的黏结力，等等。但一般石油沥青却难以全面满足这些要求。为此，常采用矿物材料，有时也采用橡胶或合成树脂等材料改善沥青的性能，这就是所谓的改性沥青，而矿物材料、橡胶、合成树脂等常被称为沥青的改性材料。

1. 矿物填充料改性沥青

矿物填充料改性沥青可提高沥青的黏结能力、耐热性，减小沥青的温度敏感性。常用的矿物填充料大多是粉状或纤维状矿物，主要有滑石粉、石灰石粉、硅藻土、石棉和云母粉等。

2. 橡胶改性沥青

橡胶是一类重要的石油改性材料。它与沥青有较好的混溶性，并能使沥青具有橡胶的很多优点，如高温变形小，低温柔性好等。沥青中掺入一定量橡胶后，可改善其耐热性、耐候性等。多用于道路路面工程和制作密封材料和涂料。

3. 树脂改性沥青

树脂改性沥青可以改进沥青的耐寒性、耐热性、黏结性和不透气性。由于石油沥青中含芳香性化合物较少，因而树脂和石油沥青的相溶性较差，而且用于改性沥青的树脂品种也较少。常用的树脂改性沥青有古马隆树脂、聚乙烯、无规聚丙烯 APP、酚醛树脂及天然松香等。无规聚丙烯 APP 改性沥青能够克服单纯沥青冷脆热流缺点，具有较好的耐高温性，特别适合于炎热地区。APP 改性沥青主要用于生产防水卷材和防水涂料。

4. 橡胶和树脂改性沥青

橡胶和树脂同时用于沥青改性，可使沥青同时具有橡胶和树脂的特性，如耐寒性，且树脂比橡胶便宜，橡胶和树脂间有较好的混溶性，故效果较好。橡胶和树脂改性沥青可用于生产卷材、片材、密封材料和防水涂料等。

[工程实例分析9-1]

沥青路面出现的裂缝

现象 某学校位于河北省中部。每到冬天，学校附近的一部分沥青路面总会出现一些裂缝，裂缝大多是横向的，如图9-3所示，且几乎为等距离间距的，在冬天裂缝尤其明显。对此问题，运用所学的知识进行分析。

图9-3 沥青路面裂纹

原因分析 (1) 路基不结实的可能性可排除。

此路段路基很结实，路面没有明显塌陷，而且这种原因一般只会引起纵向裂缝。因此，填土未压实，路基产生不均匀沉陷或冻胀作用的可能性可以排除。

(2) 路面强度不足，负载过大的可能性可排除。

马路在学校附近，平时很少见有重型车辆、负载过大的车辆经过，而且路面没有明显塌陷。况且如果因强度不足而引起的裂缝应大多是网裂和龟裂，而此裂缝大多横向，有少许龟裂。由此可知不是路面强度不足、负载过大所致。

(3) 初步判断是因沥青材料老化及低温所致。

从此裂缝的形状看，沥青老化及低温引起的裂缝大多为横向，且裂缝几乎为等距离间距。这与该路面被损情况吻合。该路已修筑多年，沥青老化后变硬、变脆，延伸性下降，低温稳定性变差，容易产生裂缝、松散。在冬天，气温下降，沥青混合料受基层的约束而不能收缩，产生了应力，应力超过沥青混合料的极限抗拉强度，路面便产生开裂。因而冬天裂缝尤为明显。

任务三　防水卷材

防水卷材是工程防水材料的重要品种之一，在防水材料的应用中处于主导地位，在建筑防水工程的实践中起着重要作用，是一种面广量大的防水材料。防水卷材质量的优劣与建筑物的使用寿命是紧密相连的，目前常用的沥青基防水卷材是传统的防水卷材，也是目前应用最多的防水卷材，但是其使用寿命较短。随着合成高分子材料的发展，为研制和生产优良的防水卷材提供了更多的原料。

　　防水卷材是一种可以卷曲的具有一定宽度、厚度及重量的柔软的片状定型防水材料，是工程防水材料的重要品种之一。由于这种材料的尺寸大，施工效率高，防水效果好，并具有一定的延伸性和耐高温以及较高的抗拉强度、抗撕裂能力等优良的特性，因此在防水材料的应用中处于主导地位，在建筑防水工程的实践中起着重要作用，是一种面广量大的防水材料。防水卷材质量的优劣与建筑物的使用寿命是紧密相连的，目前使用的沥青基防水卷材是传统的防水卷材，也是以前应用最多的防水卷材，但是其使用寿命较短，有些品种不能满足工程的耐久性要求，所以纸胎油毡基本上属于淘汰产品。

　　随着合成高分子材料的发展，为研制和生产优良的防水卷材提供了更多的原料来源，目前防水卷材已由沥青基向高聚物改性沥青基和橡胶、树脂等合成高分子防水卷材发展，油毡的胎体也从纸胎向玻璃纤维胎或聚酯胎方向发展，防水层的构造由多层向单层方向发展，它是建筑柔性防水工程中的主材，并随着科技的进步，防水材料的品种也就越来越多。按照组成材料分为沥青防水卷材、高聚物改性沥青防水卷材和合成高分子防水卷材三大类。

9.3.1　防水卷材的主要技术性质

　　防水卷材的技术性能指标很多，现仅对防水卷材的主要技术性能指标进行介绍。

　　(1) 抗拉强度。抗拉强度是指当建筑物防水基层产生变形或开裂时，防水卷材所能抵抗的最大应力。

　　(2) 延伸率。延伸率是指防水卷材在一定的应变速率下拉断时所产生的最大相对变形率。

　　(3) 抗撕裂强度。当基层产生局部变形或有其他外力作用时，防水卷材常常受到纵向撕扯，防水卷材抵抗纵向撕扯的能力就是抗撕裂强度。

　　(4) 不透水性。防水卷材的不透水性反映卷材抵抗压力水渗透的性质，通常用动水压法测量。基本原理是当防水卷材的一侧受到 0.3 MPa 的水压力时，防水卷材另一侧无渗水现象即为透水性合格。

　　(5) 温度稳定性。温度稳定性是指防水卷材在高温下不流淌、不起泡、不发黏，低温下不脆裂的性能，即在一定温度变化下保持原有性能的能力。常用耐热度、耐热性等指标表示。

9.3.2　普通沥青防水卷材

　　沥青防水卷材是指以各种石油沥青或煤沥青为防水基材，以原纸、织物、毯等为胎基，用不同矿物粉料、粒料或合成高分子薄膜、金属膜作为隔离材料所制成的可卷曲片装防水材料，具有原材料广、价格低、施工技术成熟等特点，可以满足建筑物的一般防水要求。

　　普通沥青防水卷材的主要产品有以下几种。

1. 石油沥青纸胎油毡、油纸

　　石油沥青纸胎油毡的防水性能较差，耐久年限低，一般只能用作多层防水。且消耗大量的优质纸源，所以基本属于淘汰产品，胎的卷材中 500 号粉毡用于"三毡四油"的面层，350 号粉毡用于里层和下层，也可用"二毡三油"的简易做法来做非永久性建筑的防水层，200 号油毡也适应于简易防水、临时性建筑防水，建筑防潮及包装等。

2. 石油沥青玻璃布油毡和玻璃纤维油毡(简称玻纤油毡)

石油沥青玻璃布胎油毡的抗拉强度高于 500 号纸胎石油沥青油毡，柔韧性较好，耐磨、耐腐蚀性较强，吸水率低，耐热性也要比纸胎石油沥青油毡提高一倍以上，适应于地下防水层、防腐层、屋面防水层及金属管道(热管道除外)的防腐保护等。

石油沥青玻璃纤维油毡，根据油毡每 10 m² 标称质量分为 15 号、25 号、35 号三个标号。这种防水卷材比油纸的柔性好、耐化学、微生物的腐蚀能力强，使用的寿命也长一些，其中 15 号的玻纤毡用于一般工用与民用建筑的多层防水，并用于一般常温管道的包扎，做防腐保护层。25、35 号玻纤毡适用于屋面、地下、水利等工程多层防水。

3. 其他石油沥青油毡

石油沥青麻布油毡适应于要求比较严格的防水层及地下防水工程，尤其适应于要求具有高强度的多层防水层及基层结构有变形和结构复杂的防水工程和工业管道的包扎等。

带孔油毡适应于屋面叠层防水工程的底层，在防水层屋面基层之间形成点粘结状态，使潮湿基材中的水分在变成水蒸气时通过屋面预留的排气通道逸出，避免了防水层的起鼓和开裂。

铝箔面油毡具有热反射和装饰功能的防水卷材，铝箔面油毡用于单层或多层防水工程的面层。

9.3.3 高聚物改性沥青防水卷材

利用改性沥青做防水卷材已经是一个世界性的趋势，我国 2001 年把原来建筑防水的使用年限由 3 年调整到 5 年，也推动了改性沥青防水卷材在我国的发展。通过合成高分子材料来改变沥青的性质是获得新型防水卷材的主要途径。

通过高聚物改性的改性沥青与传统的氧化沥青相比，改变了传统沥青温度稳定性差、延伸率低的不足，这种改性沥青防水卷材具有高温不流淌、低温不脆裂、拉伸强度高和延伸率较大而且能制成 4 mm～5 mm 的单层屋面防水卷材等优点。主要的改性沥青防水卷材有以下几种。

1. SBS 改性沥青油毡(也称弹性体改性沥青防水卷材或 SBS 卷材)

SBS 改性沥青油毡是以玻纤毡、聚酯毡等增强材料为胎体，以 SBS 改性石油沥青为浸渍涂盖层，以塑料薄膜为防粘隔离层，经过选材、配料、共熔、浸渍、复合成型、收卷曲等工序加工而成的一种柔性防水卷材。SBS 卷材按胎基分为聚酯胎(PY)和玻纤胎(G)两类；按上表面的隔离材料分为聚乙烯膜(PE)、细砂(S)与矿物粒(片)料(M)三种；按物理力学性能分为Ⅰ型和Ⅱ型；卷材按不同胎基、不同上表面材料分为 6 个品种，见表 9-5 所示。

表 9-5 SBS 卷材品种(GB18242—2000)

上表面材料　　　　胎基	聚 酯 胎	玻 纤 胎
聚乙烯膜	PY-PE	G-PE
细砂	PY-S	G-S
矿物粒(片)料	PY-M	G-M

SBS 是对沥青改性效果最好的高聚物，它是一种热塑性弹性体，是塑料、沥青等脆性材料的增韧剂，加入到沥青中的 SBS(添加量一般为沥青的 10%～15%)与沥青相互作用，使沥青产生吸收、膨胀，形成分子键合牢固的沥青混合物，从而显著改善了沥青的弹性、延伸率、高温稳定性和低温柔韧性、耐疲劳性和耐老化等性能。

SBS 改性沥青油毡的延伸率高，可达 150%，大大优于普通纸胎油毡，对结构变形有很高的适应性；有效使用范围广，为 $-38℃～119℃$；耐疲劳性能优异，疲劳循环 1 万次以上仍无异常，卷材幅宽为 1000 mm，聚酯胎卷材厚度为 3 mm 和 4 mm，玻璃纤维胎卷材厚度为 2 mm、3 mm 和 4 mm，每卷面积为 15 m^2、10 m^2 和 7.5 m^2 三种。SBS 改性沥青油毡通常采用冷贴法施工。

SBS 改性沥青油毡除用于一般工业与民用建筑防水外，还适应于高级和高层建筑物的屋面、地下室、卫生间等的防水防潮，以及桥梁、停车场、屋顶花园、游泳池、蓄水池、隧道等建筑的防水。又由于该卷材具有良好的低温柔韧性和极高的弹性延伸性，因此更适合于北方寒冷地区和结构易变形的建筑物的防水。

2. APP 改性沥青油毡(也称塑性体改性沥青防水卷材或 APP 防水卷材)

石油沥青中加入 25%～35%的 APP(无规聚丙烯)可以大幅度提高沥青的软化点，能明显改善其低温柔韧性。APP 改性沥青油毡是以聚酯毡或玻纤毡为胎基、APP 作改性剂，两面覆以聚乙烯薄膜或撒布细砂为隔离材料所制成的建筑防水卷材，统称 APP 卷材。

该类卷材的特点是良好的弹塑性、耐热性和耐紫外线老化性能，其软化点在 150℃以上，温度适应范围为 $-15℃～130℃$，耐腐蚀性好，自燃点较高(265℃)。

APP 卷材的品种、规格与 SBS 卷材相同。与 SBS 防水卷材相比，除在一般工业与民用建筑的屋面和地下防水工程，以及道路、桥梁等建筑物的防水中使用外，APP 改性沥青防水卷材由于耐热度更好而且有着良好的耐紫外线老化性能，故更加适应于高温或有太阳辐照地区的建筑物的防水。

9.3.4 合成高分子防水卷材

合成高分子防水卷材是以合成橡胶、合成树脂或两者的共混体为基础，加入适量的助剂和填充料等，经过特定工序而制成的防水卷材。该类防水卷材具有强度高、延伸率大、弹性高、高低温特性好、防水性能优异等特点，而且彻底改变了沥青基防水卷材施工条件差、污染环境等缺点，是值得大力推广的新型高档防水卷材。目前多用于高级宾馆、大厦、游泳池、厂房等要求有良好防水性的屋面、地下等防水工程。

根据主体材料的不同，合成高分子防水卷材一般可分为橡胶型、塑料型和橡塑共混型防水材料，各类又分别有若干品种。下面介绍一些常用的合成高分子防水卷材。

1. 三元乙丙橡胶(EPDM)防水卷材

三元乙丙橡胶防水卷材是以三元乙丙橡胶为主要原料，掺入适量的丁基橡胶、硫化剂、促进剂、补强剂和软化剂等，经密炼、拉片、过滤、挤出(或压延)成型、硫化等工序制成的弹性体防水卷材，有硫化型(JL)和非硫化型(JF)两类。

三元乙丙橡胶防水卷材具有优良的耐候性、耐臭氧性和耐热性，是耐老化性能最好的一种卷材，使用寿命可达 30 年以上，同时还具有质量轻(1.2 kg/m^2～2.0 kg/m^2)、弹性高、抗拉强度高(>7.5 MPa)、抗裂性强(延伸率在450%以上)、耐酸碱腐蚀等优点,属于高档防水材料。

三元乙丙橡胶防水卷材广泛应用于工业和民用建筑的屋面工程,适合于外露防水层的单层或是多层防水,如易受振动、易变形的建筑防水工程,也可用于地下室、桥梁、隧道等工程的防水,并可以冷施工。三元乙丙橡胶防水卷材的技术性质见表9-6所示。

表9-6　三元乙内橡胶防水卷材的主要技术性能要求

项 目 名 称		指 标 值	
		JL1	JF1
断裂拉伸强度/MPa	常温,≥	7.5	4.0
	60℃,≥	2.3	0.8
拉断伸长率/(%)	常温,≥	450	450
	−20℃,≥	200	200
撕裂强度/(kN/m),≥		25	18
低温弯折/℃,≤		−40	−30
不透水性/MPa,30 min,≥		0.3 MPa,合格	0.3 MPa,合格

注：JL1—硫化型三元乙丙；JF1—非硫化型三元乙丙。

2. 聚氯乙烯(PVC)防水卷材

聚氯乙烯防水卷材是以聚氯乙烯(PVC)树脂为主要原料,掺加填充料和适量的改性剂、增塑剂、抗氧剂、紫外线吸收剂等,经过捏合、混练、造粒、挤出或压延、冷却卷曲等工序加工而成的防水卷材。

聚氯乙烯防水卷材根据基料的组成与特性可分为S型和P型,S型防水卷材的基料是煤焦油与聚氯乙烯树脂的混合料,P型防水卷材的基料是增塑的聚氯乙烯树脂。聚氯乙烯防水卷材的特点是价格便宜、抗拉强度和断裂伸长率较高,对基层伸缩、开裂、变形的适应性强；低温度柔韧性好,可在较低的温度下施工和应用；卷材的搭接除了可用粘接剂外,还可以用热空气焊接的方法,接缝处严密。聚氯乙烯防水卷材的技术性质如表9-7所示。

表9-7　聚氯乙烯防水卷材的主要技术性能要求(GB12952—91)

项 目 名 称	P 型			S 型		
	优等品	一等品	合格品	优等品	一等品	合格品
拉伸强度/MPa,≥	12.0	8.0	5.0	12.0	8.0	5.0
断裂伸长率/(%),≥	300	200	100	10		
低温弯折性	−20℃,无裂纹					
抗渗透性/0.3 MPa,30 min	不透水					

与三元乙丙橡胶防水卷材相比,除在一般工程中使用外,聚氯乙烯防水卷材更适应于刚性层下的防水层及旧建筑混凝土构件屋面的修缮工程,以及有一定耐腐蚀要求的室内地面工程的防水、防渗工程等。

3. 氯化聚乙烯-橡胶共混防水卷材

氯化聚乙烯-橡胶共混防水卷材是以氯化聚乙烯树脂和合成橡胶为主体,加入适量的硫化剂、促进剂、稳定剂、软化剂和填充料，经混炼、过滤、压延或挤出成型、硫化等工序制成的高弹性防水卷材。

它不仅具有氯化聚乙烯所特有的高强度和优异的耐臭氧性能，而且具有橡胶类材料所特有的高弹性、高延伸性和良好的低温柔性。这种材料特别适用于寒冷地区或变形较大的建筑防水工程，也可用于地下工程防水；但在复杂平面和异型表面铺设困难，与基层粘结和接缝粘结技术要求高。如施工不当，常有卷材串水和接缝不善等现象出现。

合成高分子防水卷材除以上三种典型品种外，还有很多其他的产品，如：氯磺化聚氯乙烯防水卷材和氯化聚乙烯防水卷材等。按照国家标准《屋面工程设计规范》GB50207—2002 的规定，合成高分子防水卷材适用于防水等级为 Ⅰ 级、Ⅱ 级和 Ⅲ 级的屋面防水工程。

[工程实例分析 9-2]

现象　东北某城市高档高层住宅小区楼群屋面需铺设防水卷材，有以下几种材料可选用：石油沥青纸胎油毡；玻纤毡胎 APP 改性沥青防水卷材；三元乙丙橡胶防水卷材；聚氯乙烯防水卷材。

原因分析

1. 石油沥青纸胎油毡是传统的防水卷材，具有价格低廉的优点，但低温柔性较差，温度敏感性较强，且易老化，是低档的防水卷材，最终将被新型高档的防水卷材所取代，不宜用于高档高层建筑。

2. 玻纤毡胎 APP 改性沥青防水卷材属于塑性体沥青防水卷材，老化期在 20 年以上，耐紫外线能力比其他改性沥青防水卷材都强，最适宜在强烈阳光照射的地方使用，而在寒冷的东北地区使用效果则不是最好。

3. 三元乙丙橡胶防水卷材宜优先选用，因其耐老化性好，使用寿命可达 30～50 年以上，拉伸强度较高，对粘结基层变形开裂的适应跟踪能力较强，耐高温及低温性能好，其中一等品的脆性温度可达零下 15℃以下。

4. 聚氯乙烯防水卷材拉伸强度高，但其总体性能逊于三元乙丙橡胶防水卷材，因其价格较低，中低档住宅可选用此种防水卷材，而高档住宅则选用三元乙丙橡胶防水卷材较好。

[工程实例分析 9-3]

夏季中午铺设沥青防水卷材

现象　某住宅楼屋面于 8 月份施工，铺贴沥青防水卷材全是白天施工，以后卷材出现鼓泡、渗漏。

原因分析　夏季中午炎热，屋顶受太阳辐射，温度较高。此时铺贴沥青防水卷材基层中的水汽会蒸发，集中于铺贴的卷材内表面，并会使卷材鼓泡。此外，高温时，沥青防水卷材软化，卷材膨胀，当温度降低后卷材产生收缩，导致断裂。还需指出的是，沥青中还含有对人体有害的挥发物，在强烈阳光照射下，会使操作工人得皮炎等疾病。故铺贴沥青防水卷材应尽量避开炎热的中午。

任务四 防水涂料

防水涂料是用沥青、改性沥青或合成高分子材料为主料制成的具有一定流态的、经涂刷施工成防水层的胶状物料。其中有些防水涂料可以用来粘贴防水卷材,所以它又是防水卷材的胶粘剂。

防水涂料广泛适用于工业与民用建筑的屋面防水工程、地下室防水工程和地面防潮、防渗等,按主要成膜物质可分为乳化沥青基防水涂料、改性沥青类防水涂料、合成高分子基防水涂料和水泥基防水涂料等。

防水涂料固化前呈粘稠状液态,不仅能在水平面施工,而且能在立面、阴角、阳角等复杂表面施工,因此特别适合于各种复杂、不规则部位的防水,能形成无接缝的完整防水膜。防水涂料大多采用冷施工,既减少了环境污染,又便于施工操作,改善工作环境。此外,涂布的防水涂料既是防水层的主体,又是粘结剂,因而施工质量容易保证,维修也较简单。尤其是对于基层裂缝、施工缝,雨水斗及贯穿管周围等一些容易造成渗漏的部位,极易进行增强涂刷、贴布等作业。施工时,防水涂料须采用刷子、刮板等逐层涂刷或涂刮,故防水膜的厚度很难做到像防水卷材那样均匀。

9.4.1 沥青基防水涂料

沥青基防水涂料是以沥青为基料配制而成的水乳型或溶剂型防水涂料。乳化沥青涂刷于材料基面,水分蒸发后,沥青微粒靠拢将乳化剂膜挤裂,相互团聚而粘结成连续的沥青膜层,成膜后的乳化沥青与基层粘结形成防水层。乳化沥青涂料的常用品种是石灰乳化沥青涂料,它以石灰膏为乳化剂,在机械强力搅拌下将沥青乳化制成厚质防水涂料。

乳化沥青的储存期不能过长(一般三个月左右),否则容易引起凝聚分层而变质。储存温度不得低于零度,不宜在-5℃以下施工,以免水结冰而破坏防水层,也不宜在夏季烈日下施工,因表面水分蒸发过快而成膜,膜内水分蒸发不出而产生气泡。乳化沥青主要适用于防水等级较低的工业与民用建筑屋面、混凝土地下室和卫生间防水、防潮;粘贴玻璃纤维毡片(或布)作屋面防水层;拌制冷用沥青砂浆和混凝土铺筑路面等。

9.4.2 改性沥青类防水涂料

改性沥青类防水涂料指以沥青为基料,用合成高分子聚合物进行改性,制成的水乳型或溶剂型防水涂料。改性沥青类防水涂料在柔韧性、抗裂性、拉伸强度、耐高低温性能、使用寿命等方面比沥青基涂料有很大改善。这类涂料的常用产品有氯丁橡胶沥青防水涂料、水乳型橡胶沥青防水涂料、APP 改性沥青防水涂料、SBS 改性沥青防水涂料等。这类涂料广泛应用各级屋面和地下以及卫生间等的防水工程。

9.4.3 合成高分子防水涂料

合成高分子防水涂料指以合成橡胶或合成树脂为主要成膜物质制成的单组分或多组分的防水涂料。这类涂料具有高弹性、高耐久性及优良的耐高低温性能。常用产品有聚氨酯防水涂料、聚合物乳液建筑防水涂料、聚合物水泥防水涂料、聚氯乙烯防水涂料、有机硅防水涂料等。适用于高防水等级的屋面、地下室、水池及卫生间的防水工程。

由于聚氨酯防水涂料是反应型防水涂料，因而固化时体积收缩很小，可形成较厚的防水涂膜，它具有弹性高、延伸率大、耐高低温性好、耐酸、耐碱、耐老化等优异性能。还需说明的是，由煤焦油生产的聚氨酯防水涂料对人体有害，故这类涂料严禁用于冷库内壁及饮水池等防水工程。

任务五　防水密封材料

建筑密封材料主要应用在板缝、接头、裂隙、屋面等部位起防水密封作用的材料。这种材料应该具有良好的黏结性、抗下垂性、水密性、气密性、易于施工及化学稳定性；还要求具有良好的弹塑性，能长期经受被黏构件的伸缩和振动，在接缝发生变化时不断裂、剥落，并要有良好的耐老化性能，不受热及紫外线的影响，长期保持密封所需要的粘结性和内聚力等。

建筑密封材料的防水效果主要取决于两个方面：一是油膏本身的密封性、憎水性和耐久性等；二是油膏和基材的粘附力。黏附力的大小与密封材料对基材的浸润性、基材的表面性状(粗糙度、清洁度、温度和物理化学性质等)以及施工工艺密切相关。

9.5.1　建筑密封材料的分类

建筑密封材料按形态的不同可分为不定型密封材料和定型密封材料两大类。不定型密封材料常温下呈膏体状态；定型密封材料是将密封材料按密封工程特殊部位的不同要求制成带、条、方、圆、垫片等形状，定型密封材料按密封机理的不同可分为遇水膨胀型和非遇水膨胀型两类。其中，不定型的密封材料按照原材料及其性质可分为塑性、弹性和弹塑性密封材料三类。

9.5.2　常用的建筑密封材料

1. 定型密封材料

定型密封材料就是将具有水密性、气密性的密封材料按基层接缝的规格制成一定形状(条形、环形等)，主要应用于构件接缝、穿墙管接缝、门窗、结构缝等需要密封的部位。这种密封材料由于具有良好的弹性及强度，能够承受结构及构件的变形、振动和位移产生的脆裂和脱落；同时具有良好的气密、水密性和耐久性能，且尺寸精确，使用方法简单，成本低。

1) 遇水不膨胀的止水带

止水带也称为封缝带，是处理建筑物或地下构筑物接缝(伸缩缝、施工缝、变形缝)用的一类定型防水密封材料。常用品种有橡胶止水带、塑料止水带和聚氯乙烯胶泥防水带等。

(1) 橡胶止水带是以天然橡胶或合成橡胶为主要原料，掺入各种助剂及填料，经塑炼、混炼、模压而成的。具有良好的弹塑性、耐磨性和抗撕裂性能，适应变形能力强，防水性能好。但使用温度和使用环境对物理性能有较大的影响，当作用于止水带上的温度超过

50℃、以及受强烈的氧化作用或受油类等有机溶剂的侵蚀时，则不宜采用。

橡胶止水带是利用橡胶的高弹性和压缩性，在各种荷载下会产生压缩变形而制成的止水构件，它已广泛用于水利水电工程、堤坝涵闸、隧道地线、高层建筑的地下室和停车场等工程的变形缝中。

(2) 塑料止水带是由聚氯乙烯树脂、增塑剂、稳定剂等原料经塑炼、造粒、挤出、加工成型而成的，目前多为软质聚氯乙烯塑料止水带。

塑料止水带的优点是原料来源丰富、价格低廉、耐久性好，物理力学性能够满足使用要求。可用于地下室、隧道、涵洞、溢洪道、沟渠等构筑物变形缝的隔离防水。

(3) 聚氯乙烯胶泥防水带是以煤焦油和聚氯乙烯树脂为基料，按照一定比例加入增塑剂、稳定剂和填充料，混合后再加热搅拌，在 130℃～140℃温度下塑化成型制成的。其与钢材有良好的粘结性，防水性能好，弹性大，温度稳定性好，适应各种构造变形缝，适用于混凝土墙板的垂直和水平接缝的防水工程，以及建筑墙板、穿墙管、厕浴间等建筑接缝密封防水。

2) 遇水膨胀的定型密封材料

遇水膨胀的定型密封材料是以橡胶为主要原料制成的一种新型的条状密封材料。改性后的橡胶除了保持原有橡胶防水制品优良的弹性、延伸性、密封性外，还具有遇水膨胀的特性。当结构变形量超过止水材料的弹性复原时，结构和材料之间就会产生一道微缝，膨胀止水条遇到缝隙中的渗漏水后，体积能在短时间内膨胀，将缝隙涨填密实，阻止渗漏水通过。

(1) SPJ 型遇水膨胀橡胶。较之普通橡胶，它具有更卓越的特性和优点，即局部遇水或受潮后会产生比原来大 2～3 倍的体积膨胀率，并充满接触部位所有不规则表面、空穴及间隙，同时产生一定接触压力，阻止水分渗漏；材料膨胀系数值不受外界水分的影响，比任何普通橡胶更具有可塑性和弹性；有很高的抗老化和耐腐蚀性，能长期阻挡水分和化学物质的渗透；具备足够的承受外界压力的能力及优良的机械性能，且能长期保持其弹性和防水性能。

SPJ 型遇水膨胀橡胶广泛应用于钢筋混凝土建筑防水工程的变形缝、施工缝、穿墙管线的防水密封；盾构法钢筋混凝土管片的接缝防水；顶管工程的接口处；明挖法箱涵、地下管线的接口密封；水利、水电、土建工程防水密封等处。

(2) BW 系列遇水膨胀止水条分为 PZ 制品型遇水膨胀橡胶止水条和 PN 腻子型(属不定型密封材料)遇水膨胀橡胶止水条。

止水条系以进口特种橡胶、无机吸水材料、高黏性树脂等十余种材料经密炼、混炼、挤至而成的，它是在国外产品的基础上研制成功的一种断面为四方形条状自黏性遇水膨胀型止水条。依靠其自身的黏性直接粘贴在混凝土施工缝的基面上，该产品遇水后会逐渐膨胀，形成胶粘性密封膏，一方面堵塞一切渗水的孔隙，另一方面使其与混凝土界面的粘贴更加紧密，从根本上切断渗水通道。该产品具有膨胀倍率高，移动补充性强，置于施工缝、后浇缝后具有较强的平衡自愈功能，可自行封堵因沉降而出现的新的微小缝隙；对于已完工的工程，如缝隙渗漏水，可用遇水膨胀橡胶止水条重新堵漏。使用该止水条费用低且施工工艺简单，耐腐蚀性最佳。其分为 BW-Ⅰ型、BW-Ⅱ型、BW-Ⅲ型(缓膨)、BW-Ⅳ型(缓膨)、注浆型等多种型号。

(3) PZ-CL 遇水膨胀止水条是防止土木建筑构筑物漏水、浸水最为理想的新型材料。当这种橡胶浸入水中时，亲水基因会与水反应生成氢键，自行膨胀，将空隙填充，对已往采用其他方法无法解决的施工部位，都能广泛而容易地使用。它的特点是：

① 可靠的止水性能。一旦与浸入的水相接触，其体积迅速膨胀，达到完全止水。

② 施工的安全性。因有弹力和复原力，易适应构筑物的变形。

③ 对宽面的适用性。可在各种气候和各种构件条件下使用。

④ 优良的环保性。耐化学介质性、耐久性优良，不含有害物质，不污染环境。

PZ-CL 遇水膨胀止水条橡胶制品广泛应用于土木建筑构筑物的变形缝、施工缝、穿填管线防水密封、盾构法钢筋混凝土的接缝、防水密封垫、顶管工程的接口材料、明挖法箱涵地下管线的接口密封，以及水利、水电、土建工程防水密封等处。

混凝土浇灌前，膨胀橡胶应避免雨淋，不得与带有水分的物体接触。施工前为了使其与混凝土可靠接触，施工面应保持干燥、清洁、平整。

除了上面介绍的常用的定型产品外，还有许多新型的产品，比如膨润土遇水膨胀止水条、缓膨型(原 BW-96 型)遇水膨胀止水条、带注浆管遇水不膨胀止水条，等等。

2. 不定型密封材料

不定型密封材料通常为膏状材料，俗称为密封膏或嵌缝膏。该类材料应用范围广，特别是与定型材料复合使用既经济又有效。不定型密封材料的品种很多，其中有塑性密封材料、弹性密封材料和弹塑性密封材料。弹性密封材料的密封性、环境适应性、抗老化性能都好于塑性密封材料，弹塑性密封材料的性能居于两者之间。

1) 改性沥青油膏

改性沥青油膏也称为橡胶沥青油膏，以石油沥青为基料，加入橡胶改性材料和填充料等，经混合加工而成，是一种具有弹塑性、可以冷施工的防水嵌缝密封材料，是目前我国产量最大的品种。

改性沥青油膏具有良好的防水、防潮性能，黏结性好，延伸率高，耐高低温性能好，老化缓慢，适用于各种混凝土屋面、墙板及地下工程的接缝密封等，是一种较好的密封材料。

2) 聚氯乙烯胶泥

聚氯乙烯胶泥实际上是一种聚合物改性的沥青油膏，是以煤焦油为基料，以聚氯乙烯为改性材料，掺入一定量的增塑剂、稳定剂及填料，在 130℃～140℃下塑化而形成的热施工嵌缝材料，通常随配方的不同在 60℃～110℃时进行热灌。配方中若加入少量溶剂，油膏变软，就可冷施工，但收缩较大，所以一般要加入一定的填料抑制收缩。填料通常使用碳酸钙和滑石粉。该胶泥是目前屋面防水嵌缝中使用较为广泛的一类密封材料。

胶泥的价格较低，生产工艺简单，原材料来源广，施工方便，防水性好，有弹性，耐寒和耐热性较好。为了降低胶泥的成本，可以选用废旧聚氯乙烯塑料制品来代替聚氯乙烯树脂，这样得到的密封油膏习惯上称做塑料油膏。

胶泥适用于各种工业厂房和民用建筑的屋面防水嵌缝，以及受酸碱腐蚀的屋面防水，也可用于地下管道的密封和卫生间等。

3) 聚硫橡胶密封材料(聚硫建筑密封膏)

聚硫橡胶密封材料是由液态聚硫橡胶(多硫聚合物)为主剂,以金属过氧化物(多数为二氧化铅)为固化剂,加入增塑剂、增韧剂、填充剂及着色剂等配制而成的,是目前世界上应用最广、使用最成熟的一类弹性密封材料。聚硫密封材料分为单组分和双组分两类,目前国内双组分聚硫密封材料的品种较多。

聚硫橡胶密封产品按照伸长率和模量分为 A 类和 B 类。A 类是高模量、低延伸率的聚硫密封膏;B 类是高伸长率和低模量的聚硫密封膏。这类密封膏具有优异的耐候性,极佳的气密性和水密性,良好的耐油、耐溶剂、耐氧化、耐湿热和耐低温性能,能适应基层较大的伸缩变形,施工适用期可调整,垂直使用不流淌,水平使用具有自流平性,属于高档密封材料。

聚硫橡胶密封材料除了适用于较高防水要求的建筑密封防水外,还用于高层建筑的接缝及窗框周边防水、防尘密封;中空玻璃、耐热玻璃周边密封;游泳池、储水槽、上下管道以及冷库等接缝密封。还适用于混凝土墙板、屋面板、楼板、地下室等部位的接缝密封。

4) 有机硅建筑密封膏

有机硅建筑密封膏是以有机硅橡胶为基料配制成的一类高弹性高档密封膏。有机硅密封膏分为双组分和单组分两种,单组分应用较多。

该类密封膏具有优良的耐热、耐寒、耐老化及耐紫外线等耐候性能,与各种基材如混凝土、铝合金、不锈钢、塑料等有良好的黏结力,并且具有良好的伸缩耐疲劳性能,防水、防潮、抗震、气密、水密性能好,适用于金属幕墙、预制混凝土、玻璃窗、窗框四周、游泳池、储水槽、地坪及构筑物接缝。

5) 聚氨酯弹性密封膏

聚氨酯弹性密封膏是由多异氰酸酯与聚醚通过加成反应制成预聚体后,加入固化剂、助剂等在常温下交联固化而成的一类高弹性建筑密封膏,分为单组分和双组分两种,双组分的应用较广,单组分的目前已较少应用,其性能比其他溶剂型和水乳型密封膏优良,可用于防水要求中等和偏高的工程。

聚氨酯弹性密封膏对金属、混凝土、玻璃、木材等均有良好的黏结性能,具有弹性大、延伸率大、黏结性好、耐低温、耐水、耐油、耐酸碱、抗疲劳及使用年限长等优点。与聚硫、有机硅等反应型建筑密封膏相比,价格较低。

聚氨酯弹性密封膏广泛应用于墙板、屋面、伸缩缝等沟缝部位的防水密封工程,以及给排水管道、蓄水池、游泳池、道路桥梁、机场跑道等工程的接缝密封与渗漏修补,也可用于玻璃、金属材料的嵌缝。

6) 丙烯酸密封膏

丙烯酸密封膏中最为常用的是水乳型丙烯酸密封膏,它是以丙烯酸乳液为黏结剂,掺入少量表面活性剂、增塑剂、改性剂以及填料、颜料经搅拌研磨而成的。

该类密封材料具有良好的黏结性能、弹性和低温柔韧性能,无溶剂污染、无毒、不燃,可在潮湿的基层上施工,操作方便,特别是具有优异的耐候性和耐紫外线老化性能,属于中档建筑密封材料,其适用范围广、价格便宜、施工方便,综合性能明显优于非弹性密封膏和热塑性密封膏,但要比聚氨酯、聚硫、有机硅等密封膏差一些。该密封材料中含有约

15%的水，故在温度低于0℃时不能使用，而且要考虑其中水分的散发所产生的体积收缩，对吸水性较大的材料如混凝土、石料、石板、木材等多孔材料构成的接缝的密封比较适宜。

水乳型丙烯酸密封膏主要用于外墙伸缩缝、屋面板缝、石膏板缝、给排水管道与楼屋面接缝等处的密封。

【创新与拓展】

沥青路面的水损害

人们常可看到一种现象，以相同沥青混合料铺筑的道路，在多雨、地下水较多的地段往往损坏更快、更严重。请予以讨论。

① 发现问题与分析问题。

水是如何损害沥青混凝土路面的？首先水的渗入使沥青黏附性减少，导致沥青混合料的强度和劲度减小。此外，水可进入沥青薄膜与集料之间，阻断沥青与集料表面的相互粘结，集料表面对水的吸附比沥青强，从而使沥青与集料表面接触角减小，沥青从集料表面剥落。

② 沥青路面水损害防治的思考。

解决此类问题可作发散思维多角度思考，兼与集中思维多次反复循环。以下列出几个方面：

A. 从隔水方面来考虑。

B. 从材料选择来考虑，包括掺入有关抗剥离剂等。

C. 从沥青混合料配合比来考虑。

D. 从施工角度来考虑。

能 力 训 练 题

一、名词解释

沥青的延性　乳化沥青　石油沥青的大气稳定性

二、填空题

1. 石油沥青的组成结构为_____、_____和_____三个主要组分。

2. 一般同一类石油沥青随着牌号的增加，其针入度_____，延度____而软化点____。

3. 沥青的塑性指标一般用_____来表示，温度感应性用_____来表示。

三、选择题(不定向选择)

1. 沥青的牌号是根据以下_____技术指标来划分的。

A. 针入度　　　　　B. 延度　　　　　C. 软化点　　　　　D. 闪点

2. 石油沥青的组分长期在大气中将会转化，其转化顺序是_____。

A. 按油分—树脂—地沥青质的顺序递变　　　B. 固定不变

C. 按地沥青质—树脂—油分的顺序递变　　　D. 不断减少

3. 常用做沥青矿物填充料的物质有_____。

A. 滑石粉   B. 石灰石粉   C. 磨细砂   D. 水泥

4．石油沥青材料属于_____结构。

A. 散粒结构   B. 纤维结构   C. 胶体结构   D. 层状结构

5．根据用途不同，沥青分为_____。

A. 道路石油沥青   B. 普通石油沥青   C. 建筑石油沥青   D. 天然沥青

四、是非判断题

1．当采用一种沥青不能满足配制沥青胶所要求的软化点时，可随意采用石油沥青与煤沥青掺配。

2．沥青本身的黏度高低直接影响着沥青混合料黏聚力的大小。

3．夏季高温时的抗剪强度不足和冬季低温时的抗变形能力过差，是引起沥青混合料铺筑的路面产生破坏的重要原因。

4．石油沥青的技术牌号愈高，其综合性能就愈好。

五、问答题

1．土木工程中选用石油沥青牌号的原则是什么？在地下防潮工程中，如何选择石油沥青的牌号？

2．请比较煤沥青与石油沥青的性能与应用的差别。

项目十　建筑功能材料

教学要求

　　了解: 绝热材料的主要类型及性能特点;吸声材料的主要类型及性能特点;玻璃的性质特点和用途;建筑陶瓷制品的品种和应用。

　　掌握: 常用绝热材料的选用方法、常用建筑陶瓷制品的使用部位。

　　重点: 常用建筑玻璃的使用、常用建筑陶瓷制品的使用部位。

　　难点: 影响材料绝热性能和吸声性能的因素。

【走进历史】

瓷 砖 的 诞 生

　　瓷砖的使用历史悠久,它最早出现在古埃及金字塔的内室里,而且很久以前就开始与沐浴联系在一起。在信仰伊斯兰教的国家,瓷砖上绘有花卉和植物图纹。在中世纪的英国,人们将不同色彩的几何形砖铺在教堂和修道院的地板上。瓷砖的历史应该追溯到公元前4000年,当时,埃及人已开始用瓷砖来装饰各种类型的房屋。人们将黏土砖在阳光下晒干或者通过烘焙的方法将其烘干,然后用从铜中提取出的蓝釉进行上色。

　　公元前4000年前,美索不达米亚地区也发现了瓷砖,这种瓷砖以蓝色和白色的条纹达到装饰的目的,后来出现了更多种的式样和颜色。

　　中国是陶瓷艺术的中心,早在商殷时期(公元前1523至公元前1028年),中国就生产出一种精美的白炻器,它使用了中国早期的釉料进行粉饰。

　　数个世纪以来,瓷砖的装饰效果随着瓷砖生产方法的改进而提高。例如,在伊斯兰时期,所有瓷砖的装饰方法在波斯达到了顶峰。随后,瓷砖的运用逐渐盛行全世界,在许多城市,瓷砖的生产和装饰达到了顶点。在瓷砖的历史进程中,西班牙和葡萄牙的马赛克、意大利文艺复兴时期的地砖、安特卫普的釉面砖、荷兰瓷砖插图的发展以及德国的瓷砖都具有里程碑式的意义。

任务一　绝 热 材 料

　　为了保持室内温度的稳定,凡房屋围护结构的建筑材料,都必须具有一定的绝热性能。绝热材料是防止住宅、生产车间、公共建筑及各种热工设备中热量传递的材料,也就是具有保温隔热性能的材料。绝热材料主要用于墙体和屋顶保温隔热,以及热工设备、采暖和空调管道的保温,在冷藏设备中则大量用作保温。

在建筑物中合理采用绝热材料，能提高建筑物使用效能，保证正常的生产、工作和生活，能减少热损失，节约能源。据统计，具有良好的绝热功能的建筑，其能源可节省25%～50%。因此，在建筑工程中，合理地使用绝热材料具有重要意义。

10.1.1 绝热材料的基本要求

绝热材料是保温、隔热材料的总称，选择绝热材料的基本要求是，导热系数不宜大于0.23 W(m·K)，表观密度不宜大于600 kg/m³，抗压强度应大于0.3 MPa。另外，还要根据工程的特点，考虑材料的吸湿性、温度稳定性、耐腐蚀等性能。

10.1.2 影响材料绝热性能的因素

1. 材料的组成

组成及分子结构简单的物质导热系数比较大金属导热系数较大，非金属次之，液体较小，气体更小。

2. 孔隙率及孔隙构造

由于固体材料的导热系数比空气的导热系数大，因此材料的孔隙率越大，导热系数就越小。

3. 湿度

因为水的导热系数比密闭空气大20多倍，而冰的导热系数比密闭空气大100多倍，所以材料受潮吸湿后，其导热系数会增大，若受冻结冰后，则导热系数会增大更多。

4. 温度

材料的导热系数随温度的升高而增大，因为温度升高，材料固体分子的热运动增强，同时材料孔隙中空气的导热和孔壁间的辐射作用也有所增加。

5. 热流方向

对于各向异性材料，如木材等纤维质材料，当热流平行于纤维方向时，热流受到的阻力小；而热流垂直于纤维方向时，受到的阻力就大。

10.1.3 常用绝热材料

常用的保温绝热材料按其成分可分为有机和无机两大类。无机绝热材料是用矿物质原料制成的材料，呈纤维状、散粒状或孔状。

1. 纤维状保温隔热材料

1) 玻璃棉及其制品

玻璃棉是用玻璃原料或碎玻璃经熔融后制成的一种纤维状材料包括短棉和超细棉两种。短棉又称玻璃棉，指纤维长度在50 mm～150 mm、单纤维直径为12×10^{-3} mm左右的定长玻璃纤维，其外观洁白如棉。与短棉相比，超细棉的纤维直径细得多，一般在4×10^{-3} mm以下，所以又称超细玻璃棉。

短棉可以用来制作沥青玻璃棉毡、沥青玻璃棉板等；超细棉可以用来制作普通超细玻璃棉毡、板，也可以用来制作无碱超细玻璃棉毡、高氧硅超细玻璃棉毡等，用于围护结构及管道保温，如图 10-1 和图 10-2 所示。

图 10-1　夹心墙用玻璃棉制品

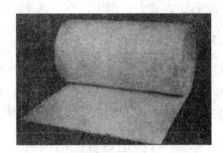

图 10-2　玻璃棉

2) 矿棉及其制品

矿棉是以工业废料矿渣为主要原料，经熔化，用喷吹法或离心法而制成的棉丝状绝热材料。矿棉具有质轻、不燃、绝热和电绝缘等性能，且原料来源丰富，成本较低，可制成矿棉板、矿棉防水毡及管套等，也可用于建筑物的墙壁、屋顶、天花板等处的保温绝热和吸声。

2. 无机散粒状绝热材料

1) 膨胀蛭石及其制品

膨胀蛭石经熔烧膨胀后可制得一种松散颗粒状材料，堆积密度为 $80 \ kg/m^3 \sim 200 \ kg/m^3$，$\lambda = 0.046 \ W/(m \cdot K) \sim 0.07 \ W/(m \cdot K)$，可在 $1000℃ \sim 1100℃$ 的温度范围内使用，可用于填充墙壁、楼板及平屋面保温等。使用时应注意防潮。

膨胀蛭石经熔烧可与水泥、水玻璃等胶凝材料配合浇制成板，如图 10-3 所示，用于墙、楼板和屋面板等构件的绝热，其水泥制品是用水泥、膨胀蛭石，加适量水拌和、配制而成的。水玻璃膨胀蛭石制品是用膨胀蛭石、水玻璃和适量氟硅酸钠配制而成的。

图 10-3　膨胀蛭石板材

图 10-4　膨胀珍珠岩板材

2) 膨胀珍珠岩及其制品

膨胀珍珠岩是由天然珍珠岩煅烧而得，呈蜂窝泡沫状的白色或灰白色颗粒，是一种高性能的绝热材料，具有质轻、低温绝热性能好、吸湿性好、化学稳定性好、不燃烧、耐腐蚀、施工方便等特点。建筑工程中广泛用于围护结构、低温和超低温保冷设备、热工设备等处的绝热保温，也可用于制作吸声制品。

膨胀珍珠岩制品是以膨胀珍珠岩为主，配合适量胶凝材料(水泥、水玻璃、磷酸盐、沥青等)，经拌和、成型、养护(或干燥，或固化)后而成的具有一定形状的板块、管壳等制品。如图 10-4 所示。

3．无机多孔类绝热材料

1) 泡沫混凝土

泡沫混凝土是将水泥、水和松香泡沫剂混合后，经搅拌、成型、养护、硬化而制成的，具有多孔、轻质、保温、绝热、吸声等性能，也可用粉煤灰、石灰、石膏和泡沫剂制成粉煤灰泡沫混凝土，用于建筑物的围护结构保温绝热。

2) 加气混凝土

加气混凝土是由水泥、石灰、粉煤灰和发气剂(铝粉)配制而成的，经成型、蒸汽养护制成，是一种保温绝热性能良好的材料，具有保温、绝热、吸声等性能。加气混凝土表观密度小，导热系数比黏土砖小好几倍，因此 24 cm 厚的加气混凝土墙体，其保温绝热效果优于 37 m 厚的砖墙。此外，加气混凝土的耐火性能良好。

3) 硅藻土

硅藻土是一种被称为硅藻的水生植物的残骸。硅藻土是由硅藻壳构成的，每个硅藻壳内包含有大量极细小的微孔。硅藻土的孔隙率为 50%～80%，其导热系数为 $\lambda=0.060$ W/(m·K)，因此它具有很好的保温绝热性能。最高使用温度约为 900℃。硅藻土常用作填充料，或用其制作硅藻土砖等，如图 10-5 所示。

图 10-5　硅藻土墙体砖

4) 微孔硅酸钙

微孔硅酸钙是一种新颖的保温材料，它是用 65%的硅藻土、35%的石灰，再加入前两者总重 5%的石棉、水玻璃和水，经拌和、成型、蒸压处理和烘干等工艺过程而制成的。

5) 泡沫玻璃

泡沫玻璃是采用 100 份碎玻璃、1～2 份发泡剂(石灰石、碳化钙或焦炭)配料，经粉磨混合、装模，在 800℃温度下烧成，形成大量封闭不相连通的气泡，孔隙率达 80%～90%，气孔直径为 0.1 mm～5 mm。泡沫玻璃具有导热系数小、抗压强度和抗冻性高、耐久性好等特点。泡沫玻璃可用来砌筑墙体，也可用于冷藏设备的保温，或用作漂浮、过滤材料。可锯割、粘接，易于加工，是一种高级绝热材料。

4．有机绝热材料

有机保温绝热材料是用有机原料制成的。轻质板材由于多孔，吸湿性大、不耐久、不耐高温，只能用于低温绝热。

1) 泡沫塑料

泡沫塑料是以各种树脂为基料，加入一定剂量的发泡剂、催化剂、稳定剂等辅助材料经加热发泡而制成的一种新型轻质、保温、吸声、防震材料，可用于屋面、墙面保温，冷库绝热和制成夹心复合板。目前，我国生产的有聚乙烯泡沫塑料、聚氯乙烯泡沫塑料、聚氨酯泡沫塑料等，硬质泡沫塑料常在建筑工程中使用，如图 10-6 所示。

2) 植物纤维类绝缘板

以植物纤维为主要成分的板材,常用作绝热材料的为各种软质纤维板。

(1) 软木板,是用栓树的外皮和黄菠萝树皮为原料,经碾碎与皮胶溶液拌和,加压成型,并在温度为 80℃的干燥室中干燥一昼夜而制成的。软木板具有质轻、导热系数小、抗渗和防腐性能高的特点。

(2) 木丝板,是用木材下脚料以机械制成均匀木丝,加入硅酸钠溶液与普通硅酸盐水泥混合,经成型、冷压、养护、干燥而制成,多用于天花板、隔墙板或护墙板。

(3) 甘蔗板,是以甘蔗渣为原料,经过蒸制、干燥等工序制成的一种轻质、吸声、保温绝热材料。

(4) 蜂窝板,是由两块轻薄的面板,牢固地粘接在一层较厚的蜂窝状芯材两面而制成的复合板材,亦称蜂窝夹层结构。蜂窝板的特点是强度大、导热系数小、抗震性能好,可制成轻质高强结构用板材,也可制成绝热性能良好的非结构用板材和隔声材料。如果芯板以轻质的泡沫塑料代替,则隔热性能更好。如图 10-7 所示。

图 10-6　泡沫塑料

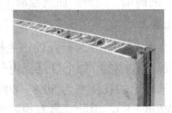

图 10-7　蜂窝板

3) 窗用绝热薄膜

窗用绝热薄膜,又叫新型防热片,厚度约 12 μm～50 μm,用于建筑物窗户的绝热,可以遮蔽阳光,防止室内陈设物褪色,减少冬季热能损失,节约能源,给人们带来舒适环境。使用时,将特制的防热片(薄膜)贴在玻璃上,其功能是将透过玻璃的大部分阳光反射出去,反射率高达 80%。防热片能减少紫外线的透过率,减轻紫外线对室内家具和织物的有害作用,减弱室内温度变化程度。

绝热薄膜可应用于商业、工业、公共建筑、家庭寓所、宾馆等建筑物的窗户内外表面,也可用于博物馆内艺术品和绘画的紫外线防护。

任务二　吸 声 材 料

吸声材料是指能在一定程度上吸收由空气传递的声波能量的建筑材料。广泛用在音乐厅、影剧院、大会堂、语音室等内部的墙面、地面、天棚等部位,适当采用吸声材料,能改善声波在室内传播的质量,获得良好的音响效果。

10.2.1　材料的吸声原理、吸声系数及影响因素

1. 吸声系数

材料的吸声原理:当声波遇到材料表面时,一部分声反射,另一部分则穿透材料,其余的部分被材料吸收,如图 10-8 所示,这些被吸收的能量(E)与入射声能量(E_0)之比,称为

吸声系数 α，是评定材料吸声性能好坏的主要指标，用公式表示如下：

$$\alpha = \frac{E}{E_0}$$

式中，α 为材料的吸声系数，E 为被材料吸收的(包括透过的)声能，E_0 为传递给材料的全部入射声能。

假如入射的声能 65% 被吸收，其余 35% 被反射，则该材料的吸声系数就等于 0.65。当入射的声能 100% 被吸收，且无反射时，吸声系数等于 1。当门窗开启时，吸声系数相当于 1。一般材料的吸声系数在 0～1 之间，吸声系数越大，吸声效果越好。只有悬挂的空间吸声体，由于有效吸声面积大于计算面积，可获得吸声系数大于 1 的情况。

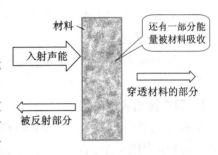

图 10-8 材料的吸声原理

为了全面反映材料的吸声性能，规定取 125 Hz、250 Hz、500 Hz、1000 Hz、2000 Hz、4000 Hz 等 6 个频率的吸声系数来表示材料的吸声频率特性，凡 6 个频率的平均吸声系数大于 0.2 的材料，可称为吸声材料。

2. 吸声系数的影响因素

1) 材料的表观密度

对同一种多孔材料(如超细玻璃纤维)，当其表观密度增大时(即孔隙率减小时)，对低频声波的吸声效果有所提高，而高频吸声效果则有所降低。

2) 材料的厚度

增加多孔材料的厚度，可提高对低频声波的吸声效果，而对高频声波则没有多大影响。

3) 材料的孔隙特征

孔隙越多、越细小，吸声效果越好。如果孔隙太大，则效果较差。如果材料总的孔隙大部分为单独的封闭的气泡(如聚氯乙烯泡沫塑料)，则因声波不能进入，从吸声机理上来讲，就不属于多孔性吸声材料。当多孔材料表面涂刷油漆或材料吸湿时，则因材料表面的孔隙被水分或涂料所堵塞，使其吸声效果大大降低。

4) 吸声材料设置的位置

悬吊在空中的吸声材料，可以控制室内的混响时间和降低噪声。多孔材料或饰物悬吊在空中其吸声效果比布置在墙面或顶棚上要好，而且使用和安置也较为便利。

10.2.2 常用吸声材料

较常用的吸声材料有以下几种。

1. 多孔吸声材料

多孔吸声材料为常用的一种吸声材料，具有良好的高频吸声性能，如木丝板、玻璃棉、矿棉、纤维板、泡沫塑料、毛毡等。

2. 柔性吸声材料

柔性吸声材料为具有密闭气孔和一定弹性的材料，这些密闭的气孔使声波引起的震动不易直接传递至材料内部，只能相应地产生震动，在震动过程中克服材料内部的摩擦而消耗声能，引起声波衰退。如聚氯乙烯泡沫塑料。

3. 帘幕吸声材料

帘幕吸声材料为具有通气性能的纺织品，安装在离墙面或窗洞一定距离处，背后设置空气层。对高频有一定的吸声效果。

4. 悬挂空间吸声体

悬挂空间吸声体由于增加了有效吸声面积，吸声效果大大提高，可根据装饰要求做成各种装饰造型。

5. 薄板振动吸声结构

薄板振动吸声结构具有低频吸声和声波扩散的特性，常用胶合板、薄木板、石膏板、金属板等四周固定，背后留空气层。

6. 穿孔板组合共振吸声结构

穿孔板组合共振吸声结构适合中频吸声特性，常用穿孔胶合板、石膏板、铝板、金属板等四周固定，背后留空气层，使用比较普遍。

[工程实例分析 10-1]

吸声材料工程应用

现象　广州地铁坑口车站为地面站，一层为站台，二层为站厅。站厅顶部为纵向水平设置的半圆形拱顶，长 84 m，拱跨 27.5 m，离地面最高点 10 m，最低点 4.2 m，钢筋混凝土结构。在未作声学处理前该厅严重的声缺陷是低频声的多次回声现象。发一次信号枪，枪声就像轰隆的雷声，经久才停。使用有关的吸声材料完成声学工程以后，其声环境大大改善。

原因分析　该声学工程采用了以下几种吸声材料：

阻燃轻质吸声材料。该材料是由天然植物纤维素，如碎纸、废棉絮等经防火和防尘处理而成的，其吸声保温性能接近玻璃棉，是由现场喷粘或成品铺装而成。

矿棉吸声板。该材料是以矿渣棉为主要原料，加入适量胶粘剂、防尘剂和憎水剂经加压成型、烘干、固化、切割、贴面等工序而成的，具有保温、吸声、抗震、不燃等特性。

穿孔铝合金板和穿孔 FC 板。经钻孔处理后的材料，因增加了材料暴露在声波中的面积，既增加了有效吸声表面面积，同时使声波易进入材料深处，因此提高了材料的吸声性能。在穿孔板后面贴附玻璃棉更增强了吸声效果。

任务三　建 筑 玻 璃

10.3.1　玻璃的基本知识

1. 玻璃的分类

1) 定义

玻璃是用石英砂、纯碱、长石和石灰石为主要原料，并加入一些如助熔剂、着色剂、发泡剂、澄清剂等辅助原料，在 1550℃～1660℃高温下熔融、急速冷却而得到的一种无定形硅酸盐制品。

2) 分类

通常按化学组成和用途对玻璃进行分类。

(1) 按化学组成分类，可分为钠玻璃、钾玻璃、铝镁玻璃、硼硅玻璃、铅玻璃和石英玻璃。

(2) 按用途分类，可分为平板玻璃、安全玻璃、特种玻璃及玻璃制品。

2. 玻璃的基本性质

玻璃的密度与其化学组成有关，普通玻璃的密度约为 2.45 g/cm^3～2.55 g/cm^3。除玻璃棉和空心玻璃砖外，玻璃内部十分致密，孔隙率非常小。

普通玻璃的抗压强度为 600 MPa～1200 MPa，抗拉强度为 40 MPa～120 MPa，抗弯强度为 50 MPa～130 MPa，弹性模量为$(6～7.5) \times 10^4$ MPa。

玻璃的抗冲击性很小，是典型的脆性材料。普通玻璃的莫氏硬度为 5.5～6.5，因此玻璃的耐磨性和耐刻划性较高。

玻璃的化学稳定性较高，可抵抗除氢氟酸外的所有酸的腐蚀，但耐碱性较差，长期与碱液接触，会使得玻璃中的 SiO_2 溶解而受到侵蚀。

玻璃的热稳定性较差，主要是由于玻璃的导热系数较小，因而会在局部产生温度内应力，会使玻璃因内应力出现裂纹或破裂。玻璃在高温下会产生软化并产生较大的变形，普通玻璃的软化温度为 530℃～550℃。

玻璃的光学性质包括反射系数、吸收系数、透射系数和遮蔽系数四个指标。反射的光能、吸收的光能和透射的光能与投射的光能之比分别为反射系数、吸收系数和透射系数。不同厚度不同品种的玻璃反射系数、吸收系数、透射系数均有所不同。将透过 3 mm 厚标准透明玻璃的太阳辐射能量作为 1，其他玻璃在同样条件下透过太阳辐射能量的相对值为遮蔽系数，遮蔽系数越小，说明透过玻璃进入室内的太阳辐射能越少，光线越柔和。

10.3.2 平板玻璃

常用的平板玻璃包括以下几种。

1. 窗用平板玻璃

窗用平板玻璃也称平光玻璃或净片玻璃，简称玻璃，主要装配于门窗，起透光、挡风雨、保温、隔声等作用。窗用平板玻璃的厚度一般有 2 mm、3 mm、4 mm、5 mm、6 mm 五种，其中，2 mm～3 mm 厚的玻璃常用于民用建筑，4 mm～6 mm 厚的玻璃主要用于工业及高层建筑。

2. 磨砂玻璃

磨砂玻璃又称毛玻璃、暗玻璃，系用机械喷砂、手工研磨或氢氟酸溶蚀等方法将普通平板玻璃表面处理成均匀毛面。

由于磨砂玻璃表面粗糙，使光线产生漫射，只有透光性而不能透视，并能使室内光线变得和缓而不刺目。除透明度外，其规格同窗用玻璃，常用于需要隐秘的浴室等处的窗玻璃。

3. 有色玻璃

有色玻璃又称颜色玻璃、彩色玻璃,分透明和不透明两种。透明颜色玻璃是在原料中加入着色金属氧化物使玻璃带色;不透明颜色玻璃是在一定形状的玻璃表面,喷以色釉,经过烘烤而成。

有色玻璃具有耐腐蚀、抗冲刷、易清洗并可拼成图案、花纹等特点。适用于门窗及对光有特殊要求的采光部位和装饰内外墙面之用。

不透明颜色玻璃也叫饰面玻璃。经退火处理的饰面玻璃可以裁切,经钢化处理的饰面玻璃不能进行裁切等再加工。

4. 花纹玻璃

花纹玻璃根据加工方法的不同,可分为压花玻璃和喷花玻璃两种。

1) 压花玻璃

压花玻璃又称滚花玻璃,是在玻璃硬化前,经过刻有花纹的滚筒,在玻璃单面或双面压有深浅不同的各种花纹图案。由于花纹凹凸不平,使光线漫射而失去透视性,因此它透光不透视,可同时起到窗帘的作用。

压花玻璃兼具使用功能和装饰效果,因而广泛应用于宾馆、大厦、办公楼等现代建筑的装修工程中,使之更为富丽堂皇。压花玻璃的厚度常为 2 mm~6 mm,尚无统一标准。

2) 喷花玻璃

喷花玻璃又称胶花玻璃,是在平板玻璃表面上贴以花纹图案,抹以护面层,经喷砂处理而成的。适于门窗装饰、采光之用。

10.3.3 安全玻璃

1. 钢化玻璃

1) 性能

玻璃经过物理或化学钢化处理后,强度会提高 3~5 倍,并具有较好的抗冲击、抗弯以及耐急冷急热的性能。当玻璃破碎时,裂成圆钝的小碎片,不致伤人。

2) 制作工艺

钢化玻璃工艺一般有物理平钢化和弯钢化两种。化学钢化是一种较新的方法,主要是应用玻璃表面上的离子交换,将待处理的玻璃浸入钾盐溶液中,使玻璃进行离子交换。玻璃表面的钠离子扩散到溶液中,而溶液中的钾离子,则密实填充了玻璃表面钠离子的位置,这样就增加了玻璃的强度。

化学钢化的优点是强度大,钢化后不易自爆,并可钢化薄玻璃;缺点是处理时间长,成本较高。

2. 夹丝玻璃

夹丝玻璃也称防碎玻璃和钢丝玻璃。

1) 制作工艺

夹丝玻璃是将普通平板玻璃加热到红热软化状态,再将预处理的铁丝网或铁丝压入玻璃中间而制成的。表面可以是压花的或磨光的，颜色可以是透明的或彩色的。不但增加了强度，而且由于铁丝网的骨架，在玻璃遭受冲击或温度剧变时，仍能保持固定，起到隔绝火势的作用，故又称防火玻璃。

2) 适用范围及规格

夹丝玻璃常用于天窗、天棚顶盖，以及易受震动的门窗上。彩色夹丝玻璃可用于阳台、楼梯、电梯井。夹丝玻璃厚度常在 3 mm～19 mm 之间，规格标准尚无统一规定。

3. 夹层玻璃

1) 定义及特点

夹层玻璃是用透明的塑料层(衬片)将 2～8 层平板玻璃胶结而成的，具有较高的强度，受到破坏时产生辐射状或同心圆形裂纹，碎片不易脱落，且不影响透光度，不产生折光现象。

2) 常用品种及其特性

常用的夹层玻璃有赛璐珞塑料夹层玻璃和聚乙烯醇缩丁醛树脂夹层玻璃两种。前者的塑料层易被潮湿所破坏，而且在日光的长期作用下因逐渐发黄而降低透明度，这种玻璃较常使用；后者的树脂层有抗水抗日光的作用，常用于高层建筑门窗等，还可作为航空用安全玻璃。

10.3.4　节能玻璃

1. 吸热玻璃

1) 定义

在普通玻璃中加入一定量的有吸热性能的着色剂，如氧化亚铁、氧化镍等或在玻璃表面喷涂吸热和着色的氧化物薄膜，如氧化锡、氧化锑等可制成吸热玻璃。

2) 特点

吸热玻璃既能吸收大量红外线辐射，又能保持良好光线透过率。太阳光中红外光约占49%，可见光占48%，紫外线占3%，吸热玻璃可以使得光线的透射能降低约 20%～35%，同时吸热玻璃还能吸收少量可见光和紫外光，具有良好的防眩作用，并且可以减轻紫外线对人体和室内物品的损害。

2. 热反射玻璃

1) 特性

热反射玻璃具有良好的遮光性和隔热性能，可用于超高层大厦等各种建筑物。它不仅可节约室内空调的能源，还可增加建筑物外表的美观。

2) 制作工艺

热反射玻璃是在玻璃表面涂敷金属或金属氧化物薄膜，其薄膜的加工方法有热分解法(喷涂法、浸涂法)、金属离子迁移法、化学浸渍法和真空法(真空镀膜法、溅射法)。

3) 其他

热反射玻璃的可见光透光率达 60%～80%；辐射率为 0.1～0.2。考虑到其隔热性能和膜面强度，一般是以双层的形式进行使用的。这种双层玻璃与普通玻璃制成的三层玻璃的隔热性相同，且紫外线透射率低。在寒冷地区使用这种玻璃最节省能源，它与透明玻璃相比，约可节约 50% 的室内空调能源。而在炎热地区使用，可改善遮光性及隔热性能。

3. 中空玻璃

中空玻璃是用两层或两层以上平板玻璃构成的，四周用高强气密性复合粘结剂将两片或多片玻璃与铝合金框或橡皮条、玻璃条粘结、密封，中间充入干燥气体，还可以涂上不同颜色不同性能的薄膜，原片可以用普通平板、钢化、压花、热反射、吸热和夹丝等玻璃。制造方法分焊结、胶结和熔结。整体构件是在工厂里制成的。中空玻璃可节能 15% 左右，噪音由 80 dB 降到 30 dB。

任务四　建 筑 陶 瓷

10.4.1　陶瓷的基本知识

凡以黏土、长石、石英为基本原料，经配料、制坯、干燥、焙烧而制得的成品，统称为陶瓷制品。用于建筑工程的陶瓷制品则称为建筑陶瓷，主要包括釉面砖、外墙面砖、地面砖、陶瓷锦砖、卫生陶瓷等。

普通陶瓷制品质地按其致密程度(吸水率大小)可分为三类：陶质制品、炻质制品和瓷质制品。黏土、石英、长石是陶瓷最基本的三个组分，陶瓷的主要化学组成包括 SiO_2、Al_2O_3、K_2O、Na_2O 等。

陶质制品烧结程度低，结构多孔，其断面粗糙、无光，不透明，敲击声粗哑，孔隙率较大，吸水率为 12%～20%，抗冻性差，强度较低。陶质制品可分为粗陶和精陶两种。建筑上所用的砖瓦、陶管及某些日用盆、缸器均属粗陶制品，而精陶常用于建筑精陶(如釉面砖)、美术精陶及日用精陶等。

瓷质制品烧结程度充分，结构致密，其孔隙率较小，吸水率小(<1%)，有一定的半透明性，建筑上用于外墙饰面和铺地。

炻质制品介于陶和瓷之间，也称半瓷，结构较致密，吸水率在 1%～12%，无半透明性，如外墙面砖和地面砖。

10.4.2　建筑陶瓷制品

1. 外墙面砖

外墙面砖俗称无光面砖，是用难熔黏土压制成型后焙烧而成的。通常做成矩形，尺寸有 100 mm × 100 mm × 10 mm 和 150 mm × 150 mm × 10 mm 等。它具有质地坚实、强度高、吸水率低(小于 4%)等特点，一般为浅黄色，用作外墙饰面。

2. 釉面砖

釉面砖是用瓷土压制成坯，干燥后上釉焙烧而成的，釉面砖过去习称"瓷砖"，由于其正面挂釉，近来才正名为"釉面砖"。通常做成 152 mm × 152 mm × 5 mm 和 108 mm × 108 mm × 5 mm 等正方形体，配件砖包括阳角条、阴角条、阳三角、阴三角等，用于铺贴一些特殊部位。

釉面砖由于釉料颜色多样,故有白瓷砖、彩釉面砖、印花砖、图案砖等品种,各种釉面砖色泽鲜艳,美观耐用,热稳定性好,吸水率小于 18%,表面光滑,易于清洗,多用于浴室、厨房和厕所的台度,以及实验室桌面等处。

3. 地砖

地砖又名缸砖,由难熔黏土烧成,一般做成 100 mm × 100 mm × 10 mm 和 150 mm × 150 mm × 10 mm 等正方形,也可做成矩形、六角形等,色棕红或黄,质坚耐磨,抗折强度高(15 MPa 以上),有防潮作用,适于铺筑室外平台、阳台、平屋顶等的地坪,以及公共建筑的地面。

4. 陶瓷锦砖

陶瓷锦砖又名马赛克,它是用优质瓷土烧成的,一般做成 18.5 mm × 18.5 mm × 5 mm、39 mm × 39 mm × 5 mm 的小方块,或边长为 25 mm 的六角形等。这种制品出厂前已按各种图案反贴在牛皮纸上,每张大小约 30 cm 见方,称做一联,其面积约 0.093 m²,每 40 联为一箱,每箱约 3.7 m²。施工时将每联纸面向上,贴在半凝固的水泥砂浆面上,用长木板压面,使之粘贴平实,待砂浆硬化后洗去皮纸,即显出美丽的图案。

陶瓷锦砖色泽多样,质地坚实,经久耐用,能耐酸、耐碱、耐火、耐磨,抗压力强,吸水率小,不渗水,易清洗,可用于工业与民用建筑的洁净车间、门厅、走廊、餐厅、厕所、浴室、工作间、化验室等处的地面和内墙面,并可作高级建筑物的外墙饰面材料。

[工程实例分析 10-2]

釉 面 砖 开 裂

现象 某楼房外墙部分镶贴的釉面砖在使用 3 年后大多已裂,如图 10-9 所示,分析其爆裂的原因。

图 10-9 釉面砖开裂

原因分析 釉面砖为多孔的精陶质坯体,因坯体与釉的膨胀系数不同,使得它们在干湿环境下变形不一致,内部产生应力,且此釉面砖坯体烧结温度偏低,吸水率较高,故湿胀干缩较大,从而造成釉层开裂。

[工程实例分析 10-3]

厨房釉面内墙砖裂纹

现象 某家居厨房内墙镶贴釉面内墙砖,使用三年后,在炉灶附近和面内墙砖表面出现了一些裂缝。

原因分析　炉灶附近的温差变化较大，釉面内墙砖的釉膨胀系数大于坯体的膨胀系数，在煮饭时，温度升高，随后冷却。在热胀冷缩的过程中釉的变形大于坯，从而产生了应力。当应力过大，釉面就产生裂纹，为此此部位宜选用质量较好的和面内墙砖。

【创新与拓展】

吸声混凝土

噪声是现代社会一大公害。多孔、透水性的混凝土路面可降低车辆行驶所产生的噪声。吸声混凝土具有连续多孔结构，入射声波通过连通孔被吸收到混凝土内部，小部分由于混凝土内部摩擦作用转换为热能，大部分透过多孔混凝土层到达多孔混凝土背后的空气层和密实混凝土板表面再被反射，此反射声波从反方向再次通过多孔混凝土向外发散，与入射声波具一定的相位差，因干涉作用部分互相抵消而降低噪声。

请思考还有哪些技术可降低混凝土路面的噪声？

能力训练题

一、填空题

1. 绝热材料除应具有_____的导热系数外，还应具有较小的_____或_____。

2. 优良的绝热材料是具有较高_____的，并以_____为主的吸湿性和吸水率较小的有机或无机非金属材料。

3. 绝热材料的基本结构特征是_____和_____。

4. 材料的吸声系数越大其吸声性越好；吸声系数与声音的_____和_____有关。

5. 吸声材料分为_____吸声材料和_____吸声材料，其中_____是最重要、用量最大的吸声材料。

6. 安全玻璃主要有_____和_____等。

二、选择题

1. 建筑材料的防火性能包括_____。

① 燃烧性能　② 耐火性能　③ 燃烧时的毒性　④ 发烟性　⑤ 临界屈服温度

A. ①②④⑤　　　B. ①②③④　　　C. ②③④⑤　　　D. ①②③④⑤

2. 建筑结构中，主要起吸声作用且吸声系数不小于_____的材料称为吸声材料。

A. 0.1　　　B. 0.2　　　C. 0.3　　　D. 0.4

3. 绝热材料的导热系数应_____W/(m·K)。

A. >0.23　　　B. ≯0.23　　　C. >0.023　　　D. ≯0.023

4. 无机绝热材料包括_____。

A. 岩棉及其制品　　　　　　　B. 膨胀珍珠岩及其制品

C. 泡沫塑料及其制品　　　　　D. 蜂窝板

5. 建筑上对吸声材料的主要要求除应具有较高的吸声系数外，还应具有一定的_____。

A. 强度   B. 耐水性   C. 防火性

D. 耐腐蚀性   E. 耐冻性

6. 多孔吸声材料的主要特征有_____。

A. 轻质   B. 细小的开口孔隙   C. 大量的闭口孔隙

D. 连通的孔隙   E. 不连通的封闭孔隙

7. 吸声系数采用声音从各个方向入射的吸收平均值，并指出是哪个频率下的吸收值。通常使用的频率有_____。

A. 四个   B. 五个   C. 六个   D. 八个

三、是非判断题

1. 釉面砖常用于室外装饰。

2. 大理石宜用于室外装饰。

3. 三元乙丙橡胶不适合用于严寒地区的防水工程。

四、问答题

1. 某绝热材料受潮后，其绝热性能明显下降。请分析原因。

2. 广东某高档高层建筑需建玻璃幕墙，有吸热玻璃及热反射玻璃两种材料可选用。请选用并简述理由。

3. 吸声材料和绝热材料在构造特征上有何异同？泡沫玻璃是一种强度较高的多孔结构材料，但不能用作吸声材料，为什么？

项目十一　建筑材料试验

实验一　水泥技术指标测试

教学要求：

掌握： 水泥细度的几种测定方法；负压筛、水筛等实验设备的使用；水泥标准稠度用水量的两种测定方法，并能较准确地测定；水泥胶砂强度试样的制作方法；掌握水泥抗折强度测定仪、压力机等设备的操作和使用方法。

了解： 水泥凝结时间的概念及国标对凝结时间的规定，并能较准确地测出水泥的凝结时间；造成水泥安定性不良的因素有哪些，掌握如何进行检测；标准养护的概念，水泥石强度发展的规律及影响水泥石强度的因素等知识。

本节实验采用的标准及规范：GB/T 1345—2005《水泥细度检验方法》；GB/T 1346—2011《水泥标准稠度用水量、凝结时间、安定性检验方法》；GB/T 17671—1999《水泥胶砂强度检验方法(ISO 法)》；GB 175—2007/XG1-2009《通用硅酸盐水泥》。

水泥技术指标检验的基准方法按照水泥检验方法(ISO 法)标准，也可采用 ISO 法允许的代用标准。当代用后结果有异议时以基准方法为准。

本节检验方法适用于硅酸盐水泥、普通硅酸盐水泥。

1. 水泥检验的一般规定

1) 取样方法

以同一水泥厂、同一强度等级、同一品种、同期到达的水泥不超过 400 t 为一个取样单位(不足 400 t 者也可以作为一个取样单位)。取样应有代表性，可连续取，也可从 20 个以上不同部位分别抽取约 1 kg 水泥，总数至少 12 kg；水泥试样应充分拌匀，通过 0.9 mm 方孔筛并记录筛余物情况，当实验水泥从取样至实验要保持 24 h 以上时，应把它储存在基本装满和气密的容器里，这个容器应不与水泥起反应。实验用水应是洁净的淡水，仲裁实验或其他重要实验用蒸馏水，其他实验可用饮用水。仪器、用具和实模的温度与实验室一致。

2) 养护条件

(1) 实验室温度应为(20±2)℃，相对湿度应大于 50%；

(2) 养护箱温度为(20±1)℃，相对湿度应大于 90%。

3) 对实验材料的要求

(1) 水泥试样应充分拌匀;

(2) 实验用水必须是洁净的淡水;

(3) 水泥试样、标准砂、拌合用水等温度应与实验室温度相同。

2. 水泥细度实验

1) 实验目的

检验水泥颗粒的粗细程度。由于水泥的许多性质(凝结时间、收缩性、强度等)都与水泥的细度有关,因此必须检验水泥的细度,以它作为评定水泥质量的依据之一。

2) 主要仪器设备

实验筛:实验筛由圆形筛框和筛网组成(筛网孔边长为 80 μm),其结构尺寸见图 11-1、图 11-2;负压筛析仪(装置示意图见图 11-3);水筛架和喷头:水筛架上筛座内径为 140 mm。喷头直径 55 mm,面上均匀分布 90 个孔,孔径 0.5 mm~0.7 mm(水筛架和喷头见图 11-4);天平(最大称量为 200 g,感量 0.05 g);搪瓷盘、毛刷等。

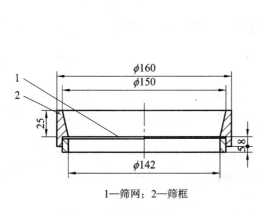

1—筛网;2—筛框

图 11-1　负压筛(单位:mm)

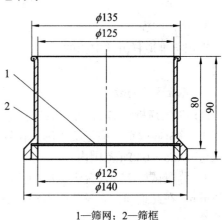

1—筛网;2—筛框

图 11-2　水筛(单位:mm)

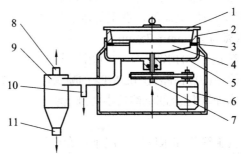

1—有机玻璃盖;2—0.080 mm方孔筛;3—橡胶垫圈;4—喷气嘴;5—壳体;
6—微电机;7—压缩空气进口;8—抽气口(接负压泵);9—旋风收尘器;
10—风门(调节负压);11—细水泥出口

图 11-3　负压筛析仪示意图

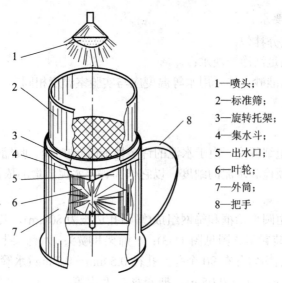

1—喷头；
2—标准筛；
3—旋转托架；
4—集水斗；
5—出水口；
6—叶轮；
7—外筒；
8—把手

图 11-4　水筛法装置系统图

3) 试样准备

将用标准取样方法取出的水泥试样，取出约 200 g 通过 0.9 mm 方孔筛，盛在搪瓷盘中待用。

4) 实验方法与步骤

(1) 负压筛析法(GB1345—1991)。负压筛析法测定水泥细度，采用图 11-3 所示装置。

① 筛析实验前，应把负压筛放在筛座上，盖上筛盖，接通电源，检查控制系统，调节负压至 4 kPa～6 kPa 范围内。

② 称取试样 25 g，置于洁净的负压筛中，盖上筛盖，放在筛座上，开动筛析仪连续筛析 2 min；在此期间如有试样附着在筛盖上，可轻轻地敲击，使试样落下。筛毕，用天平称量筛余物。

③ 当工作负压小于 4 kPa 时，应清理吸尘器内水泥，使负压恢复正常。

(2) 水筛法。水筛法测定水泥细度，采用图 11-4 所示装置。

① 筛析实验前，检查水中应无泥沙，调整好水压及水压架的位置，使其能正常运转喷头，底面和筛网之间的距离为 35 mm～75 mm。

② 称取试样 50 g，置于洁净的水筛中，立即用洁净淡水冲洗至大部分细粉通过后，再将筛子置于水筛架上，用水压为 0.05 MPa±0.02 MPa 的喷头连续冲洗 3 min。筛毕，用少量水把筛余物冲至蒸发皿中，等水泥颗粒全部沉淀后小心倒出清水，烘干并用天平称量筛余物，称准至 0.1 g。

(3) 干筛法。在没有负压筛仪和水筛的情况下，允许用手工干筛法测定。

① 称取水泥试样 50 g 倒入符合 GB 3350.7 要求的干筛内。

② 用一只手执筛往复摇动，另一只手轻轻拍打，拍打速度每分钟约 120 次，每 40 次向同一方向转动 60°，使试样均匀分布在筛网上，直至每分钟通过的试样量不超过 0.05 g 为止。用天平称量筛余物，称准至 0.1 g。

5) 结果计算及数据处理

水泥试样筛余百分数用下式计算：

$$F = \frac{R_s}{m_c} \times 100\% \tag{11-1}$$

式中：F 为水泥试样的筛余百分数(%)；R_s 为水泥筛余的质量(g)；m_c 为水泥试样的质量(g)。

负压筛法、水筛法或干筛法均以一次检验测定值作为鉴定结果。在采用水筛法和干筛法时，如果两者结果发生争议，则以水筛法为准。

按实验方法将检测数据及实验计算结果(精确至 0.1%)填入实验报告 2-1、2-2、2-3 中(见附表)。

3. 水泥标准稠度用水量测试

1) 实验目的

水泥的凝结时间和安定性都与用水量有关，为了消除实验条件的差异而有利于比较，水泥净浆必须有一个标准的稠度。本实验的目的就是测定水泥净浆达到标准稠度时的用水量，以便为进行凝结时间和安定性实验做好准备。

2) 主要仪器设备

测定水泥标准稠度和凝结时间的维卡仪(见图 11-5)；试模，采用圆模(见图 11-6)；水泥净浆搅拌机(见图 11-7)；搪瓷盘；小插刀；量水器(精度±0.5 ml)；天平；玻璃板(150 mm × 150 mm × 5 mm)等。

3) 主要仪器设备简介

(1) 标准法维卡仪。

如图 11-5 所示，标准稠度测定用试杆有效长度为(50 ± 1)mm，由直径为 10 mm ± 0.05 mm 的圆柱形耐腐蚀金属制成。测定凝结时间时取下试杆，用试针(见图 11-5(d)、(e))代替试杆。试针由钢制成，其有效长度初凝针为(50 ± 1) mm，终凝针为(30 ± 1) mm，直径为(1.13 ± 0.05) mm 的圆柱体。滑动部分的总质量为(300 ± 1) g。与试杆、试针联结的滑动杆表面应光滑，能靠重力自由下落，不得有紧涩和摇动现象。

(2) 盛装水泥净浆的试模(见图 11-6)应由耐腐蚀的、有足够硬度的金属制成。试模深为(40 ± 0.2) mm、顶内径为(65 ± 0.5) mm、底内径为(75 ± 0.5) mm 的截顶圆锥体。每个试模应配备一个边长或直径约 100 mm、厚度 4 mm～5 mm 的平板玻璃底板或金属底板。

(3) 水泥净浆搅拌机。NJ—160B 型符合 JC/T729—2005 的要求，如图 11-7 所示。

NJ—160B 型水泥净浆搅拌机主要结构由底座 17、立柱 16、减速箱 19、滑板 15、搅拌叶片 14、搅拌锅 13、双速电电动机 1 组成。

主要技术参数：

① 搅拌叶宽度　111 mm；

② 搅拌叶转速　低速挡：140 r/min ± 5 r/min(自转)，62 r/min ± 5 r/min(公转)；

　　　　　　　高速挡：285 r/min ± 10 r/min(自转)，125 r/min ± 10 r/min(公转)，净重 45 kg。

水泥浆搅拌机的工作原理是双速电动机轴由连接法兰 2 与减速箱内蜗杆轴 6 连接，经蜗轮轴副减速使蜗轮轴 5 带动行星定位套同步旋转。固定在行星定位套上偏心位置的叶片轴 10 带动叶片 14 公转，固定在叶片轴上端的行星齿轮 9 围绕固定的内齿圈 8 完成自转运动，由双速电机经时间继电器控制自动完成一次慢转→停→快转的规定工作程序。

　　水泥搅拌机的安装不需特制基础及地脚螺钉，只需将设备放置在平整的水泥平台上，并垫一层厚 5 mm～8 mm 的橡胶板。

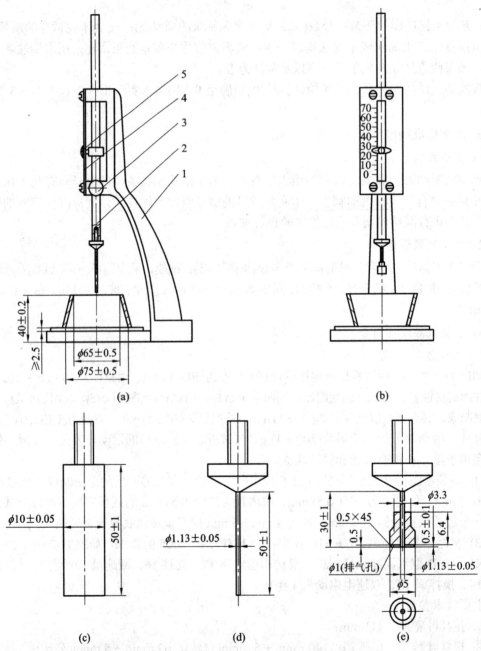

图 11-5　测定水泥标准稠度和凝结时间用的维卡仪(单位：mm)

(a) 初凝时间测定用立式试模的侧视图；(b) 终凝时间测定用反转试模的前视图

(c) 标准稠度试杆；(d) 初凝用试针；(e) 终凝用试针

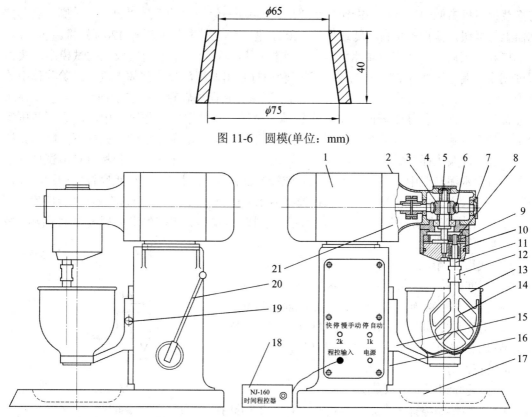

图 11-6 圆模(单位：mm)

1—双速电机；2—联接法兰；3—蜗轮；4—轴承盖；5—蜗杆轴；6—蜗轮轴；7—轴承盖；8—行星齿轮；
9—内齿圈；10—行星定位套；11—叶片轴；12—调节螺母；13—搅拌锅；14—搅拌叶片；15—滑板；
16—立柱；17—底座；18—时间控制器；19—定位螺钉；20—升降手柄；21—减速器

图 11-7 水泥浆搅拌机示意图

将电源线插入，红灯亮表示接通电源，将钮扣开关拨到程控位置，即自动完成一次慢转 120 s→停 15 s→快转 120 s 的程序，若置钮扣开关于手动位置，则手动三位开关分别完成上述动作，左右搬动升降手柄 20 即可使滑板 15 带动搅拌锅 13 沿立柱 16 的燕尾导轨上下移动，向上移动用于搅拌，向下移动用于取下搅拌锅。搅拌锅与滑板用偏心槽旋转锁紧。

机器出厂前已将搅拌叶片与搅拌锅之间的工作间隙调整到(2 ± 1) mm。时间继电器也已调整到工作程序要求。

4) 试样的准备

准备已称取好的 500 g 水泥、洁净自来水(有争议时应以蒸馏水为准)。

5) 实验方法与步骤

(1) 标准法测定。

① 实验前必须检查维卡仪器金属棒应能自由滑动；当试杆降至接触玻璃板时，将指针应对准标尺零点；搅拌机应运转正常等。

② 水泥净浆的拌和。用水泥净浆搅拌机搅拌，搅拌锅和搅拌叶片先用湿布擦过，将拌和水倒入搅拌锅内，在 5 s～10 s 内将称好的 500 g 水泥全部加入水中，防止水和水泥溅出；拌和时，先将锅放在搅拌机的锅座上，升至搅拌位置，旋紧定位螺钉，连接好时间控制器，

将净浆搅拌机右侧的快→停→慢钮拨到"停";手动→停→自动拨到"自动"一侧,启动控制器上的按钮,搅拌机将自动低速搅拌 120 s,停 15 s,接着高速搅拌 120 s 停机。

拌和结束后,立即取适量水泥净浆一次性将其装入已置于玻璃底板上的试模中,浆体超过试模上端,用宽约 25 mm 的直边刀轻轻拍打超出试模部分的浆体 5 次以排除浆体中的孔隙,然后在试模上表面约 1/3 处,略倾斜于试模分别向外轻轻锯掉多余净浆,再从试模边沿轻抹顶部一次,使净浆表面光滑。在锯掉多余净浆和抹平的操作过程中,注意不要压实净浆;抹平后速将试模和底板移到维卡仪上,并将其中心定在标准稠度试杆下,降低试杆直至与水泥净浆表面接触,拧紧松紧螺丝旋钮 1 s～2 s 后,突然放松,使标准稠度试杆垂直自由地沉入水泥净浆中。在试杆停止沉入或释放试杆 30 s 时记录试杆距底板之间的距离,升起试杆后,立即擦净;整个操作应在搅拌后 1.5 min 内完成,以试杆沉入净浆并距底板 (6±1)mm 的水泥净浆为标准稠度净浆。此时的拌和水量为该水泥的标准稠度用水量(P),按水泥质量的百分比计。

(2) 代用法测定。

① 标准稠度用水量可用调整水量和不变水量两种方法中的任一种来测定。如有争议,则以前者为准。

② 实验前必须检查维卡仪器金属棒应能自由滑动;当试锥接触锥模顶面时,将指针应对准标尺零点;搅拌机应运转正常等。

③ 此处介绍不变用水量法。

ⅰ) 先用湿布擦抹水泥浆拌合用具。将 142.5 ml 拌和用水倒入搅拌锅内,然后在 5 s～10 s 内小心将称好的 500 g 水泥试样倒入搅拌锅内。

ⅱ) 将装有试样的锅放到搅拌机锅座上的搅拌位置,开动机器,慢速搅拌 120 s,停拌 15 s,接着快速搅拌 120 s 后停机。

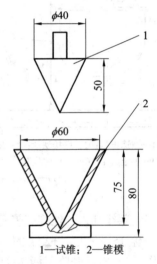

1—试锥;2—锥模

图 11-8　试锥和锥模(单位: mm)

ⅲ) 拌和结束后,立即将拌制好的水泥净浆装入锥模中(见图 11-8),用宽约 25 mm 的直边刀在浆体表面轻轻插捣 5 次,再轻振 5 次,刮去多余的净浆,抹平后,迅速放到测定仪试锥下面的固定位置上。将试锥降至净浆表面,拧紧螺丝 1 s～2 s,然后突然放松螺丝,让试锥沉入净浆中,到停止下沉或释放试锥 30 s 时记录下沉深度,整个操作应在 1.5 min 内完成。

ⅳ) 记录试锥下沉深度 S(mm)。以锥下沉深度 S(mm)=(30±1)mm 为标准稠度净浆。若试锥下沉深度 S(mm)不在此范围内,则根据测得的下深 S(mm),按以下经验式计算标准稠度用水量 P(%):

$$P = 33.4 - 0.185S \tag{11-2}$$

这个经验公式是由调整水量法的结果总结出来的,当试锥下沉深度小于 13 mm 时,应采用调整水量法测定。

6) 结果计算与数据处理

(1) 用标准法测定时,以试杆沉入净浆并距底板(6±1) mm 的水泥净浆为标准稠度净浆。其拌和水量为该水泥的标准稠度用水量,按水泥质量的百分比计,即

$$P = \frac{拌和用水量}{水泥质量} \times 100\% \tag{11-3}$$

如超出范围，须另称试样，调整水量，重做实验，直至达到杆沉入净浆并距底板 6 mm ± 1 mm 时为止。

(2) 按所用的实验方法，将实验过程记录和计算结果填入实验报告册中。

4. 水泥净浆凝结时间检验

1) 实验目的

测定水泥加水后至开始凝结(初凝)以及凝结终了(终凝)所用的时间,用以评定水泥性质。

2) 主要仪器设备

测定仪(与测定标准稠度用水量时所用的测定仪相同，只是将试杆换成试针，如图 11-5(d)、(e)所示)、试模(见图 11-6)、湿气养护箱(养护箱应能将温度控制在(20 ± 1)℃，湿度大于90%的范围)、玻璃板(150 mm × 150 mm × 5 mm)。

3) 试样的制备

以标准稠度用水量制成标准稠度净浆，将水泥全部加入水中的时刻(t_1)记录在实验报告的表 2-7 中(见附录)。将标准稠度净浆一次装满试模，振动数次刮平，立即放入湿气养护箱中。水泥全部加入水中的时间为凝结时刻的起始时间。

4) 实验方法与步骤

(1) 将圆模内侧稍许涂上一层机油，放在玻璃板上，调整凝结时间测定仪的试针，当试针接触玻璃板时，指针应对准标尺零点。

(2) 初凝时间的测定：试样在湿气养护箱中养护至加水后 30 min 时进行第一次测定。测定时，从湿气养护箱中取出试模放到试针下，降低试针与水泥净浆表面接触。拧紧定位螺钉(见图 11-5(a))1 s～2 s 后，突然放松(最初测定时应轻轻扶持金属棒，使徐徐下降，以防试针撞弯，但结果以自由下落为准)，试针垂直自由地沉入水泥净浆。观察试针停止下沉或释放试针 30 s 时指针的读数，临近初凝时，每隔 5 min 测定一次。当试针沉至距底板 4 mm ± 1 mm 时，为水泥达到初凝状态，到达初凝时应立即重复测一次，两次结论相同时才能定为到达初凝状态。将此时刻(t_2)记录在实验报告附表 2-7 中。

(3) 终凝时间的测定：为了准确观测试针沉入的状况，在终凝针上安装了一个环形附件(见图 11-5(e))。在完成初凝时间测定后，立即将试模连同浆体以平移的方式从玻璃板取下，翻转180°，直径大端向上，小端向下放在玻璃板上(见图 11-5(b))，再放入湿气养护箱中继续养护，临近终凝时间时每隔 15 min 测定一次，当试针沉入实体 0.5 mm 时，即环形附件开始不能在试体上留下痕迹时，为水泥达到终凝状态，到达初凝时应立即重复测一次，当两次结论相同时才能确定到达初凝状态，到达终凝时，需要在试体另外两个不同点测试，结论相同时才能确定到达终凝状态。将此时刻(t_3)记录在实验报告册中。

(4) 注意事项：每次测定不能让试针落入原针孔，每次测试完毕须将试针擦拭干净并将试模放回湿气养护箱内，在整个测试过程中试针贯入的位置至少要距圆模内壁 10 mm，且整个测试过程要防止试模受振。

5) 结果计算与数据处理

(1) 计算时刻 t_1 至时刻 t_2 时所用的时间，即初凝时间 $t_初 = t_2 - t_1$(用 min 表示)。

(2) 计算时刻 t_1 至时刻 t_3 时所用的时间，即终凝时间 $t_{终} = t_3 - t_1$(用 min 表示)。

(3) 将计算结果填入实验报告的表 2-7 中(见附表)。

5. 水泥安定性检验

1) 实验目的

当用含有游离 CaO、MgO 或 SO_3 较多的水泥拌制混凝土时，会使混凝土出现龟裂、翘曲、甚至崩溃，从而造成建筑物的漏水，加速腐蚀等危害。所以必须检验水泥加水拌和后在硬化过程中体积变化是否均匀，是否因体积变化而引起膨胀、裂缝或翘曲。

水泥安定性用雷氏夹法(标准法)或试饼法(代用法)检验，有争议时以雷氏夹法为准。雷氏夹法是观测由两个试针的相对位移所指示的水泥标准稠度净浆体积膨胀的程度，即水泥净浆在雷氏夹中煮沸后的膨胀值。试饼法是观察水泥净浆试饼沸煮后的外形变化来检验水泥的体积安定性。

2) 主要仪器设备

(1) 雷氏沸腾箱。雷氏沸腾箱的内层由不易锈蚀的金属材料制成。箱内能保证实验用水在 30 min ± 5 min 由室温升到沸腾，并可始终保持沸腾状态 3 h 以上。整个实验过程无需增添实验水量。箱体有效容积为 410 mm × 240 mm × 310 mm，一次可放雷氏夹试样 36 件或试饼 30～40 个。箅板与电热管的距离大于 50 mm。箱壁采用保温层以保证箱内各部位温度一致。

(2) 雷氏夹。雷氏夹由铜质材料制成，其结构如图 11-9 所示。当一根指针的根部悬挂在一根金属丝或尼龙丝上，另一根指针的根部再挂上 300 g 质量的砝码时，两根指针的针尖距离增加应在 17.5 mm ± 2.5 mm 范围(图 11-10 的 $2x$)以内，当去掉砝码后针尖的距离能恢复到挂砝码前的状态。

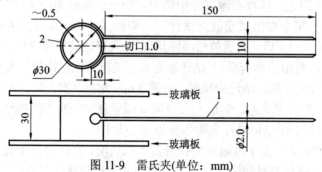

图 11-9　雷氏夹(单位：mm)

(3) 雷氏夹膨胀测定仪。如图 11-10 所示，雷氏夹膨胀测定仪标尺最小刻度为 0.5 mm。

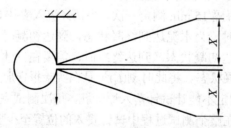

图 11-10　雷氏夹受力示意图

(4) 玻璃板。每个雷氏夹需配两个边长或直径约 80 mm、厚度 4 mm～5 mm 的玻璃板。若采用实饼法(代用法)时，一个样品需准备两块约 100 mm × 100 mm × 4 mm 的玻璃板。

(5) 水泥浆搅拌机如图 11-7 所示。

3) 试样的制备

(1) 雷氏夹试样(标准法)的制备。雷氏夹膨胀测定仪的各部分组成名称如图 11-11 所示。操作时，首先将雷氏夹放在已准备好的玻璃板上，并立即将已拌和好的标准稠度净浆装满试模。装模时一手扶持试模，另一只手用宽约 25 mm 的直边刀在浆体表面轻轻插捣 3 次，盖上玻璃板，立刻将试模移至湿气养护箱内，养护(24±2) h。

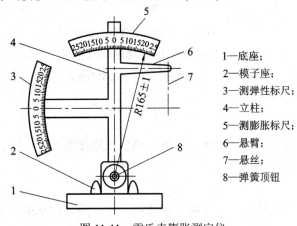

1—底座；
2—模子座；
3—测弹性标尺；
4—立柱；
5—测膨胀标尺；
6—悬臂；
7—悬丝；
8—弹簧顶钮

图 11-11　雷氏夹膨胀测定仪

(2) 试饼法试样(代用法)的制备。

① 从拌好的净浆中取约 150 g，并将其分成两份，放在预先准备好的涂抹少许机油的玻璃板上，呈球形，然后轻轻振动玻璃板，水泥净浆即扩展成试饼。

② 用湿布擦过的小刀，由试饼边缘向中心修抹，并随修抹随将试饼略作转动，中间切忌添加净浆，做成直径为 70 mm～80 mm、中心厚约 10 mm 边缘渐薄、表面光滑的试饼。接着将试饼放入湿气养护箱内。自成型时起，养护(24±2)h。

4) 实验方法与步骤

(1) 用雷氏夹法(标准法)时，先测量试样指针尖端间的距离，精确到 0.5 mm，然后将试样放入水中箅板上。注意指针朝上，试样之间互不交叉，在(30±5)min 内加热实验用水至沸腾，并恒沸 3 h ± 5 min。在沸腾过程中，应保证水面高出试样 30 mm 以上。煮毕将水放出，打开箱盖，待箱内温度冷却到室温时，取出试样进行判别。

(2) 用试饼法(代用法)时，先调整好沸煮箱内的水位，使能保证在整个沸煮过程中都超过试件，不需中途添补实验用水，同时又能保证在(30±5) min 内升至沸腾。脱去玻璃板取下试饼，在试饼无缺陷的情况下将试饼放在沸煮箱中的箅板上，在(30±5)min 内加热升至沸腾并沸腾(180±5)min。

5) 实验结果处理

(1) 雷氏夹法。煮后测量指针端的距离，记录至小数点后一位。当两个试样煮后增加距离的平均值不大于 5.0 mm 时，即认为该水泥安定性合格。当两个试样的增加距离值相差超过 5 mm 时，应用同一样品立即重做一次实验。在实验报告的表 2-8 中(见附录)记录实验数据并评定结果。

(2) 试饼法。煮后经肉眼观察未发现裂纹，用直尺检查没有弯曲，称为体积安定性合格。

反之，为不合格(见图 11-12)。当两个试饼判别结果有矛盾时，该水泥的体积安定性也为不合格。

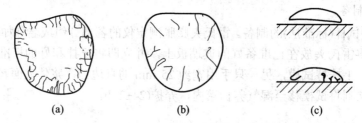

图 11-12 安定性不合格的试饼

(a) 崩溃；(b) 放射性龟裂；(c) 弯曲

安定性不合格的水泥禁止使用。在实验报告的表 2-8 中(见附录)记录实验情况并评定结果。

6. 水泥胶砂强度检验

1) 实验目的

检验水泥各龄期强度，以确定强度等级；或已知强度等级，检验强度是否满足原强度等级规定中各龄期强度数值。

2) 主要仪器设备

所使用的主要仪器设备有：水泥胶砂搅拌机、水泥胶砂试体成型振实台、水泥胶砂试模、抗折实验机、抗压夹具、金属直尺、抗压实验机、抗压夹具、量水器等。主要仪器设备简介如下。

(1) 水泥胶砂搅拌机。

水泥胶砂搅拌机应符合(ISO 法)GB/T17671—1999 要求(如图 11-13 所示)。工作时，搅拌叶片既绕自身轴线转动，又沿搅拌锅周边公转，运动轨道似行星式的水泥胶砂搅拌机。

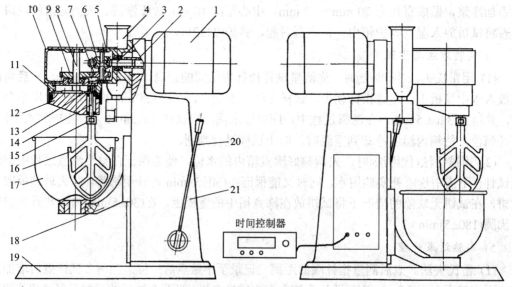

1—电机；2—联轴套；3—蜗杆；4—砂罐；5—传动箱盖；6—蜗轮；7—齿轮Ⅰ；8—主轴；9—齿轮Ⅱ；
10—传动箱；11—内齿轮；12—偏心座；13—行星齿轮；14—搅拌叶轴；15—调节螺母；16—搅拌叶；
17—搅拌锅；18—支座；19—底座；20—手柄；21—立柱

图 11-13 胶砂搅拌机结构示意图

主要技术参数如下：

搅拌叶宽度　　135 mm；

搅拌锅容量　　5 L；

搅拌叶转速　　低速挡：140 r/min ± 5 r/min(自转)，62 r/min ± 5 r/min(公转)；

　　　　　　　高速挡：285 r/min ± 10 r/min(自转)；125 r/min ± 10 r/min(公转)；

净重　　　　　70 kg。

(2) 水泥胶砂试体成型振实台，应符合(ISO 法)GB/T17671—1999 的要求(如图 11-14 所示)，其主要技术参数如下：

振动部分总重量(不含制品)　　20 kg；

振实台振幅　　　　　　　　　　15 mm；

振动频率　　　　　　　　　　　60 次/60 s；

台盘中心至臂杆轴中心距离　　　800 mm；

净重　　　　　　　　　　　　　50 kg。

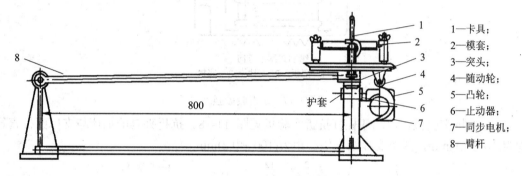

1—卡具；
2—模套；
3—突头；
4—随动轮；
5—凸轮；
6—止动器；
7—同步电机；
8—臂杆

图 11-14　胶砂振动台

振实台应安装在高度约 400 mm 的混凝土基座上。混凝土体积约为 0.25 m³，重约 600 kg。需防外部振动影响振实效果时，可在整个混凝土基座下放一层厚约 5 mm 天然橡胶弹性衬垫。

当无振实台时，可用全波振幅(0.75 ± 0.02)mm，频率为 2800 次/min～3000 次/min 的振动台代用，其结构和配套漏斗如图 11-15 与图 11-16 所示。

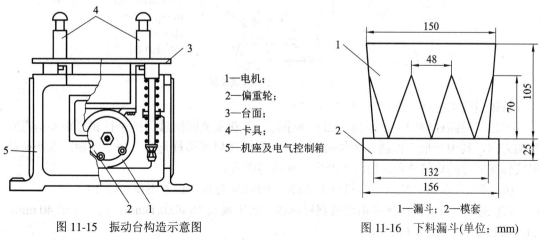

1—电机；
2—偏重轮；
3—台面；
4—卡具；
5—机座及电气控制箱

图 11-15　振动台构造示意图

1—漏斗；2—模套

图 11-16　下料漏斗(单位：mm)

(3) 胶砂振动台(见图 11-14)。台面面积为 360 mm×360 mm，台面装有卡住试模的卡具，振动台中的制动器能使电动机在停车后 5 s 内停止转动。

(4) 试模。试模为可装卸的三联模，由隔板、挡板、底板组成(见图 11-17)，组装后内壁各接触面应互相垂直。试模可同时成型三条为 40 mm×40 mm×160 mm 的棱形实体，其材质和制造应符合 JC/T 726 要求。

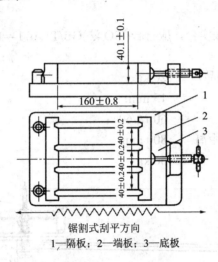

锯割式刮平方向
1—隔板；2—端板；3—底板

图 11-17　水泥胶砂强度

(5) 抗折实验机。电动双杠杆抗折实验机见图 11-18。抗折夹具的加荷与支撑圆柱直径均为(10±0.1)mm，两个支撑圆柱中心距为(100±0.2)mm。

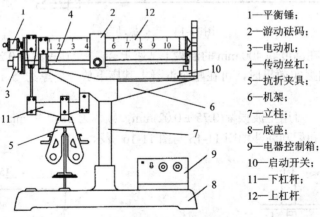

1—平衡锤；
2—游动砝码；
3—电动机；
4—传动丝杠；
5—抗折夹具；
6—机架；
7—立柱；
8—底座；
9—电器控制箱；
10—启动开关；
11—下杠杆；
12—上杠杆

图 11-18　电动抗折试验机

抗折强度实验机应符合 JC/T724 的要求。

通过三根圆柱轴的三个竖向平面应该平行，并在实验时继续保持平行和等距离垂直实体的方向，其中一根支撑圆柱和加荷圆柱能轻微地倾斜使圆柱与实体完全接触，以便荷载沿实体宽度方向均匀分布，同时不产生任何扭转应力。

(6) 抗压实验机。抗压实验机以 100 kN～300 kN 为宜，误差不得超过 2%。

(7) 抗压夹具。抗压夹具由硬质钢材制成，加压板长为(40±0.1)mm，宽不小于 40 mm，加压面必须磨平(见图 11-19)。

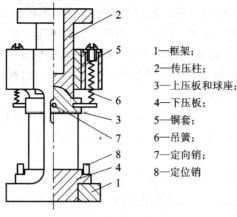

1—框架；
2—传压柱；
3—上压板和球座；
4—下压板；
5—铜套；
6—吊簧；
7—定向销；
8—定位销

图 11-19　抗压夹具

3) 水泥胶砂试样用砂

ISO 基准砂是由含量不低于 98%的天然的圆形硅质砂组成的，其颗粒分布见表 11-1。

砂的筛析实验应用有代表性的样品来进行，每个筛子的筛析实验应进行至每分钟通过量小于 0.5 g 为止。砂的湿含量是在 105℃～110℃下用代表性砂样烘 2 h 的质量损失来测定，以干基的质量百分数表示，应小于 0.2%。颗粒分布和湿含量的测定每天应至少进行一次。

表 11-1　ISO 基准砂颗粒分布

方孔边长 /mm	累计筛余 /(%)	方孔边长 /mm	累计筛余 /(%)	方孔边长 /mm	累计筛余 /(%)
2.0	0	1.0	33±5	0.16	87±5
1.6	7±5	0.5	67±5	0.08	99±1

水泥胶砂强度用砂应使用中国 ISO 标准砂。ISO 标准砂由 1 mm～2 mm 粗砂，0.5 mm～1.0 mm 中砂，0.08 mm～0.5mm 细砂组成，各级砂质量为 450 g(即各占 1/3)，通常以(1350±5)g 混合小包装供应。灰砂比为 1∶3，水灰比为 0.5。

4) 试样成型步骤及养护

(1) 将试模(见图 11-17)擦净，四周模板与底板接触面上应涂黄油，紧密装配，防止漏浆。内壁均匀刷一薄层机油。

(2) 每成型三条试样材料用量为水泥(450±2)g，ISO 标准砂(1350±5)g，水(225±1)g，适用于硅酸盐水泥、普通硅酸盐水泥、矿渣硅酸盐水泥、粉煤灰硅酸盐水泥、复合硅酸盐水泥、火山灰质灰硅酸盐水泥。

(3) 用搅拌机搅拌砂浆的拌合程序为：先使搅拌机处于等待工作状态，然后按以下程序进行操作。先把水加入锅内，再加水泥，把锅安放在搅拌机固定架上，上升至上固定位置。然后立即开动机器，低速搅拌 30 s 后，在第二个 30 s 开始的同时，均匀地将砂子加入。把机器转至高速再拌 30 s。停拌 90 s，在第一个 15 s 内用一胶皮刮具将叶片和锅壁上的胶砂刮入锅中间。在高速下继续搅拌 60 s。各个搅拌阶段，时间误差应在 1 s 以内。停机后，将粘在叶片上的胶砂刮下，取下搅拌锅。

(4) 在搅拌砂的同时，将试模和模套固定在振实台上。待胶砂搅拌完成后，取下搅拌锅，用一个适当的勺子直接从搅拌锅里将胶砂分两层装入试模，装第一层时，每个槽里约放 300 g

胶砂，用大播料器垂直架在模套顶部，沿每个模槽来回一次将料层播平，接着振实 60 次。再装第二层胶砂，用小播料器播平，再振实 60 次。移开模套，从振实台上取下试模，用一金属直尺以近似 90° 的角度架在试模模顶的一端，沿试模长度方向以横向锯割动作慢慢向另一端移动，一次将超过试模部分的胶砂刮去，并用同一直尺在近乎水平的情况下将试体表面抹平。

(5) 在试模上做标记或加字条标明试样编号和试样相对于振实台的位置。

(6) 试样成型实验室的温度应保持在(20℃±2℃)，相对湿度不低于 50%。

(7) 试样养护。

① 将做好标记的试模放入雾室或湿箱的水平架子上养护，湿空气(温度保持在(20±1)℃，相对湿度不低于 90%)应能与试模各边接触。一直养护到规定的脱模时间(对于 24 h 龄期的，应在破型实验前 20 min 内脱模；对于 24 h 以上龄期的应在成型后 20 h～24 h 之间脱模)时取出脱模。脱模前用防水墨汁或颜色笔对试体进行编号和其他标记，两个龄期以上的实体，在编号时应将同一试模中的三条实体分在两个以上龄期内。

② 将做好标记的试样立即水平或竖直放在(20±1)℃水中养护，水平放置时刮平面应朝上。养护期间试样之间间隔或试体上表面的水深不得小于 5 mm。

5) 强度检验

试样从养护箱或水中取出后，在强度实验前应用湿布覆盖。

(1) 抗折强度的测定。

① 抗折强度的检验步骤如下：

ⅰ) 强度试验试件的龄期是从水泥搅拌开始试验时算起，不同龄期试验在下列时间内进行(见表 11-2)。

表 11-2　不同龄期的试样强度实验必须在下列时间内进行

24 h	48 h	3d	7d	28d
±15 min	±30 min	±45 min	±2 h	±8 h

ⅱ) 采用杠杆式抗折实验机时(如图 11-18 所示)，在试样放入之前，应先将游动砝码移至零刻度线，调整平衡砣使杠杆处于平衡状态。试样放入后，调整夹具，使杠杆有一仰角，从而在试样折断时尽可能地接近平衡位置。然后，启动电机，丝杆转动带动游动砝码给试样加荷；试样折断后从杠杆上可直接读出破坏荷载和抗折强度。

ⅲ) 抗折强度测定时的加荷速度为(50 ± 10)N/s。

ⅳ) 抗折强度按下式计算，精确到 0.1 MPa。

(2) 抗折强度的实验结果如下：

ⅰ) 抗折强度值。可在仪器的标尺上直接读出强度值，也可在标尺上读出破坏荷载值，按下式计算(精确至 0.1 N/mm^2)：

$$f_V = \frac{3F_p L}{2bh^2} = 0.00234F_P \tag{11-4}$$

式中：f_V 为抗折强度(MPa)，计算精确至 0.1 MPa；F_P 为折断时放加于棱柱体中部的荷载(N)；L 为支撑圆柱中心距，即 100 mm；b，h 为试样正方形截面宽，均为 40 mm。

ⅱ) 抗折强度测定结果取三块试样的平均值并取整数，当三个强度值中有超过平均值的±10%时，应予剔除后再取平均值作为抗折强度实验结果。

(2) 抗压强度的测定。

① 抗压强度的检验步骤如下：

ⅰ) 抗折实验后的两个断块应立即进行抗压实验。抗压实验须用抗压夹具进行。试样受压面为 40 mm × 40 mm。实验前应清除试样的受压面与加压板间的砂粒或杂物，检验时以试样的侧面作为受压面，试样的底面靠紧夹具定位销，并使夹具对准压力机压板中心。

ⅱ) 抗压强度实验在整个加荷过程中以 2400 N/s ± 200 N/s 的速率均匀地加荷直至破坏。

② 抗压强度的检验结果如下：

ⅰ) 抗压强度按下式计算(计算精确至 0.1 MPa)：

$$f_c = \frac{F_p}{A} = 0.000\ 625F_p \tag{11-5}$$

式中：f_c 为抗压强度(MPa)；F_p 为破坏荷载(N)；A 为受压面积，即 40 mm × 40 mm = 1600 mm^2。

ⅱ) 抗压强度以一组三个棱柱体上得到的六个抗压强度测定值的算术平均值为实验结果。如果六个测定值中有一个超出六个平均值的±10%，应剔除这个结果，剩下五个的平均数为结果。如果五个测定值中再有超过它们平均数±10%的，则此组结果作废。

ⅲ) 将实验过程记录和计算结果填入实验报告(见附录)。

实验二　混凝土用骨料技术指标检验

要求：学会骨料的取样技术；能正确作出砂的筛分曲线，计算砂的细度模数，评定砂的颗粒级配和粗细程度；掌握测定砂子含水率的方法；能作出粗骨料的颗粒级配曲线，判断其级配情况；能较完全地找出骨料中的针、片状颗粒，并判定是否满足混凝土用骨料的质量要求。

本节实验采用的标准及规范：GB/T 14684—2010《建设用砂》；GB/T 14685—2011《建设用卵石、碎石》。

1. 骨料的取样方法

1) 砂子的取样方法

混凝土用细骨料一般以砂为代表，其测试样品的取样工作应分批进行，每批取样体积不宜超过 400 m^3。取样前应先将取样部位的表层除去，于较深处铲取试样。取样时应自料堆均匀分布的八个不同部位各取大致相等的一份，组成一组试样。从皮带运输机上取样时，应用接料器在皮带运输机机尾的出料处，定时抽取大致等量的 4 份为一组样品。从火车、汽车、货船上取样时，从不同部位和深度抽取大致等量的 8 份为一组样品。细骨料进行各项实验的每组试样应不小于表 11-3 的规定。

将取回实验室的试样倒在平整洁净的拌板上，在自然状态下拌和均匀，用四分法即将拌匀后的试样摊成厚度约为 2 cm 的圆饼，于饼中心画十字线，将其分成大致相等的 4 份，除去对角的两份，将其余两份照上述四分法缩分，如此持续进行，直到缩分后的试样质量略多于该项实验所需的数量为止。

表 11-3　每一单项实验所需骨料的最少取样数量

实验项目	细骨料质量*m*/g	粗骨料/kg							
		不同最大粒径 (mm)下的最少取样量							
		9.5	16.0	19.0	26.5	31.5	37.5	63.0	75.0
筛分析	4400	9.5	16.0	19.0	25	31.5	37.5	63.0	80
表观密度	2600	8.0	8.0	8.0	8.0	12.0	16.0	24.0	24.0
堆积密度	5000	40.0	40.0	40.0	40.0	80.0	80.0	120.0	120.0
含水率	1000	2.0	2.0	2.0	2.0	3.0	3.0	4.0	4.0

2) 石子的取样方法

混凝土用粗骨料(碎石或卵石)的取样一般都为分批进行，每个取样批次的总数量不宜超过 400 m³。在料堆上取样时，取样部位应均匀分布，取样前先将取样部位表层铲除，然后由不同部位抽取大致等量的石子 15 份(在料堆的顶部、中部和底部均匀分布的 15 个不同部位取得)组成一组样品。从皮带运输机上取样时，同与砂取样相同，但应抽取大致等量的石子 8 份组成一组样品。从火车、汽车、货船上取样时，同与砂取样相同，但应抽取大致等量的石子 16 份组成一组样品。

单项实验的最少取样数量应符合表 11-3 的规定。做几项实验时，如确能保证试样经一项实验后不致影响另一项实验的结果，可用同一试样进行几项不同的实验。

实验取样品时，在自然状态下拌和均匀，并堆成堆体，用前述的四分法缩取各项测试所需数量的试样为止。堆积密度检验所用试样可不经缩分，在拌匀后直接进行实验。

2. 砂子的颗粒级配及细度模数检验

1) 实验目的

测定混凝土用砂的颗粒级配，计算细度模数，评定砂的粗细程度。为混凝土配合比设计提供依据。

2) 主要仪器设备

(1) 方孔筛：孔边长为 0.15 mm、0.30 mm、0.60 mm、1.18 mm、2.36 mm、4.75 mm 及 9.50 mm 的方孔筛各一只，并附有筛底和筛盖；

(2) 天平：称量 1000 g，感量 1 g；

(3) 鼓风烘箱：能使温度控制在(105±5)℃；

(4) 摇筛机(见图 11-20)、浅盘、毛刷等。

3) 试样准备

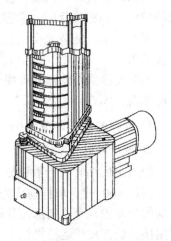

图 11-20　摇筛机

先将试样筛除掉大于 9.50 mm 的颗粒并记录其含量百分率。如试样中的尘屑、淤泥和黏土的含量超过 5%，应先用水洗净，然后于自然润湿状态下充分搅拌均匀，用四分法缩取每份不少于 550 g 的试样两份，将两份试样分别置于温度为(105±5)℃的烘箱中烘干至恒重。冷却至室温后待用。

4) 实验方法与步骤

(1) 称取试样 500 g，精确至 1 g。将套筛按孔眼尺寸为 9.50 mm、4.75 mm、2.36 mm、

1.18 mm、0.60 mm、0.30 mm、0.15 mm 的筛子顺序叠置。孔径最大的放在上层，加底盘后将试样倒入最上层筛内。加盖后将套筛置于摇筛机上。(如无摇筛机，可采用手筛)。

(2) 设置摇筛机上的定时器旋钮于 10 min，开启摇筛机进行筛分。完成后取下套筛，按筛孔大小顺序再逐个用手筛，筛至每分钟通过量小至试样总量 0.1% 为止。通过的试样放入下一号筛中，并和下一号筛中的试样一起过筛，按顺序进行，直至各号筛全部筛完为止。

(3) 称出各号筛的筛余量，精确至 1 g。分计筛余量和底盘中剩余试样的质量总和与筛分前的试样总量相比，其差值不得超过 1%。

(4) 将各号筛上的筛余量记录在实验报告的相应栏目中(见附录)。

5) 结果计算与数据处理

(1) 计算分计筛余百分率：各号筛的筛余量与试样总量之比，计算精确至 0.1%。

(2) 计算累计筛余百分率：该号筛的筛余百分率加上该号筛以上各筛余百分率之和，精确至 0.1%。筛分后，如每号筛的筛余量与筛底的剩余量之和同原试样质量之差超过 1% 时，须重新实验。

(3) 按下式计算砂的细度模数(精确至 0.01)：

$$M_x = \frac{(A_{2.36} + A_{1.18} + A_{0.60} + A_{0.30} + A_{0.15}) - 5A_{4.75}}{(100 - A_{4.75})} \tag{11-6}$$

式中，M_x 为砂子的细度模数，$A_{4.75}$，…，$A_{0.15}$ 分别为 4.75 mm、2.36 mm、1.18 mm、0.60 mm、0.30 mm、0.15 mm 各筛上的累计筛余百分率。

(4) 累计筛余百分率取两次实验结果的算术平均值，精确至 1%。记录在实验报告相应表格中。细度模数取两次实验结果的算术平均值，精确至 0.1；如两次实验的细度模数之差超过 0.2，须重新实验。

(5) 将计算结果录在实验报告的表 2-1 中(见附录)。根据细度模数大小判断试样粗细程度，选择在实验报告图附 2-1、附 2-2 或附 2-3 中选择相应(粗砂、中砂、细砂)级配范围，将各筛的累计筛余百分率(点)绘制在该图内，并评定该砂样的颗粒级配分布情况的好坏，用文字叙述在实验报告中。

3. 砂子的含水率检验

1) 实验目的

测定砂子的含水率，供调整混凝土施工配合比用。

2) 主要仪器设备

(1) 天平：最大称量 2 kg，分度值不大于 1 g。

(2) 鼓风烘箱(能使温度控制在(105±5)℃)、浅盘等。

3) 试样准备

按砂取样方法，将新鲜的砂试样(湿砂)缩分为约 1000 g，大致分为两份，分别放入已知质量的干燥浅盘 m_1 中备用。

4) 实验方法与步骤

(1) 称出每盘砂样与浅盘的总质量 m_2。

(2) 将装有砂样的浅盘放入 105℃±5℃ 的烘箱中烘至恒量后取出，称出烘干后的砂样与浅盘的总质量 m_3。

5) 结果计算与数据处理

(1) 砂的含水率按下式计算(精确至 0.1%)：

$$W_S = \frac{m_2 - m_3}{m_3 - m_1} \times 100 \tag{11-7}$$

式中，W_s 为砂的含水率(%)，m_1 为干燥浅盘的质量(g)，m_2 为未烘干的砂样与干燥浅盘的总质量(g)，m_3 为烘干后的砂样与干燥浅盘的总质量(g)。

(2) 以两次检验结果的算术平均值作为测定值；将实验数据及计算结果记录在实验报告附表 3-2 相应栏目中。

4. 石子的堆积密度与空隙率检验

1) 实验目的

测定石子的堆积密度，为计算石子的空隙率和混凝土配合比设计提供数据。

2) 试样准备

按规定取样，烘干或风干后，拌匀并把试样分为大致相等的两份备用。

3) 主要仪器设备

(1) 台秤：称量 10 kg，感量 10 g；

(2) 磅秤：称量 50 kg，感量 50 g；

(3) 容量筒：金属制，规格见表 11-4；

(4) 垫棒：直径 16 mm、长 600 mm 的圆钢；

(5) 直尺、平头小铁锨等。

表 11-4 容量筒的规格要求

最大粒径/mm	容量筒容积/L	容量筒规格/mm		
		内径	净高	壁厚
9.5，16.0，19.0，26.5	10	208	294	2
31.5，37.5	20	294	294	3
53.0，63.0，75.0	30	360	294	4

4) 实验方法与步骤

(1) 按所测试样的最大粒径选取容量筒，称出容量筒质量 m_1(精确至 10 g)。

(2) 测松散堆积密度时，取试样一份，用小铁锨将试样从容量筒口中心上方 50 mm 处徐徐倒入，让试样以自由落体落下，当容量筒上部试样呈堆体且容量筒四周溢满时，即停止加料。除去凸出容量筒口表面的颗粒，并以合适的颗粒填入凹陷部分，使表面稍凸起部分和凹陷部分的体积大致相等(实验过程应防止触动容量筒)，称出试样和容量筒总质量 m_2(精确至 50 g)。

(3) 测紧密堆积密度时，称出容量筒质量。取试样一份分三次装入容量筒。装完第一次后，在筒底垫放一根直径为 16 mm 的圆钢，将筒按住，左右交替颠击地面各 25 次。再装入第二层，并以同样方法颠实(但筒底所垫圆钢的方向与第一层时垂直)，然后装入第三层，如法颠实。试样装填完毕，再加试样直至超过筒口，用钢尺沿筒口边缘刮去高出的试样，并用适合的颗粒填平凹处，使表面凹凸部分的体积大致相等，称山试样和容量筒总质量 m_2' (精确至 10 g)。

5) 结果计算与数据处理

(1) 石子松散堆积或紧密堆积密度按下式计算：

$$\rho_{0gS}' = \frac{m_2 - m_1}{V_0} \times 1000$$

$$\rho_{0gJ}' = \frac{m_2' - m_1}{V_0} \times 1000$$

(11-8)

式中，ρ_{0gS}' 为石子的散堆堆积密度(ks/m^3)，ρ_{0gJ}' 为石子的紧密堆积密度(ks/m^3)，m_1 为容量筒质量(kg)，m_2 为自然堆置时容量筒与试样的总质量(kg)，m_2' 为紧密堆置时容量筒与试样的总质量(kg)，V_0 为容量筒容积(L)。

(2) 石子的空隙可按下式计算：

$$P_g = \left(1 - \frac{\rho_{0gS}'}{\rho_g}\right) \times 100\%$$

(11-9)

式中，P_g 为石子的空隙率(%)，ρ_g 为石子表观密度(由实验 1.3 求得)(kg/m^3)，ρ_{0gS}' 为石子的松散堆积密度或紧密堆积密度(kg/m^3)。

(3) 松散堆积密度或紧密堆积密度以两次检验结果的算术平均值作为测定值，精确至 10 kg/m^3。空隙率取两次实验结果的算术平均值，精确至 1%。

(4) 将实验数据及计算结果记录在实验报告的相应表中。

5. 碎石或卵石的颗粒级配实验

1) 实验目的

测定石子的分计、累计筛余百分率及评定颗粒级配。

2) 主要仪器设备

(1) 方孔石子筛。筛框内径为 300 mm，筛孔尺寸分别为 90.0 mm、75.0 mm、63.0 mm、53.0 mm、37.5 mm、31.5 mm、26.5 mm、19.0 mm、16.0 mm、9.50 mm、4.75 mm、2.36 mm 的筛及筛底和筛盖。

(2) 摇筛机。

(3) 天平及台秤。称量范围随试样质量而定，感量为试样质量的 0.1%左右。

(4) 鼓风烘箱(能使温度控制在(105 ± 5)℃)、浅盘、毛刷等。

3) 试样准备

从取自料堆的试样中用四分法缩取出不少于表 11-5 所规定数量的试样，经烘干后备用。

表 11-5　颗粒级配所需的最少取样数量

最大粒径/mm	9.5	16.0	19.0	26.5	31.5	37.5	63.0	75.0
最少试样质量/kg	1.9	3.2	3.8	5.0	6.3	7.5	12.6	16.0

4) 实验方法与步骤

(1) 按试样的最大粒径,称取表 11-5 所规定数量的石子质量(精确到 1 g)。

(2) 按测试材料的粒径选用所需的一套筛,按孔径从大到小组合(附筛底)并将套筛置于摇筛机上,摇 10 min;取下套筛,按孔径大小顺序再逐个用手筛,筛至每分钟通过量小至试样总量 0.1%为止。通过的试样并入下一号筛中,并和下一号筛中的试样一起过筛,按顺序进行,直至各号筛全部筛完为止。(没有摇筛机可用手筛)。

(3) 称量各筛号的筛余量(精确至 1 g)。分计筛余量和底盘中剩余试样的质量总和与筛分前的试样总量相比,其差值不得超过 1%。

5) 结果计算与数据处理

(1) 计算各筛上的分计筛余百分率,即各号筛的筛余量与总质量之比(精确至 0.1%)。

(2) 计算各筛上的累计筛余百分率,即该号筛的筛余百分率加上该号筛以上各分计筛余百分率之和(精确至 1%)。

(3) 根据各筛的累计筛余百分率,对照国家规范规定的级配范围,评定试样的颗粒级配是否合格。评定该试样的颗粒级配分布情况的好坏,用文字叙述在实验报告中。

6. 石子的含水率检验

1) 实验目的

测定石子的含水率,供调整混凝土施工配合比用。

2) 主要仪器设备

(1) 台秤:最大称量 5 kg,分度值不大于 5 g。

(2) 鼓风烘箱(能使温度控制在 105℃±5℃)、浅盘、毛刷等。

3) 试样准备

按砂取样方法,将石子试样(湿)缩分为约 2000 g,大致分为两份,分别放入已知质量的干燥浅盘 m_1 中备用。

4) 实验方法与步骤

(1) 称出石子与浅盘的总质量 m_2,并放入 105℃±5℃的烘箱中烘至恒量。

(2) 取出试样,冷却后称出试样与浅盘的总质量 m_3。

5) 结果计算与数据处理

(1) 石子含水率按下式计算(精确至 0.1%):

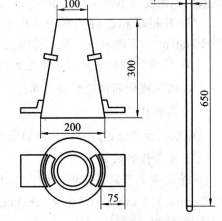

图 11-21　坍落度筒及捣棒(单位: mm)

$$W_g = \frac{m_2 - m_3}{m_3 - m_1} \times 100\%$$

(11-10)

式中，W_g 为石子含水率(%)，m_1 为干燥浅盘的质量(g)，m_2 为未烘干的石子与干燥浅盘的总质量(g)，m_3 为烘干后的石子与干燥浅盘的总质量(g)。

(2) 以两次检验结果的算术平均值作为测定值，将实验数据及计算结果记录在实验报告相应表格中。

实验三　混凝土拌合物实验

要求：了解影响混凝土工作性的主要因素，并根据给定的配合比进行各组成材料的称量和实拌，测定其流动性，评定黏聚性和保水性。若工作性不能满足给定的要求，则能分析原因，提出改善措施。

本节实验采用的标准及规范：JGJ/T 55—2011《普通混凝土配合比设计规程》；GB 50164—2011《混凝土质量控制标准》；GB/T 50080—2002《普通混凝土拌和物性能实验方法标准》。

1. 用坍落度法检验混凝土拌和物的和易性

坍落度法适用于粗骨料最大粒径不大于 40 mm、坍落度值不小于 10 mm 的混凝土拌和物和易性测定。

1) 实验目的

测定塑性混凝土拌和物的和易性，以评定混凝土拌和物的质量，供调整混凝土实验室配合比用。

2) 主要仪器设备

(1) 混凝土搅拌机。

(2) 坍落度筒(见图 11-21)，筒内必须光滑，无凹凸部位。底面和顶面应互相平行并与锥体的轴线垂直。在坍落筒外 2/3 高度处安装两个把手，下端应焊脚踏板。筒的内部尺寸为：底部直径为 200 mm ± 2 mm；顶部直径为 100 mm ± 2 mm；高度为 300 mm ± 2 mm；筒壁厚度不小于 1.5 mm。

(3) 铁制捣棒(见图 11-21)，直径 16 mm、长 650 mm，一端为弹头形。

(4) 钢尺和直尺(500 mm，最小刻度 1 mm)。

(5) 40 mm 方孔筛、小方铲、抹刀、平头铁锹、2000 mm × 1000 mm × 3 mm 铁板(拌和板)等。

3) 试样准备

(1) 根据本教材第 5 章中的有关指示，对实验室现有水泥、砂、石的情况确定配合比。

(2) 按拌和 15 L 混凝土算试配拌和物的各材料用量，并将所得结果记录在实验报告中。

(3) 按上述计算称量各组成材料，同时另外还需备好两份为坍落度调整用的水泥、水、砂、石子。其数量可各为原来用量的 5%与 10%，备用的水泥与水的比例应符合原定的水灰比及砂率。实验室拌制的混凝土制作试件时，其材料用量以质量计，称量的精度分别为：水泥、水和外加剂均为 ±0.5%；骨料为 ±1%。拌和用的骨料应提前送入室内，拌和时实验室的温度应保持在 20℃±5℃。

(4) 拌和混凝土，分人工拌和和机械拌和两种。

人工拌和：将拌板和拌铲用湿布润湿后，将称好的砂子、水泥倒在铁板上，用平头铁锨翻至颜色均匀，再放入称好的石子与之拌和至少翻拌三次，然后堆成锥形，将中间扒一凹坑，将称量好的拌和用水的一半倒入凹坑中，小心拌和，勿使水溢出或流出，拌合均匀后再将剩余的水边翻拌边加入至加完为止。每翻拌一次，应用铁锨将全部混凝土铲切一次，至少翻拌六次。拌和时间从加水完毕时算起，在 10 min 内完成。

机械拌和：拌和前应将搅拌机冲洗干净，并预拌少量同种混凝土拌和物或与拌和混凝土水灰比相同的砂浆，使搅拌机内壁挂浆。开动搅拌机，向搅拌机内依次加入石子、砂和水泥，干拌均匀，再将水徐徐加入，全部加料时间不超过 2 min，水全部加入后，继续拌和 2 min。将拌好的拌和物自搅拌机中卸出，倾倒在拌板上，再经人工拌和 1 min～2 min，即可做坍落度测试或试件成型。从开始加水时算起，全部操作必须在 10 min 内完成。

4) 实验方法与步骤

(1) 用湿布擦拭湿润坍落度筒及其他用具，把坍落度筒放在铁板上，用双脚踏紧踏板，使坍落度筒在装料时保持位置固定。

(2) 用小方铲将混凝土拌和物分三层均匀地装入筒内，使每层捣实后高度约为筒高的 1/3 左右。每层用捣棒沿螺旋方向在截面上由外向中心均匀插捣 25 次。插捣深度要求为，底层应穿透该层，上层则应插到下层表面以下约 10 mm～20 mm，浇灌顶层时，应将混凝土拌和物灌至高出筒口。顶层插捣完毕后，刮去多余的混凝土拌和物并用抹刀抹平。

(3) 清除坍落度筒外周围及底板上的混凝土，将坍落度筒垂直平稳地徐徐提起，轻放于试样旁边。坍落度筒的提离过程应在 5 s～10 s 内完成，从开始装料到提起坍落度筒的整个过程应不断地进行，并应在 150 s 内完成。

(4) 坍落度的调整。当测得拌和物的坍落度达不到要求时，可保持水灰比不变，增加 5% 或 10% 的水泥和水；当坍落度过大时，可保持砂率不变，酌情增加砂和石子的用量；若黏聚性或保水性不好，则需适当调整砂率，适当增加砂用量。每次调整后尽快拌和均匀，重新进行坍落度测定。

5) 结果计算与数据处理

(1) 立即用直尺和钢尺测量出混凝土拌和物试体最高点与坍落度筒的高度之差(见图 11-22)，即为坍落度值，以 mm 为单位(精确至 5 mm)。

(2) 坍落度筒提离后，如试体发生崩坍或一边剪坏现象，则应重新取样进行测定。如第二次仍出现这种现象，则表示该拌和物和易性不好，应予记录备查。

(3) 测定坍落度后，观察拌和物的黏聚性和保水性，并记入记录。

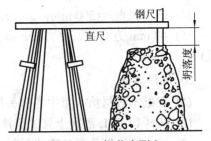

图 11-22　坍落度测定

黏聚性的检测方法：用捣棒在已坍落的拌和物锥体侧面轻轻击打，如果锥体逐渐下沉，表示拌和物黏聚性良好；如果锥体倒坍，部分崩裂或出现离析，即为黏聚性不好。

保水性的检测方法：在插捣坍落度筒内混凝土时及提起坍落度筒后如有较多的稀浆从锥体底部析出，锥体部分的拌和物也因失浆而骨料外露，则表明拌和物保水性不好；如无这种现象，则表明保水性良好。

(4) 混凝土拌和物和易性的评定：应按实验测定值和实验目测情况综合评议。其中，坍落度至少要测定两次，取两次的算术平均值作为最终的测定结果。两次坍落度测定值之差应不大于 20 mm。

(5) 将上述实验过程及主观评定用书面报告形式记录在实验报告中。

2. 用维勃稠度法检验混凝土拌和物的和易性

维勃稠度法适用于骨料最大粒径不大于 40 mm，维勃稠度在 5 s～30 s 之间的混凝土拌和物和易性测定。测定时需配制拌和物约 15 L。

1) 实验目的

测定干硬性混凝土拌和物的和易性，以评定混凝土拌和物的质量。

2) 主要仪器设备

维勃稠度仪(见图 11-23)，秒表，其他用具与坍落度测实时基本相同。

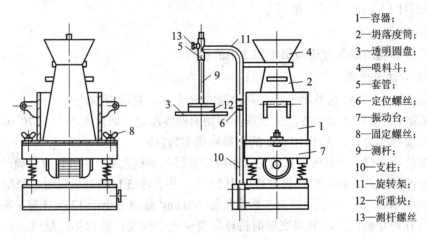

1—容器；
2—坍落度筒；
3—透明圆盘；
4—喂料斗；
5—套管；
6—定位螺丝；
7—振动台；
8—固定螺丝；
9—测杆；
10—支柱；
11—旋转架；
12—荷重块；
13—测杆螺丝

图 11-23　维勃稠度仪

3) 试样准备

与坍落度测试时相同。

4) 实验方法与步骤

(1) 将维勃稠度仪放置在坚实水平的地面上，用湿布把容器、坍落度筒、喂料斗内壁及其他用具润湿。将喂料斗提到坍落度筒上方扣紧，校正容器位置，使其中心与喂料斗中心重合，然后拧紧固定螺丝。

(2) 把拌好的拌和物用小铲分三层经喂料斗均匀地装入坍落度筒内，装料及插捣的方法与坍落度测试时相同。

(3) 把喂料斗转离，垂直地提起坍落度筒，此时应注意不使混凝土试体产生横向的扭动。

(4) 把透明圆盘转到混凝土圆台体顶面，放松测杆螺丝，降下圆盘，使其轻轻地接触到混凝土顶面，拧紧定位螺丝并检查测杆螺丝是否已完全放松。

(5) 在开启振动台的同时用秒表计时，当振动到透明圆盘的底部被水泥布满的瞬间停止计时，并关闭振动台电机开关。由秒表读出的时间(s)即为该混凝土拌和物的维勃稠度值。

5) 结果计算与数据处理

将上述实验过程及主观评定用书面报告形式记录在实验报告中。

3. 混凝土拌和物表观密度的测实

1) 实验目的

测定混凝土拌和物捣实后的单位体积质量，供调整混凝土实验室配合比用。

2) 主要仪器设备

(1) 容量筒。容量筒是由金属制成的圆筒，两旁装有把手。对骨料最大粒径不大于 40 mm 的拌和物采用容积为 5 L 的容量筒，其内径与筒高均为 186 mm ± 2 mm，筒壁厚为 3 mm；当骨料最大粒径大于 40 mm 时，容量筒的内径与筒高均应大于骨料最大粒径的 4 倍。容量筒上缘及内壁应光滑平整，顶面与底面应平行并与圆柱体的轴垂直。

(2) 台秤(称量 50 kg，感量 50 g)。

(3) 振动台(频率应为(50±3)Hz，空载时的振幅应为(0.5±0.1)mm)。

(4) 捣棒(同上述)、直尺、刮刀等。

3) 试样准备

混凝土拌和物的制备方法与第 1 和 2 中的相同。

4) 实验方法与步骤

(1) 用湿布把容积筒内外擦干净并称出筒的质量 m_1，精确至 50 g。

(2) 混凝土的装料及捣实方法应根据拌和物的稠度而定。坍落度不大于 70 mm 的混凝土，用振动台振实为宜，大于 70 mm 的用捣棒捣实为宜。

采用捣棒捣实时，应根据容量筒的大小决定分层与插捣次数。用 5 L 容量筒时，混凝土拌和物应分两层装入，每层的插捣次数应为 25 次。用大于 5 L 的容量筒时，每层混凝土的高度不应大于 100 mm，每层的插捣次数应按每 100 cm^2 截面不小于 12 次计算。各次插捣应均匀地分布在每层截面上，插捣底层时捣棒应贯穿整个深度，插捣第二层时，捣棒应插透本层至下一层的表面。每一层捣完后用橡皮锤轻轻沿容器外壁敲打 5~10 次，进行振实，直至拌合物表面插捣孔消失并看不见大气泡为止。

采用振动台振实时，应一次将混凝土拌和物灌到高出容量筒口。装料时可用捣棒稍加插捣，振动过程中如混凝土沉落到低于筒口，则应随时添加混凝土，振动直至表面出浆为止。

(3) 用刮刀将筒口多余的混凝土拌和物刮去，表面如有凹陷应予填平。将容积筒外部擦净，称出混凝土与容积筒的总质量 m_2，精确至 50 g。

5) 结果计算与数据处理

混凝土拌和物实测表观密度按下式计算，记录在表 4-4(精确至 10 kg/m^3)：

$$\rho_{c,t} = \frac{m_2 - m_1}{V_0} \times 1000 \tag{11-11}$$

式中，$\rho_{c,t}$ 为混凝土拌和物实测表观密度(kg/m^3)，m_1 为容积筒的质量(kg)，m_2 为容积筒与试样的总质量(kg)，V_0 为容积筒的容积(L)。

实验结果的计算精确到 10 kg/m^3。

容量筒容积应经常予以校正，校正方法可采用一块能覆盖住容量筒顶面的玻璃板，先称出玻璃板和空桶的质量，然后向容量筒中灌入清水，灌到接近上口时，一边不断加水，一边把玻璃板沿筒口徐徐推入盖严。注意，应使玻璃板下不带入任何气泡，然后擦净玻璃板面及筒壁外的水分，将容量筒连同玻璃板放在台秤上称量，两次称量之差(以 kg 计)为所盛水的体积，即为容量筒的容积(L)。

实验四　混凝土强度实验

要求：了解影响混凝土强度的主要因素、混凝土强度等级的概念及评定方法。利用上述混凝土工作性能评定实验后的混凝土拌合物，进行混凝土抗压和抗折强度试件的制作、标准养护，并能正确地进行抗压、抗拉(采用劈裂法)和抗折强度测定。也可将各组的实验数据集中起来，进行统计分析，计算平均强度和标准差，并以此推算混凝土的强度等级。

本节实验采用的标准及规范：GB 50164—2011《混凝土质量控制标准》；GBJ 107—2010《混凝土强度检验评定标准》；GB/T 50081—2002《普通混凝土力学性能试验方法标准》；GB 50204—2010《混凝土结构工程施工质量验收规范》。

1. 混凝土强度检验

1) 实验目的

为检验混凝土立方体的抗压强度、抗劈裂强度，提供立方体试件。

2) 主要仪器设备

(1) 试模。试模由铸铁或钢制成，应具有足够的刚度，并且拆装方便。另有整体式的塑料试模，试模内尺寸为 150 mm × 150 mm × 150 mm。

(2) 振动台：频率为(3000±200)次/min，振幅为 0.35 mm。

(3) 捣棒、磅秤、小方铲、平头铁锹、抹刀等。

(4) 养护室：标准养护室温度应控制在 20℃±2℃，相对湿度大于 95%。在没有标准养护室时，实件可在水温为 20℃±2℃的不流动的 $Ca(OH)_2$ 饱和溶液中养护，但须在报告中注明。

3) 试件准备

取样及试件制作的一般规定：混凝土立方体抗压强度实验应以三个实件为一组，每组试件所用的拌和物根据不同要求应从同一盘搅拌或同一车运送的混凝土中取出，或在实验室用机械或人工单独拌制。用以检验现浇混凝土工程或预制构件质量的试件分组及取样原则应按现行《混凝土结构工程施工质量验收规范》(GB 50204—2010)以及其他有关规定执行。具体要求如下：

(1) 每拌制 100 盘且不超过 100 m^3 的同一配合比的混凝土取样不得少于一组。

(2) 每工作班拌制的同一配合比的混凝土不足 100 盘时，取样不得少于一次。

(3) 当一次连续浇筑超过 1000 m^3 时，同一配合比的混凝土每 200 m^3 取样不得少于一次。

(4) 每一楼层、同一配合比的混凝土取样不得少于一次。

(5) 每次取样至少应留置一组标准养护试件，同条件养护试件的留置组数应根据实际需要确定。

本实验用实验四经过和易性调整的混凝土拌合物作为试件的材料，或按实验四方法拌合混凝土。每一组试件所用的混凝土拌合物应从同一批拌合而成的拌合物中取用。

4) 实验方法与步骤

(1) 拧紧试模的各个螺丝，擦净试模内壁并涂上一层矿物油或脱模剂。

(2) 用小方铲将混凝土拌合物逐层装入试模内。试件制作时，当混凝土拌合物坍落度大于 70 mm 时，宜采用人工捣实，混凝土拌和物分两层装入模内，每层装料厚度大致相等，用捣棒螺旋式从边缘向中心均匀进行插捣。插捣底层时，捣棒应达到试模底面；插捣上层时，捣棒要插入下层 20 mm～30 mm；插捣时捣棒应保持垂直，不得倾斜，并用抹刀沿试模四内壁插捣数次，以防试件产生蜂窝麻面。一般 100 cm² 上不少于 12 次。然后刮去多余的混凝土拌合物，将试模表面的混凝土用抹刀抹平。

当混凝土拌合物坍落度不大于 70 mm 时，宜采用机械振捣，此时装料可一次装满试模，并稍有富余，将试模固定在振动台上，开启振动台，振至试模表面的混凝土泛浆为止(一般振动时间为 30 s)；然后刮去多余的混凝土拌合物，将试模表面的混凝土用抹刀抹平。

(3) 标准养护的试件成型后，立即用不透水的薄膜覆盖表面，以防止水分蒸发，在 20℃±5℃ 的室内静置 24 h～48 h 后拆模并编号。拆模后的试件应立即送入温度为 20℃±2℃；湿度为 95% 以上的标准养护室养护，试件应放置在架子上，之间应保持 10 mm～20 mm 的距离，注意避免用水直接冲淋试件，确保实件的表面特征。无标准养护室时，混凝土试件可在温度为 20℃±2℃ 的不流动的 Ca(OH)₂ 饱和溶液中进行养护。

(4) 到达实验龄期时，从养护室取出试件并擦拭干净，检查外观，测量试件尺寸(精确至 1 mm)，当试件有严重缺陷时，应废弃。普通混凝土立方体抗压强度测实所采用的立方体试件是以同一龄期者为一组，每组至少有三个同时制作并共同养护的试件。

5) 结果计算与数据处理

将试件的成型日期、预拌强度等级、试件的水灰比、养护条件、龄期等因素记录在实验报告的表 5-1 中(见附录)。

2. 混凝土立方体抗压强度检验

1) 实验目的

测定混凝土立方体抗压强度，以检验材料的质量，确定、校核混凝土配合比，供调整混凝土实验室配合比用。此外还应用于检验硬化后混凝土的强度性能，为控制施工质量提供依据。

2) 主要仪器设备

压力实验机：实验机应定期(一年左右)校正，示值误差不应大于标准值的 ±2%，其量程应能使试件的预期破坏荷载值不小于全量程的 20%，也不大于全量程的 80%。与试件接触的压板尺寸应大于试件的承压面，其不平度要求每 100 mm 不超过 0.02 mm。

3) 试件准备

经 5.1 成型并标准养护至龄期的试件。

4) 实验方法与步骤

将试件放在实验机的下承压板正中，加压方向应与试件捣实方向垂直。调整球座，使试件受压面接近水平位置。加荷应连续而均匀。当混凝土强度等级小于 C30 时，其加荷速度为 0.3 MPa/s～0.5 MPa/s；当混凝土强度大于等于 C30 且小于 C60 时，则加荷速度为 0.5 MPa/s～0.8 MPa/s；当混凝土强度等级大于等于 C60 时，加荷速度为 0.8 MPa/s～1.0 MPa/s。当试件接近破坏而开始迅速变形时，停止调整实验机油门，直至试件破坏，然后记录破坏荷载 $P(N)$。

5) 结果计算与数据处理

(1) 混凝土立方体试件抗压强度按下式计算(精确至 0.1 MPa)，并记录在实验报告中，即

$$f_{cu} = \frac{F}{A} \tag{11-12}$$

式中，f_{cu} 为混凝土立方体试件抗压强度(MPa)，F 为破坏荷载(N)，A 为试件承压面积(mm^2)。

(2) 以三个试件测量值的算术平均值作为该组试件的抗压强度值(精确至 0.1 MPa)；如果三个测定值中的最大值或最小值有一个与中间值的差值超过中间值的 15% 时，则计算时舍弃最大值和最小值，取中间值作为该组试件的抗压强度值；如有最大值和最小值两个测定值与中间值的差均超过中间值的 15%，则该组试件的实验结果无效。

(3) 混凝土抗压强度是以 150 mm × 150 mm × 150 mm 立方体试件的抗压强度为标准值，用其他尺寸试件测得的强度值均应乘以尺寸换算系数，200 mm × 200 mm × 200 mm 试件的换算系数为 1.05；100 mm × 100 mm × 100 mm 试件的换算系数为 0.95。

(4) 将混凝土立方体强度测试的结果记录在实验报告册表 5-2 中，并按规定评定强度等级。

3. 混凝土立方体劈裂抗拉强度检验

1) 实验目的

混凝土立方体劈裂抗拉强度检验是在试件的两个相对表面中心的平行线上施加均匀分布的压力，使在荷载所作用的竖向平面内产生均匀分布的拉伸应力，达到混凝土极限抗拉强度时，试件将被劈裂破坏，从而可以间接地测定出混凝土的抗拉强度。

2) 主要仪器设备

(1) 压力实验机、试模。要求与第 2 小节中的相同。

(2) 垫条。胶合板制，起均匀传递压力用，只能使用一次，其尺寸为：宽 15 mm～20 mm，厚 4 mm±1 mm，长度应大于立方体实件的边长。

(3) 垫块。采用半径为 75 mm 的钢制弧形长度与试件相同的垫块，使荷载沿一条直线施加于实件表面。

(4) 支架。钢支架(见图 11-24 所示的混凝土劈裂抗拉实验装置)。

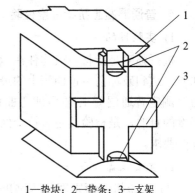

1—垫块；2—垫条；3—支架

图 11-24 支架示意

3) 试件准备

经 4.1 成型并养护至龄期的试件。

4) 实验方法与步骤

(1) 试件制作与养护与 5.2 相同。

(2) 测试前，应先将试件表面与上下承压板面、试件擦拭干净，之后测量尺寸(精确至 1 mm)，检查外观，并在实件中部用铅笔画线定出劈裂面的位置。劈裂承压面和劈裂面应与试件成型时的顶面垂直。计算出试件的劈裂面积 A。

(3) 将试件放在实验机下压板的中心位置，劈裂承压面和劈裂面应与试件成型时的顶面垂直；在上、下压板与试件之间垫以圆弧形垫块及垫条各一条，垫块与垫条应与试件上、下面的中心线对准并与成型时的顶面垂直。宜把垫条及试件安装在定位架上使用(如图 11-24 所示)。

(4) 开动实验机，当上压板与圆弧形垫块接近时，调整球座，使接触均衡。加荷应连续均匀，当混凝土强度等级小于 C30 时，加荷速度取 0.02 MPa/s～0.05 MPa/s；当混凝土强度等级大于等于 C30 且小于 C60 时，加荷速度取 0.05 MPa/s～0.08 MPa/s；当混凝土强度等级大于等于 C60 时，加荷速度取 0.08 MPa/s～0.10 MPa/s，至试件接近破坏时，应停止调整实验机油门，直至试件破坏，然后记录破坏荷载。

5) 结果计算与数据处理

(1) 混凝土立方体劈裂抗拉强度按下式计算(精确至 0.01 MPa)，并记录在实验报告中：

$$f_{ts} = \frac{2F}{\pi a^2} = 0.637\frac{F}{A} \tag{11-13}$$

式中，f_{ts} 为混凝土抗拉强度(MPa)，F 为破坏荷载(N)，a 为试件受力面边长(mm)，A 为试件受力面面积(mm^2)。

(2) 以三个试件的检验结果的算术平均值作为混凝土的劈裂抗拉强度，记录在实验报告册表 5-3 中(见附录)，其异常数据的取舍与混凝土抗压强度检验的规定相同。当采用非标准试件测得的劈裂抗拉强度值时，100 mm × 100 mm × 100 mm 试件应乘以换算系数 0.85，当混凝土强度等级大于等于 60 时，宜采用标准试件；使用非标准试件时，尺寸换算系数应由实验确定。

4. 普通混凝土抗折强度检验

1) 实验目的

抗折强度是指材料或构件在承受弯曲时，达到破坏前单位面积上的最大应力。测定普通混凝土抗折(即弯曲抗拉)强度的目的，是检验其是否符合结构设计的要求。

2) 主要仪器设备

(1) 实验机：要求同抗压强度检验设备。

(2) 带有能使两个相等荷载同时作用在试件跨度 3 分点处的抗折实验装置(见图 11-25)。

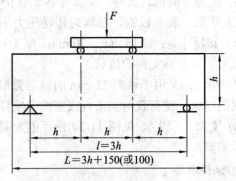

图 11-25　抗折试验装置

(3) 试件的支座和加荷头应采用直径为 20 mm～40 mm、长度不小于(b+10)mm 的硬钢圆柱，支座立脚点固定铰支，其他应为滚动支点。

3) 实件准备

试件成型、养护等与上述实验相同；另在长向中部 1/3 区段内不得有表面直径超过 5 mm，深度超过 2 mm 的孔洞。

4) 实验方法与步骤

(1) 试件从养护地取出后应及时进行实验，将试件表面擦干净。

(2) 按图 11-25 所示安装试件，安装尺寸偏差不得大于 1 mm。试件的承压面应为试件成型时的侧面。支座及承压面与圆柱的接触面应平稳、均匀，否则应垫平。

(3) 施加荷载应保持均匀、连续。当混凝土强度等级小于 C30 时，加荷速度取 0.02 MPa/s～0.05 MPa/s；当混凝土强度等级大于等于 C30 且小于 C60 时，加荷速度取 0.05 MPa/s～0.08 MPa/s；当混凝土强度等级大于等于 C60 时，加荷速度取 0.08 MPa/s～0.10 MPa/s，至试件接近破坏时，应停止调整实验机油门，直至试件破坏，然后记录破坏荷载。

(4) 在实验报告册中记录实件破坏荷载的实验机示值及试件下边缘断裂位置。

5) 结果计算与数据处理

(1) 若试件下边缘断裂位置处于两个集中荷载作用线之间，则试件的抗折强度 f_{cf}(MPa) 按下式计算(精确至 0.1 MPa)：

$$f_{cf} = \frac{Fl}{bh^2} \tag{11-14}$$

式中，f_{cf} 为混凝土抗折强度(MPa)，F 为试件破坏荷载(N)，l 为支座间跨度(mm)，h 为试件截面高度(mm)，b 为试件截面宽度(mm)。

(2) 以三个试件的检验结果的算术平均值作为混凝土的抗折强度值，记录在实验报告册表 5-4 中，其异常数据的取舍与混凝土抗立方体压强度测试的规定相同。

(3) 三个试件中若有一个折断面位于两个集中荷载之外，则混凝土抗折强度值按另两个试件的实验结果计算。若这两个测值的差值不大于这两个测值的较小值的 15%时，则该组试件的抗折强度值按这两个测值的平均值计算，否则该组试件的实验无效。若有两个试件的下边缘断裂位置位于两个集中荷载作用线之外，则该组试件实验无效。

(4) 当试件尺寸为 100 mm × 100 mm × 400 mm 非标准试件时，应乘以尺寸换算系数 0.85；当混凝土强度等级≥C60 时，宜采用标准试件；使用非标准试件时，尺寸换算系数应由实验确定。

实验五　砂浆实验

要求：了解砂浆和易性的概念、影响砂浆和易性的因素和改善和易性的措施，掌握砂浆和易性的测定方法。了解影响砂浆强度的主要因素，掌握砂浆强度试样的制作、养护和测定方法。

本节实验采用的标准及规范：

1. JGJ/T 70—2009《建筑砂浆基本性能实验方法》

2. GB/T 25181-2010《预拌砂浆》

标准适用范围：以水泥、砂、石灰和掺和料等为主要原料，用于一般房屋建筑中的砌筑砂浆、抹面砂浆的基本性能的测定。

1. 砂浆拌制和稠度测试

1）实验目的

检验砂浆的流动性，主要用于确定配合比或施工过程中控制砂浆稠度，从而达到控制用水量的目的。

2）主要仪器设备

砂浆搅拌机；拌和铁板(约 1.5 m×2 m、厚度约 3 mm)；磅秤(称量 50 kg、感量 50 g)；台秤(称量 10 kg、感量 5 g)；量筒(100 mL 带塞量筒)；砂浆稠度测定仪(如图 11-26 所示)；容量筒(容积 2L，直径与高大致相等)，带盖；金属捣棒(直径为 10 mm、长度为 350 mm、一端为弹头形)；拌和用铁铲；抹刀；秒表等。

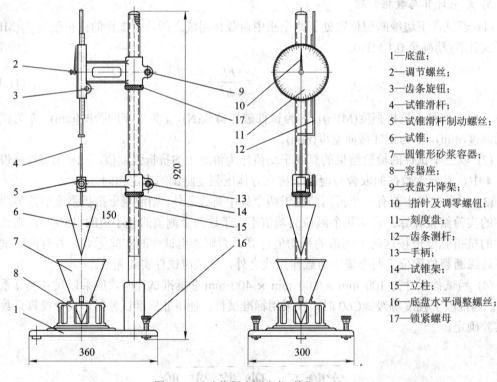

图 11-26　砂浆稠度测定仪(单位：mm)

说明：
1—底盘；
2—调节螺丝；
3—齿条旋钮；
4—试锥滑杆；
5—试锥滑杆制动螺丝；
6—试锥；
7—圆锥形砂浆容器；
8—容器座；
9—表盘升降架；
10—指针及调零螺钮；
11—刻度盘；
12—齿条测杆；
13—手柄；
14—试锥架；
15—立柱；
16—底盘水平调整螺丝；
17—锁紧螺母

3）试样准备

(1) 一般规定。拌制砂浆所用的原料应符合各自相关的质量标准，测试前要将其事先运入实验室内。拌和时，实验室温度应保持在(20±5)℃范围内；拌和砂浆所用的水泥如有结块时，应充分混合均匀，以 0.9 mm 筛过筛，砂子粒径应不大于 5 mm；拌制砂浆时所用材料应以质量计量，称量精度为：水泥、外加剂等为±0.5%；砂、石灰膏、黏土膏及粉煤灰等为±1%。搅拌时可用机械搅拌或人工搅拌，用搅拌机搅拌时，其搅拌量不宜少于搅拌机容量的20%，搅拌时间不宜少于2 min。

计算实配配合比，确定各种材料的用量并将配合比填入实验报告中。

(2) 砂浆的拌制。拌制前应先将搅拌机、拌和铁铲、拌和铁板、抹刀等工具表面用湿抹布擦拭，拌板上不得有积水。

① 人工拌和方法：先将称量好的砂子倒在拌和铁板上，然后加入水泥，用拌和铁铲拌和至混合物颜色均匀为止；再将混合物堆成堆，在其中间做一凹槽，将称量好的石灰膏(或黏土膏)倒入其中，再加适量的水将石灰膏或黏土膏调稀 (若为水泥砂浆，则将量好的水的一半倒入凹槽中)，然后与水泥、砂子共同拌和，用量筒逐次加水拌和，每翻拌一次，需用拌和铁铲将全部砂浆压切一次，直至拌合物色泽一致，和易性凭经验(可直接用砂浆稠度测定仪上的试锥测试)调整到符合要求为止；一般每次拌和从加水完毕时至完成拌制需 3 min～5 min。

② 机械拌和方法：用正式拌和砂浆时的相同配合比先拌适量砂浆，使搅拌机内壁粘附一层薄水泥砂浆，可使正式拌和时的砂浆配合比成分准确，保证拌和质量。先称量好各项材料，然后依次将砂子、水泥装入搅拌机；开动搅拌机将水徐徐加入(混合砂浆需将石灰膏或黏土膏用水调稀至浆状)，搅拌 3 min(搅拌的容量不宜少于搅拌机容量的20%，搅拌时间不宜小于2 min)；将砂浆拌和物倒入拌和铁板上，用拌和铁铲翻拌两次，使之混合均匀。

4) 实验方法与步骤

先将盛砂浆的圆锥形容器和试锥表面用湿抹布擦拭干净，检查试锥滑杆能否自由滑动；将拌和好的砂浆拌合物一次装入圆锥筒内至筒口下 10 mm 左右，用捣棒自容器中心向边缘插捣 25 次，随后轻轻地将容器摇动或敲击 5～6 下，使砂浆表面平整；然后置于测定仪下；扭松试锥滑杆制动螺丝，使固定在支架上的滑杆下端的圆锥体锥尖与砂浆表面刚刚接触，拧紧试锥滑杆制动螺丝，旋动尺条旋钮将尺条测杆下端刚好接触到试锥滑杆的上端，再将刻度盘上的指针调整至零点；然后，突然放松试锥滑杆制动螺丝，使圆锥体自由沉入砂浆，待 10 s 后，拧紧制动螺丝，旋动尺条旋钮使尺条测杆下端刚好接触到试锥滑杆的上端，从刻度盘上读出圆锥体自由沉入砂浆的沉深度(精确至 1 mm)，即为砂浆的稠度值(沉入度)。注意：圆锥形容器内的砂浆只允许测定一次稠度，重复测定时，应重新进行取样后再进行测定。

5) 结果计算与数据处理

取两次测试结果的算术平均值作为实验砂浆的稠度测定结果(计算值精确至 1 mm)，如两次测定值之差大于 20 mm，应另取砂浆配料搅拌后重新测定。将测定及计算结果记录在实验报告的表 5-1 的相应栏目中(见附录)。

2. 砂浆分层度测试

1) 实验目的

检验砂浆分层度，将其作为衡量砂浆拌合物在运输、停放、使用过程中的离析、泌水等内部组分的稳定性，亦是砂浆和易性指标之一。

2) 主要仪器设备

砂浆分层度仪(如图 11-27 所示);砂浆稠度测定仪(如图 11-26 所示);木锤;一端为弹头形的金属捣棒等。

3) 试样准备

按试样准备所讲的内容制备砂浆。

4) 实验方法与步骤

先用前述方法测定砂浆的稠度(沉入度),把砂浆分层度仪上下圆筒连接在一起,旋紧连接螺栓的螺母;将拌好的砂浆一次装入砂浆分层度筒中,装满

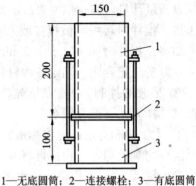

1—无底圆筒;2—连接螺栓;3—有底圆筒

图 11-27　砂浆分层度仪

后用木锤在分层度仪筒体距离大致相等的四个不同部位轻轻敲击 1~2 次;用同批拌制的砂浆将筒口装满,刮去多余的砂浆;用抹刀将筒口的砂浆沿筒口抹平;静止 30 min 后,旋松连接螺栓的螺母;除去上筒 200 mm 高的砂浆,剩余下筒 100 mm 砂浆重新拌和;再用前述方法测定砂浆的稠度(沉入度)。两次沉入深度的差值称为分层度,以 mm 表示。保水性良好的砂浆,其分层度较小。

5) 结果计算与数据处理

取两次实验结果的算术平均值作为该批砂浆的分层度值。若两次分层度测试值之差大于 20 mm,则应重新取样测试。将结果记录在实验报告的附表 5-2 中。

3. 砂浆立方体抗压强度实验

1) 实验目的

测试砂浆的抗压强度是否达到设计要求。

2) 主要仪器设备

(1) 压力实验机,采用精度(示值的相对误差)不大于±2%的实验机,其量程应能使试件的预期破坏荷载值不小于全量程的 20%,也不大于全量程的 80%。

(2) 砂浆试模:是边长为 70.7 mm × 70.7 mm × 70.7 mm 有底的金属试模。

(3) 钢捣棒(直径 10 mm,长 350 mm,端头磨圆)、批灰刀、抹刀、大面平整的黏土砖、刷子。

(4) 其他设备同于砂浆稠度实验。

3) 试样制备

(1) 砌砖砂浆试块:

① 将内壁事先涂刷了薄层机油的无底试模,放在预先铺有吸水性较好的湿纸的平整普通砖上。

② 砂浆拌好后一次装满试模内,用直径 10 mm、长 350 mm 的钢筋捣棒(其一端呈半球形)均匀插捣 25 次,然后在四侧用批灰刀沿试模壁插捣数次,砂浆应高出试模顶面 6 mm～8 mm。

③ 当砂浆表面开始再出现麻斑状态时(15 min～30 min),将高出部分的砂浆沿试模顶面削平。

(2) 砌石砂浆实块：

① 试样用带底试模制作。

② 将砂浆分两层装入试模(每层厚度约 40 mm)，每层均匀插捣 12 次，然后沿模壁用抹刀插捣数次。砂浆应高出试模顶面 6 mm～8 mm，1 h～2 h 内，用刮刀刮掉多余的砂浆，并抹平表面。

(3) 试块养护：

① 将试件制作完成后应在 20℃±5℃的环境中停置一昼夜(24 h±2 h)。当气温较低时，可以适当延长时间，但不应超过两昼夜，然后进行编号拆模(要小心拆模，不要损坏试块边角)。

② 试块拆模后，应在标准养护条件或自然养护条件下持续养护至 28d，然后进行试压。

③ 标准养护。水泥混合砂浆应在温度为(20±3)℃，相对湿度为 60%～80%的条件下养护；水泥砂浆或微沫砂浆应在温度为(20±3)℃、相对湿度为 90%以上的潮湿条件下养护。

④ 自然养护。水泥混合砂浆应在正温度，相对湿度为 60%～80%的条件下(如养护箱中或不通风的室内)养护；水泥砂浆和微沫砂浆应在正温度并保持试块表面湿润的状态下(如湿砂堆中)养护。养护期间必须作好温度记录。

4) 实验方法与步骤

(1) 将试样从养护地点取出后应尽快进行实验，以免试件内部的温度和湿度发生显著变化。测试前先将试件表面擦拭干净，并以试块的侧面作承压面，测量其尺寸，检查其外观。试块尺寸测量精确至 1 mm，并据此计算试件的承压面积。若实测尺寸与公称尺寸之差不超过 1 mm，可按公称尺寸进行计算。

(2) 将试件置于压力机的下压板上，试件的承压面应与成型时的顶面垂直，试件中心应与下压板中心对准。

(3) 开动压力机，当上压板与试件接近时，调整球座，使接触面均衡受压。加荷应均匀而连续，加荷速度应为 0.5 kN/s～1.5 kN/s(砂浆强度不大于 5 MPa 时，取下限为宜，大于 5 MPa 时，取上限为宜)，当试件接近破坏而开始变形时，停止调整压力机油门，直至试件破坏，记录下破坏荷载 N。

5) 结果计算与数据处理

(1) 单个砂浆试块的抗压强度按下式计算(精确至 0.1 MPa)：

$$f_{m,cu} = \frac{N_u}{A} \tag{11-15}$$

式中：$f_{m,cu}$ 为单个砂浆试块的抗压强度(MPa)；N_u 为破坏荷载(N)；A 为实块的受力面积(mm²)。

(2) 每组试样至少应备 6 块，取其 6 个试样实验结果的算术平均值(计算精确至 0.1 MPa)作为该组砂浆的抗压强度。当 6 个试样的最大值或最小值与平均值的差超过 20%时，以中间 4 个试样的平均值作为该组试样的抗压强度值。

(3) 砂浆强度检验评定。砌筑砂浆强度检验评定根据《砌体工程施工质量验收规范》(GB 50203—2002)的要求进行。

① 每一检验批不超过 250 m³，砌体的各类型及各种强度等级的砌筑砂浆，每台搅拌机至少应抽检一次。

② 在施工现场砂浆搅拌机出料口随机取样制作砂浆试块(同盘砂浆只应做一组试块)。

③ 砂浆强度应以标准养护、龄期为 28d 的试块抗压实验结果为准。

同一验收批的砌筑砂浆试块强度验收时,其强度合格标准应同时符合下列要求:

$$f_{2,m} \geqslant f_2$$
$$f_{2,min} \geqslant 0.75 f_2$$

式中:$f_{2,m}$ 为同一验收批中砂浆试块立方体抗压强度平均值(MPa);f_2 为验收批砂浆设计强度等级所对应的立方体抗压强度(MPa);$f_{2,min}$ 为同一验收批中砂浆试块立方体抗压强度的最小一组平均值(MPa)。

砌筑砂浆的验收批,同一类型、强度等级的砂浆试块应不少于 3 组。当同一验收批只有一组试块时,该组试块抗压强度的平均值必须大于或等于设计强度等级所对应的立方体抗压强度。

(4) 将实验结果记录在实验报告的相应栏目表中。

实验六　沥青材料实验

要求:了解沥青三大指标的概念;掌握沥青三大指标的测定方法;并能根据测定结果评定沥青的技术等级。

本节实验采用的标准及规范:GB/T 4508—2010　沥青延度测定法;GB/T 494—2010《建筑石油沥青》;GB/T 4509—2010　沥青针入度测定法。

1. 取样方法及数量

将石油沥青从桶、袋、箱中取样时应在样品表面以下及容器侧面以内至少 5 cm 处采集。若沥青是能够打碎的固体块状物态,可以用洁净的适当的工具将其打碎后取样;若沥青呈较软的半固态,则需用洁净的适当的工具将其切割后取样。

1) 同批产品的取样数量

当能确认供取样用的沥青产品是同一厂家、同一批号生产的产品时,应随机取出一件按前述取样方法取样约 4 kg 供检测用。

2) 非同批产品的取样数量

当不能确认供取样用的沥青产品是同一批生产的产品,须按随机取样的原则,选出若干件沥青产品后再按前述之取样方法进行取样。沥青供取样件数应等于沥青产品总件数的立方根。表 11-6 给出了不同装载件数所要取出的样品件数。每个样品的质量应不小于 0.1 kg。这样取出的样品经充分混合后取出 4 kg 供检测用。

表 11-6　石油沥青取样件数

装载件数	2~8	9~27	28~64	65~126	127~216	217~343	344~512	513~729	730~1000	1001~1331
取样件数	2	3	4	5	6	7	8	9	10	11

2. 石油沥青的针入度检验

石油沥青的针入度以标准针在一定的荷重、时间及温度条件下垂直穿入沥青试样的深度来表示，单位为 1/10 mm。非经另行规定，标准针、针连杆与附加砝码的总质量为 (100±0.1)g，测实时要求温度为 25℃、时间为 5 s。

1) 实验目的

测定针入度小于 350 的石油沥青的针入度，以确定沥青的黏稠程度。

2) 主要仪器设备

(1) 针入度计。凡允许针连杆在无明显摩擦下垂直运动，并且能穿入深度准确至 0.1 mm 的仪器均可应用。针连杆质量应为(47.5 ± 0.05) g，针和针连杆组合件的总质量应为 50 g ± 0.05 g。针入度计附带 50 g ± 0.05 g 和 100 g ± 0.05 g 砝码各一个。仪器设有放置平底玻璃皿的平台，并有可调水平的机构，针连杆应与平台相垂直。仪器设有针连杆制动按钮，按下按钮，针连杆可自由下落。针连杆易于卸下，以便检查其质量(见图 11-28)。

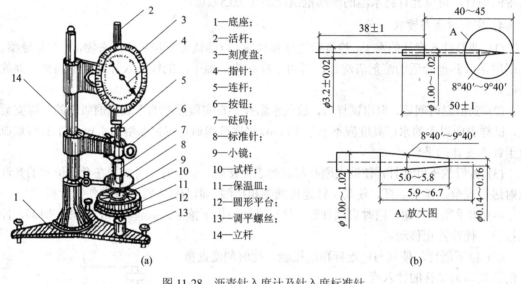

图 11-28　沥青针入度计及针入度标准针

(a) 沥青针入度计；(b) 针入度标准针尺寸

(2) 标准针应由硬化回火的不锈钢制成，洛氏硬度为 54~60，其各部分尺寸见图 11-28。

(3) 试样皿。所检测石油沥青针入度小于 40 度时，用内径 33 mm～55 mm，深 8 mm～16 mm 的皿；针入度小于 200 时，用内径 55 mm，深度 35 mm 的皿，所检测石油沥青针入度大于 200 度小于 350 度时，用内径 55 mm～75 mm、深 45 mm～70 mm 的皿；针入度在 300～500 度时，用内径 55 mm，内部深度 70 mm 的皿。

(4) 恒温水浴。容量不小于 10 L，能保持温度在实验温度的 ±0.1℃范围内。水中应备有一个带孔的支架，位于水面下不少于 100 mm、距浴底不少于 50 mm 处。

(5) 平底玻璃皿。容量不小于 0.5 L，深度要没过最大的试样皿。内设一个不锈钢三腿支架，能使试样皿稳定。

(6) 秒表：刻度不大于 0.1 s，60 s 间隔内的准确度达到 ±0.1 s 的任何秒表均可使用。

(7) 温度计：液体玻璃温度计，刻度范围为 0~100℃，分度值为 0.1℃，温度计应定期按液体玻璃温度计检定方法进行校正。

(8) 金属皿或瓷柄皿：作熔化试样用。

(9) 筛：筛孔为 0.3 mm～0.5 mm 的金属网。

(10) 砂浴或可控制温度的密闭电炉：砂浴用煤气灯或电加热。

3) 试样准备

(1) 将预先除去水分的试样在砂浴上加热并不断搅拌。加热时的温度不得超过预计软化点 90℃，时间不得超过 30 min。加热时用 0.3 mm～0.5 mm 的金属滤网滤去试样中的杂质。

(2) 将试样倒入规定大小的试样皿中，试样的倒入深度应大于预计针入深度 10 mm 以上。在 15℃～30℃ 的空气中静置，并防止落入灰尘。热沥青静置的时间为：采用大试样皿时为 1.5 h～2 h；采用小试样皿时为 1 h～1.5 h。

(3) 将静置到规定时间的试样皿浸入保持测实温度的水浴中。浸入时间为：小试样 1 h～1.5 h，大试样 1.5 h～2 h。恒温的水应控制在实验温度 ±0.1℃ 的变化范围内，在某些条件不具备的场合，可以允许将水温的波动范围控制在 ±0.5℃ 以内。

4) 实验方法与步骤

(1) 调节针入度计的水平，检查针连杆和导轨，以确认无水和其他外来物，无明显摩擦。先用甲苯或其他合适的溶剂清洗针，再用干净布将其擦干，把针插入针连杆中固紧，并放好砝码。

(2) 到恒温时间后，取出试样皿，放入水温控制在实验温度的平底玻璃皿中的三腿支架上，试样表面以上的水层高度应不小于 10 mm(平底玻璃皿可用恒温浴的水)，将平底玻璃皿放于针入度计的平台上。

(3) 慢慢放下针连杆，使针尖刚好与试样表面接触。必要时，用放置在合适位置的光源反射进行观察。拉下活杆，使其与针连杆顶端相接触，调节针入度刻度盘使指针指零。

(4) 用手紧压按钮，同时启动秒表，使标准针自由下落穿入沥青试样，到规定时间，停压按钮，使针停止移动。

(5) 拉下活杆，使其与针连杆顶端接触，此时刻度盘指针的读数即为试样的针入度。

(6) 同一试样重复测定至少 3 次，各测定点及测定点与试样皿边缘之间的距离不应小于 10 mm。每次测定前应将平底玻璃皿放入恒温水浴。每次测定换一根干净的针，或者是先用甲苯或其他溶剂将针擦干净，再用干净布将针擦干。

(7) 测定针入度大于 200 的沥青试样时，至少用 3 根针，每次测定后将针留在试样中，直至 3 次测定完成后，才能把针从试样中取出。见图 11-29。

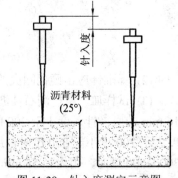

图 11-29　针入度测定示意图

5) 结果计算与数据处理

(1) 取三次测试所得针入度值的算术平均值，取至整数后作为最终测定结果。三次测定值相差不应大于表 11-7 所列规定，否则应重做实验。

表 11-7　针入度测定最大差值

针入度(度)	0～49	50～149	150～249	250～350
最大差值(度)	2	4	6	10

(2) 关于测定结果重复性与再现性的要求，详见表 11-8。

表 11-8　针入度测定值的要求

试样针入度(25℃)	重 复 性	再 现 性
小于 50	不超过 2 单位	不超过 4 单位
50 及大于 50	不超过平均值的 4%	不能超过平均值的 8%

若差值超过上述数值，实验应重做。

(3) 将实验结果记录在实验报告册中。

3. 石油沥青的延度检验

石油沥青的延度是用规定的试样，在一定温度下以一定速度拉伸至断裂时的长度。非经特殊说明，实验温度为(25±0.5)℃，延伸速度为每分钟(5±0.25)cm。

1) **实验目的**

测定石油沥青的延度，以确定沥青的塑性。

2) **主要仪器设备**

(1) 延度仪：能将试样浸没于水中带标尺的长方形容器，内部装有移动速度为(5 ± 0.5) cm/min 的拉伸滑板。仪器在开动时应无明显的振动。

(2) 试样模具：由两个端模和两个侧模组成。试样模具由黄铜制造，其形状尺寸见图 11-30。

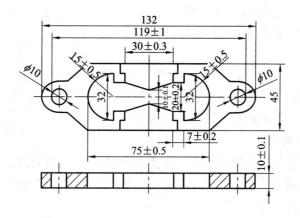

图 11-30　沥青延度仪试模(单位：mm)

(3) 水浴：容量至少为 10 L，能够保持实验温度变化不大于 0.1℃的玻璃或金属器皿，试样浸入水中深度不得小于 100 mm，水浴中设置带孔搁架，搁架距浴底部不得小于 50 mm。

(4) 瓷皿或金属皿：溶沥青用。

(5) 温度计：测温范围为 0～100℃，分度为 0.1℃和 0.5℃的温度计各一支。

(6) 砂浴或可控制温度的密闭电炉，砂浴用煤气灯或电加热。

(7) 材料：甘油滑石粉隔离剂(甘油 2 份，滑石粉 1 份，以质量计)。

(8) 黄铜板(附有夹紧模具用的沿动螺丝，一面必须磨光至表面粗糙度 R_a 为 0.63)。

3) **试样准备**

(1) 将隔离剂拌和均匀，涂于磨光的金属板与侧模的内侧面，将试模在金属垫板上组装并卡紧。

(2) 将除去水分的沥青试样放在砂浴上加热至熔化，搅拌，加热温度不得高于预计软化点 90℃；将熔化的沥青用筛过滤，并充分搅拌，注意搅拌过程中勿使试样中混入气泡。然后将试样自试模的一端至另一端往返多次地将沥青缓缓注入模中，并略高出试模的模具平面。

(3) 将浇注好的试样在 15℃～30℃的空气中冷却 30 min 后，放入温度为(25±0.1)℃的水浴中保持 30 min 后取出。用热刀将高出模具部分的多余沥青刮去，使沥青试样表面与模具齐平。沥青刮法应自模具的中间刮至两边，表面应刮得平整光滑。刮毕将试件连同金属板一并浸入(25±0.1)℃的水中并保持 1 h～1.5 h。

4) 实验方法与步骤

(1) 检查延度仪滑板的拉伸速度是否符合要求，然后移动滑板使其指针正对着标尺的零点。保持水槽中的水温为(25±0.1)℃。将试样移至延度仪水槽中，将模具两端的孔分别套在滑板及槽端的金属柱上，水面距试样表面应不小于 25 mm，然后去掉侧模。

(2) 确认了延度仪水槽中水温为(25±0.5)℃时，开动延度仪，此时仪器不得有振动。观察沥青的拉伸情况。在测定时，如发现沥青细丝浮于水面或沉入槽底时，则应在水中加入乙醇或食盐调整水的密度至与试样的密度相近后，再进行测定。

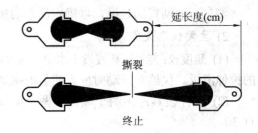

图 11-31　延伸度测定示意图

(3) 试样拉断时，指针所指示的标尺上的读数，即为试样的延度，以 cm 表示。在正常情况下，应将试样拉伸成锥尖状或柱状，在断裂时，实际横断面为零。如不能得到上述结果，则应报告在此条件下无测定结果，见图 11-31。

5) 结果计算与数据处理

取平行测定的三个结果的算术平均值作为沥青试样延度的测定结果。若三次测定值不在其平均值的 ±5% 范围内，但其中两个较高值在 ±5% 以内时，则应弃除最低测定值，取两个较高测试值的平均值作为测定结果。

沥青延度测试两次测定结果之差，重复性不应超过平均值的 1%，再现性不应超过平均值的 20%。

将实验结果记录在实验报告中。

4. 石油沥青的软化点检验

软化点测定时是将规定质量的钢球，放在装有沥青试样的铜环中心，在规定的加热速度和环境下，试样软化后包裹钢球坠落达一定高度时的温度，即为软化点。

1) 实验目的

测定石油沥青的软化点，以确定沥青的耐热性。

2) 主要仪器设备

(1) 沥青软化点测定仪，如图 11-32 所示。

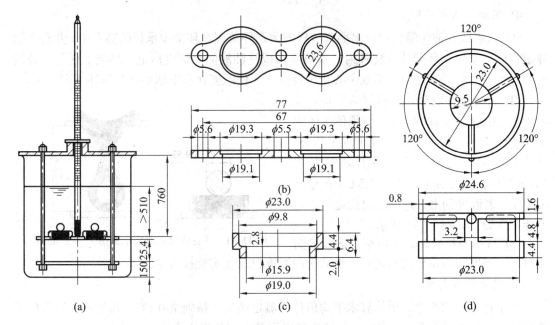

图 11-32　沥青软化点测定仪 (环球法仪)

(a) 沥青软化点测定仪；(b) 试验架中板；(c) 铜环；(d) 钢球定位架

① 钢球：直径为 9.53 mm，质量为 3.50 g±0.05 g 的钢制圆球。

② 试样环：用黄铜制成的锥环或肩环(见图 11-32(b))。

③ 钢球定位器：用黄铜制成，能使钢球定位于试样中央(见图 11-32(d))。

④ 支架：由上、中及下承板和定位套组成。环可以水平地安放于中承板上的圆孔中，环的下边缘距下承板应为 25.4 mm，其距离由定位套保证，3 块板用长螺栓固定在一起。

(2) 电炉及其他加热器。

(3) 金属板(一面必须磨光)或玻璃板。

(4) 小刀：切沥青用。

(5) 筛：筛孔为 0.3 mm～0.5 mm 的金属网。

(6) 材料：甘油—滑石粉隔离剂(甘油 2 份，滑石粉 1 份，以质量计)；新煮沸过并冷却的蒸馏水；甘油。

3) 试样准备

(1) 将选好的铜环置于涂有隔离剂的金属板或玻璃板上，将预先脱水的试样加热熔化，加热温度不得高于估计软化点 110℃，加热至倾倒温度的时间不得超过 2 h。搅拌过筛后将熔化沥青注入铜环内至沥青略高于环面为止。如估计软化点在 120℃以上，应将铜环与金属板预热至 80℃～100℃。

(2) 将盛有试样的铜环与板置于盛满水(适合估计软化点不高于 80℃的试样)或甘油(适合估计软化点高于 80℃的试样)的保温槽内，恒温静置 15 min。水温保持在 5℃±0.5℃，甘油温度保持在 32℃±1℃。同时，钢球也置于恒温的水或甘油中。

(3) 在烧杯内注入新煮沸并冷却至 5℃的蒸馏水或注入预先加热至 32℃的甘油，使水面或甘油液面略低于连接杆上的深度标记。

4) 实验方法与步骤

(1) 从水或甘油保温槽中取出盛有试样的黄铜环放置在环架中承板的圆孔中，并套上钢球定位器，把整个环架放入烧杯内，调整水面或甘油液面至深度标记，环架上任何部分均不得有气泡。将温度计由上承板中心孔垂直插入，使温度计水银球底部与铜环下面齐平。

(2) 将烧杯移放至有石棉网的三脚架或电炉上，然后将钢球放在试样上(须使各环的平面在全部加热时间内完全处于水平状态)并立即加热，使烧杯内水或甘油温度在3 min 后保持每分钟上升 5℃±0.5℃。在整个测定中，若温度的上升速度超出此范围，则实验应重做。如图 11-33 所示。

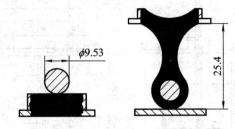

图 11-33　沥青软化点测定示意图(单位：mm)

(3) 试样受热软化，下坠至与下承板面接触时的温度即为试样的软化点。将此时的温度记录在实验报告中。

5) 结果计算与数据处理

取平行测定的两个结果的算术平均值作为测定结果，精确至 0.1℃。如果两个温度的差值超过 1℃，则应重新进行实验。将评定结果记录在实验报告表中。

附　　录

实验一　水泥实验报告

一、实验内容

二、主要仪器设备及规格型号

三、水泥标准稠度用水量测试

表 1-1　水泥标准稠度用水量测定表

室温：　　℃；相对湿度：　　%

编号	试样质量/g	固定用水量/cm³	下沉深度/mm	标准稠度用水量/cm³

四、水泥胶砂强度检验

(1) 试件成型日期。　　年　　月　　日

表 1-2　成型三条试件所需材料用量

水泥/g	标准砂/g	水/cm³

(2) 测试日期。　　年　　月　　日；龄期：　　天

(3) 抗折强度测定。

表 1-3　抗折强度测定表

加荷速度：　　 N/s

编号	试件尺寸/mm			破坏荷载 P/N	抗折强度 f/MPa	抗折强度平均值 /MPa
	宽 b	高 h	跨距 L			

(4) 抗压强度测定。

表 1-4　抗压强度测定表

加荷速度：　　 N/s

编号	受压面积 F/mm²	破坏荷载 P/N	抗压强度 f/MPa	抗压强度平均值 /MPa

(5) 确定水泥强度等级(只按试验一个龄期的强度评定)。

　　根据国家标准_____

　　该水泥强度等级为_____

五、实验小结

实验二　混凝土用骨料性能实验报告

一、实验内容

二、主要仪器设备及规格型号

三、实验记录

(一) 砂的筛分析实验

试样名称：＿＿＿＿＿＿＿＿＿＿　　　　　实验日期：＿＿＿＿＿＿＿＿＿＿

气温/室温：＿＿＿＿＿＿＿＿＿＿　　　　　湿　　度：＿＿＿＿＿＿＿＿＿＿

表 2-1　砂子细度模数计算表

筛孔尺寸/mm	9.50	4.75	2.36	1.18	0.60	0.30	0.15	筛底
筛余质量/g								
分计筛余百分率 a/(%)								
累计筛余百分率 A/(%)								
细度模数　$M_x = \dfrac{(A_{2.36} + A_{1.18} + A_{0.60} + A_{0.30} + A_{0.15}) - 5A_{4.75}}{(100 - A_{4.75})}$							$M_x =$	

　　根据计算出的细度模数选择相应级配范围图,将累计筛余百分率 A(点)描绘在附图 2-1～ 2-3 中，连接各点成线，并据此判断试样的级配好坏。

　　结论：

　　据细度模数，此砂属于＿＿＿＿＿＿＿＿砂。

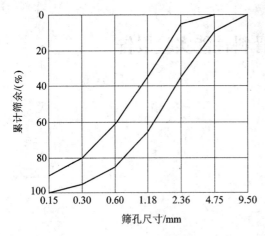

附图 2-1 1区砂级配范围

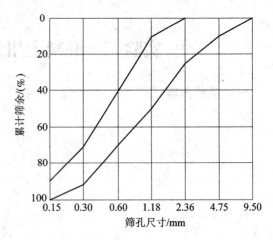

附图 2-2 2区砂级配范围

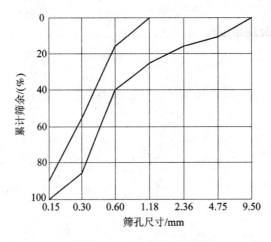

附图 2-3 3区砂级配范围

(二) 砂子的含水率检验

试样名称：_____　　　实验日期：_____

气温/室温：_____　　　湿　　度：_____

表 2-2 含水量测定表

试样编号	干燥浅盘的质量/g	湿砂样与干燥浅盘的总质量 m_2/g	烘干后的砂样与干燥浅盘的总质量 m_3/g	砂的含水率 W_s/(%)	平均含水率 W_s/(%)
1					
2					

(三) 石子的堆积密度与空隙率检验

试样名称：_____　　　实验日期：_____

气温/室温：_____　　　湿　　度：_____

表 2-3　石子松散堆积密度实验计算表

序号	容积筒质量 m_1 /kg	容积筒加石子质量 m_2 /kg	石子质量 (m_2-m_1) /kg	容积筒容积 /L	堆积密度 /(kg/m^3)	堆积密度平均值 /(kg/m^3)
1						
2						

表 2-4　石子紧密堆积密度实验计算表

序号	容积筒质量 m_1 /kg	容积筒加石子质量 m_2 /kg	石子质量 (m_2-m_1) /kg	容积筒容积 /L	堆积密度 /(kg/m^3)	堆积密度平均值 /(kg/m^3)
1						
2						

表 2-5　石子空隙率计算表

石子表观密度 ρ_g/(kg/m^3)	石子的松散堆积密度 ρ_{0g}^0 /(kg/m^3)	石子的空隙率/(%)

(四) 碎石或卵石颗粒级配实验

试样名称：＿＿＿＿＿＿＿＿＿＿＿　　　　实验日期：＿＿＿＿＿＿＿＿＿＿＿

气温/室温：＿＿＿＿＿＿＿＿＿＿＿　　　　湿　　度：＿＿＿＿＿＿＿＿＿＿＿

表 2-6　石子颗粒级配记录表

筛孔尺寸/mm						
筛余质量/kg						
分计筛余百分率 a/(%)						
累计筛余百分率 A/(%)						

结果评定：

最大粒径：＿＿＿＿＿＿＿＿＿＿＿＿＿＿＿ mm。

级配情况：＿＿＿＿＿＿＿＿＿＿＿＿＿＿。

(五) 石子含水率检验

试样名称：＿＿＿＿＿＿＿＿＿＿＿　　　　实验日期：＿＿＿＿＿＿＿＿＿＿＿

气温/室温：＿＿＿＿＿＿＿＿＿＿＿　　　　湿　　度：＿＿＿＿＿＿＿＿＿＿＿

表 2-7　石子含水率检验计算表

干燥浅盘的质量 /g	未烘干的石子与干燥浅盘的总质量/g	烘干后的石子与干燥浅盘的总质量/g	石子含水率 /(%)	石子平均含水率 /(%)

四、实验小结

实验三　普通混凝土拌和物性能实验报告

一、实验内容

二、主要仪器设备及规格型号

三、实验记录

(一) 普通混凝土拌和物和易性测试

实验日期：_____　　气温/室温：_____　　湿度：_____

粗骨料种类：_____　　粗骨料最大粒径：_____

砂　　　率：_____　　拟订坍落度：_____

表 3-1　混凝土试拌材料用量表

材　　料		水泥	水	砂子	石子	外加剂	总量	配合比(水泥∶水∶砂子∶石子)
调整前	每立方混凝土材料用量/kg							
	试拌 15 L 混凝土材料量/kg							

表 3-2　混凝土拌和物和易性实验记录表

材　　料		水泥	水	砂子	石子	外加剂	总量	塌落度值/mm
调整后	第一次调整增加量/kg							
	第二次调整增加量/kg							
	合　计/kg							

坍落度平均值：_____

黏聚性评述：

保水性评述：

和易性评定：

四、实验小结

实验四　普通混凝强度实验报告

一、实验内容

二、主要仪器设备及规格型号

三、实验记录

(一) 普通混凝土强度测试试件成形与养护

实验日期：＿＿＿＿＿＿＿＿　　气温/室温：＿＿＿＿＿＿＿　　湿度：＿＿＿＿＿＿＿

表 4-1　混凝土抗压强度试件成型与养护记录表

成型日期	水灰比	拌和方法	养护方法	捣实方法	养护条件	养护龄期
欲拌混凝土强度等级						

(二) 普通混凝土立方体抗压强度测试

实验日期：＿＿＿＿＿＿＿＿　　气温/室温：＿＿＿＿＿＿＿　　湿度：＿＿＿＿＿＿＿

表 4-2　混凝土抗压强度实验记录表

试块编号	试件截面尺寸		受压面积 A /mm²	破坏荷载 F /N	抗压强度 f /MPa	平均抗压强度 f_{cu} /MPa
	试块长 a /mm	试块宽 b /mm				
1						
2						
3						

结果评定：

根据国家规定，该混凝土强度等级为＿＿＿＿＿＿＿＿＿＿＿＿＿＿＿＿＿＿＿＿。

四、实验小结

实验五　建筑砂浆性能测试报告

一、实验内容

二、主要仪器设备及规格型号

三、实验记录

(一) 砂浆稠度测试

实验日期：＿＿＿＿＿＿＿＿　　气温/室温：＿＿＿＿＿＿＿＿　　湿度：＿＿＿＿＿＿＿＿

砂浆质量配合比：＿＿＿＿＿＿＿＿＿＿＿＿＿＿＿＿＿＿

表 5-1　砂浆稠度测试记录表

拌制日期				要求的稠度		
试样编组	拌和＿＿＿＿＿＿升砂浆所用材料/kg				实测沉入度/mm	实验结果/mm
	水泥	石灰膏	砂	水		
1						
2						

(二) 砂浆分层度测试

实验日期：＿＿＿＿＿＿＿＿　　气温/室温：＿＿＿＿＿＿＿＿　　湿度：＿＿＿＿＿＿＿＿

表 5-2　砂浆分层度测试记录表

拌制日期				要求的稠度			
试样编组	拌和＿＿＿＿＿＿升砂浆所用材料/kg			静置前稠度值/mm	静置 30 min 后稠度值/mm	分层度值/mm	实验结果/mm
	水泥	石灰膏	砂	水			
1							
2							

结果评定：

根据分层度判别此砂浆的保水性为＿＿＿＿＿＿＿＿＿＿＿＿＿＿＿＿。

（三）砂浆抗压强度测试

实验日期：_____　　　　气温/室温：_____　　　　湿度：_____

砂浆质量配合比：_____

表 5-3　砂浆抗压强度记录表

成型日期			拌和方法			捣实方法		
欲拌砂浆强度 等级			水泥强度 等级			养护方法		
实验 日期	养护龄期 /d	试块 编号	试块边长/mm		受压面积 A/mm^2	破坏荷载 F/N	抗压强度 /MPa	平均抗压 强度/MPa	单块抗压强度 最小值/MPa
			a	b					
		1							
		2							
		3							
		4							
		5							
		6							

结果评定：

根据国家规定，该批砂浆强度等级为_____。

四、实验小结

实验六　石油沥青基本性能测试报告

一、实验内容

二、主要仪器设备及规格型号

三、实验记录

(一) 石油沥青技术性能检测

实验日期：_____　　　气温/室温：_____　　　湿度：_____

表 6-1　沥青针入度测定表

项目	测定的针入度(1/10 mm)	平均针入度(1/10 mm)
1		
2		
3		

(二) 石油沥青延伸度检测

实验日期：_____　　　气温/室温：_____　　　湿度：_____

表 6-2　沥青延度测定表

项目	测定的延度/cm	平均延度/cm
1		
2		
3		

(三) 石油沥青软化点检测

实验日期：_____　　　气温/室温：_____　　　湿度：_____

表 6-3　沥青软化点测定表

项　目	测定的软化点/r	平均软化点/℃
1		
2		

结果评定

根据国家标准，所测沥青的各项性能指标是否合格？

四、实验小结

参 考 文 献

[1] 苏达根. 土木工程材料. 北京：高等教育出版社，2008.

[2] 殷凡勤，张瑞红. 建筑材料与检测. 北京：机械工业出版社，2011.

[3] 苑芳友. 建筑材料与检测技术. 北京：北京理工大学出版社，2010.

[4] 唐修仁，邹春香. 建筑材料. 北京：中国电力出版社，2011.

[5] 王伯林，刘晓敏. 建筑材料. 北京：科学出版社，2004.

[6] 柯国军. 土木工程材料. 北京：北京大学出版社，2005.

[7] 江世永. 建筑材料. 重庆：重庆大学出版社，2008.

[8] 高琼英. 建筑材料. 武汉：武汉理工大学出版社，2007.

[9] 魏鸿汉. 建筑材料. 北京：中国建筑工业出版社，2010.

[10] 湖南大学，等. 土木工程材料. 北京：中国建筑工业出版社，2002.

[11] 孙卫红. 博格板式无碴轨道 CA 砂浆性能指标控制. 工程建设与管理. 2008(5).